"十三五"职业教育国家规划教材

U0224794

维修电工考级项目训练教程

WEIXIU DIANGONG KAOJI
XIANGMU XUNLIAN JIAOCHENG

（第二版）

主　编　赵承荻　王玺珍

新形态
教材

高等教育出版社·北京

内容提要

本书是"十三五"职业教育国家规划教材。

本书主要内容包括：走进电工实训基地；发电、供电与用电；照明及动力线路的安装与维修；变压器的使用与维修；异步电动机的使用与维修；直流电动机的拆装、使用及控制电机；常用低压电器的拆装维修及使用；三相异步电动机电气控制电路的安装与维修；PLC 控制与交流电动机的变频调速系统；机床电气控制电路安装与维修；桥式起重机控制电路接线及维修。

为方便教学，本书另配 PPT 课件、微视频、动画等教学资源，其中部分资源以二维码形式在书中呈现，其他资源可以通过封底的联系方式获取。

本书可作为高等职业院校工程技术类相关专业教学用书，也可作为相关行业技术工人岗位培训用书。

图书在版编目(CIP)数据

维修电工考级项目训练教程/赵承荻,王玺珍主编
. —2 版. —北京：高等教育出版社,2019.11(2022.1 重印)
ISBN 978 - 7 - 04 - 053227 - 2

Ⅰ.①维… Ⅱ.①赵… ②王… Ⅲ.①电工—维修—
高等职业教育—教材 Ⅳ.①TM07

中国版本图书馆 CIP 数据核字(2019)第 277124 号

| 策划编辑 | 张尕琳 | 责任编辑 | 张尕琳 | 封面设计 | 张文豪 | 责任印制 | 高忠富 |

出版发行	高等教育出版社	网　　址	http://www.hep.edu.cn
社　　址	北京市西城区德外大街 4 号		http://www.hep.com.cn
邮政编码	100120		http://www.hep.com.cn/shanghai
印　　刷	江苏凤凰数码印务有限公司	网上订购	http://www.hepmall.com.cn
开　　本	787mm×1092mm　1/16		http://www.hepmall.com
印　　张	20		http://www.hepmall.cn
字　　数	461 千字	版　　次	2015 年 2 月第 1 版
			2019 年 11 月第 2 版
购书热线	010-58581118	印　　次	2022 年 1 月第 3 次印刷
咨询电话	400-810-0598	定　　价	41.00 元

配套学习资源及教学服务指南

 二维码链接资源

本书配套微视频、动画、文本等学习资源，在书中以二维码链接形式呈现。手机扫描书中的二维码进行查看，随时随地获取学习内容，享受学习新体验。

打开书中附有二维码的页面　　　　扫描二维码　　　　查看相应资源

 教师教学资源索取

本书配有课程相关的教学资源，例如，教学课件、习题及参考答案等。选用教材的教师，可扫描下方二维码，关注微信公众号"高职智能制造教学研究"；或联系教学服务人员（021-56961310/56718921，800078148@b.qq.com）索取相关资源。

本书二维码资源列表

模块	页码	类型	说明	模块	页码	类型	说明
一	3	微视频	电工刀的使用	四	78	动画	变压器工作原理
	4	微视频	剥线钳的使用		100	文本	模块四知识考核参考答案
	7	微视频	低压验电器的使用	五	104	仿真训练	三相异步电动机安装
	16	动画	指针式万用表		107	动画	三相异步电动机结构
	16	动画	数字万用表		122	动画	单相电动机结构
	16	仿真训练	数字万用表的使用		134	文本	模块五知识考核参考答案
	18	微视频	直流单臂电桥的选用	六	142	动画	直流电动机结构
	19	仿真训练	单臂电桥测电阻		148	动画	步进电动机结构
	20	动画	兆欧表结构		150	动画	伺服电动机结构
	20	仿真训练	三相电动机绝缘测量		151	动画	伺服电动机定子结构
	24	文本	模块一知识考核参考答案		154	文本	模块六知识考核参考答案
二	34	动画	跨步电压触电	七	158	动画	开启式负荷开关结构
	42	文本	模块二知识考核参考答案		163	动画	行程开关结构
三	45	微视频	照明电路安装与测试		167	动画	热继电器结构
	46	仿真训练	日光灯接线		169	动画	瓷插熔断器结构
	46	微视频	照明装置的安装和接线		177	动画	时间继电器结构
	55	微视频	线管穿线		188	动画	低压断路器结构
	60	仿真训练	两地控制一盏灯		197	文本	模块七知识考核参考答案
	62	仿真训练	电能测量电路安装	八	225	文本	模块八知识考核参考答案
	67	动画	配电板外形	九	257	文本	模块九知识考核参考答案
	70	文本	模块三知识考核参考答案	十	288	文本	模块十知识考核参考答案
四	74	仿真训练	变压器同名端判别	十一	302	文本	模块十一知识考核参考答案
	77	动画	变压器基本结构				

前　言

　　本书是根据教育部最新发布的《高等职业学校专业教学标准》中对本课程的要求，并参照最新颁发的相关国家标准和职业技能等级考核标准修订而成的。

　　本次修订主要体现以下特点：

　　1. 以项目编写方式展开，以项目实施为核心，通过项目操作的方式来完成本课程的技能训练，并辅以相关知识、拓宽知识与技能来完成教学内容。在每个项目的实施过程中，特别注意了教师与学生之间的相互沟通，注意在教学实践中，以大量的项目仿真训练来增强学生的操作技能。本书的技能训练为一名电气工作人员必备的基本技能，所选训练项目适用性强、可操作性好，便于教师教学和学生学习。

　　2. 以"深入浅出、知识够用、突出技能、中高接续"为思路，以培养学生职业能力为重点，教材内容与行业、企业实际需要紧密结合。根据职业岗位和技能培养的要求，参照相关行业职业资格标准和技能鉴定标准，围绕职业能力的形成去分解能力要求，理论联系实际，体现学以致用，突出知识的应用性。围绕国家职业标准中相关的知识点和技能点，按照技能训练评估标准进行检测与评估。切实体现做中学、做中教，以能力为本位，以学生为主体的职教特色。

　　3. 在课程结构体系与课程内容的选取上，遵循"课程体系与职业岗位、教材开发与技术进步紧密对接"的原则，结合当前我国经济发展、科技进步及市场供需情况，结合最新修订的国家职业技能标准中对技能型人才在工作内容、相关知识、技能要求方面的标准来展开。同时本书贯穿了一条主线，即紧密围绕着当前国际及国内的能源政策及我国采取的重大节能工程来更新课程内容。

　　4. 本书修订升级为新形态一体化教材，借助先进技术，丰富内容呈现形式，配套多媒体助学助教资源，助力提高教学质量和教学效率。

　　本书主要内容包括：走进电工实训基地；发电、供电与用电；照明及动力线路的安装与维修；变压器的使用与维修；异步电动机的使用与维修；直流电动机的拆装、使用及控制电机；常用低压电器的拆装维修及使用；三相异步电动机电气控制电路的安装与维修；PLC控制与交流电动机的变频调速系统；机床电气控制电路安装与维修；桥式起重机控制电路接线及维修。本书充分体现了理实一体化的教学理念,结合生产实践,突出操作技能,注重能力培养。

本书由湖南铁道职业技术学院廖志平、杨庆徽、王玺珍、毛晓琴、赵承荻、李小霞、唐春南、李华柏、姚芳编写。其中,廖志平编写项目 1、2、3,杨庆徽编写项目 4、5,王玺珍编写项目 6、7,毛晓琴编写项目 8、9、10,赵承荻编写项目 11、12、13,李小霞编写项目 14、15,唐春南编写项目 16、17,李华柏编写项目 18、19、20,姚芳编写项目 21、22、23、24、25、26。全书由赵承荻、王玺珍担任主编。

由于编者水平有限,书中缺点、错误在所难免,欢迎广大读者批评指正。

编 者

2019 年 9 月

目　　录

模块一　走进电工实训基地 ···································· 001

　项目1　常用电工工具的使用 ·································· 001

　　实训操作1 ·· 002

　　　常用电工工具使用训练 ····································· 002

　　相关知识 ·· 002

　　　课题一　常用电工工具 ····································· 002

　　　课题二　电工常用拆装工具 ································· 008

　项目2　常用电工仪表的使用 ·································· 010

　　实训操作2 ·· 011

　　　常用电工仪表的使用训练 ··································· 011

　　相关知识 ·· 013

　　　课题三　电工仪表及测量的基本知识 ························· 013

　　　课题四　电流表、电压表的使用 ····························· 014

　　　课题五　电阻的测量方法 ··································· 016

　　　课题六　交流电路功率的测量 ······························· 021

　　知识考核 ·· 022

　　技能考核 ·· 024

　　考核评分 ·· 025

模块二　发电、供电与用电 ···································· 026

　项目3　电能的产生、传输与用电 ······························· 026

　　实训操作3 ·· 027

　　　配电站现场教学 ··· 027

　　　用心肺复苏模拟人进行触电急救练习 ························· 028

　　相关知识 ·· 028

　　　课题一　电能的产生及输送 ································· 028

　　　课题二　安全用电 ··· 032

　　　课题三　节能减排、绿色环保 ······························· 039

知识考核 …………………………………………………………………………… 041

考核评分 …………………………………………………………………………… 042

模块三 照明及动力线路的安装与维修 ………………………………………… 043

项目4 导线连接与照明线路的安装 …………………………………………… 043

实训操作4 ………………………………………………………………………… 043

　　导线的直线连接和 T 字连接 ……………………………………………… 044

　　室内照明线路的模拟施工与安装 ………………………………………… 044

　　一个开关控制一盏荧光灯的安装 ………………………………………… 045

相关知识 …………………………………………………………………………… 047

　　课题一　导线连接工艺 …………………………………………………… 047

　　课题二　室内配线 ………………………………………………………… 051

　　课题三　电气照明设备及安装 …………………………………………… 055

项目5 动力配电线路的接线 …………………………………………………… 063

实训操作5 ………………………………………………………………………… 064

　　7 股铜芯导线的直接连接 ………………………………………………… 064

相关知识 …………………………………………………………………………… 065

　　课题四　动力配电线路的接线 …………………………………………… 065

　　课题五　低压配电箱的分类和安装 ……………………………………… 067

知识考核 …………………………………………………………………………… 069

考核评分 …………………………………………………………………………… 070

模块四 变压器的使用与维修 …………………………………………………… 071

项目6 单相变压器的使用与测试 ……………………………………………… 071

实训操作6 ………………………………………………………………………… 072

　　单相变压器的通用测试 …………………………………………………… 072

　　单相变压器同名端的判定 ………………………………………………… 074

相关知识 …………………………………………………………………………… 075

　　课题一　变压器的基本工作原理及结构 ………………………………… 075

　　课题二　变压器的运行原理 ……………………………………………… 078

　　课题三　常用变压器简介 ………………………………………………… 082

项目7 单相变压器的检修 ……………………………………………………… 087

实训操作7 ………………………………………………………………………… 087

　　单相变压器的检修 ………………………………………………………… 088

知识拓展 …………………………………………………………………………… 091

　　三相电力变压器 …………………………………………………………… 091

知识考核 …………………………………………………………………………… 096

考核评分 ……………………………………………………………………………… 100

模块五　异步电动机的使用与维修 ………………………………………………… 101
　项目 8　三相异步电动机的拆装与测试 ………………………………………… 101
　　实训操作 8 …………………………………………………………………… 102
　　　三相笼型异步电动机的拆装 ……………………………………………… 102
　　相关知识 ……………………………………………………………………… 106
　　　课题一　三相异步电动机的结构 ………………………………………… 106
　　　课题二　三相异步电动机的工作原理 …………………………………… 111
　　　课题三　三相异步电动机的应用特性 …………………………………… 115
　项目 9　单相异步电动机的使用、检修与拆装 ………………………………… 118
　　实训操作 9 …………………………………………………………………… 119
　　　电风扇电动机的性能测定 ………………………………………………… 119
　　　电风扇的调速及反转 ……………………………………………………… 120
　　　电风扇的检修与拆装 ……………………………………………………… 121
　　相关知识 ……………………………………………………………………… 122
　　　课题四　单相异步电动机的结构及工作原理 …………………………… 122
　　　课题五　常用单相异步电动机 …………………………………………… 125
　　知识考核 ……………………………………………………………………… 130
　　技能考核 ……………………………………………………………………… 134
　　考核评分 ……………………………………………………………………… 135

模块六　直流电动机的拆装、使用及控制电机 ………………………………… 136
　项目 10　直流电动机的拆装、使用 …………………………………………… 136
　　实训操作 10 …………………………………………………………………… 137
　　　直流电动机的拆装 ………………………………………………………… 137
　　　并励直流电动机的启动 …………………………………………………… 139
　　相关知识 ……………………………………………………………………… 140
　　　课题一　直流电动机 ……………………………………………………… 140
　　　课题二　控制电机简介 …………………………………………………… 147
　　知识考核 ……………………………………………………………………… 153
　　考核评分 ……………………………………………………………………… 154

模块七　常用低压电器的拆装维修及使用 ……………………………………… 155
　项目 11　低压开关类电器的使用与维修 ……………………………………… 155
　　实训操作 11 …………………………………………………………………… 155

　　　　低压开关类电器的识别与检测 ·· 156
　　　　组合开关的拆装 ··· 156
　　　　行程开关的拆装 ··· 157
　　相关知识 ··· 157
　　　　课题一　常用低压开关 ·· 157
　　　　课题二　主令电器 ··· 161
　项目 12　常用保护类电器的使用与检修 ··· 164
　　实训操作 12 ·· 165
　　　　熔断器的使用与检修训练 ·· 165
　　　　热继电器的结构和动作电流的调整 ··· 166
　　相关知识 ··· 168
　　　　课题三　熔断器 ··· 168
　　　　课题四　常用保护继电器 ·· 172
　项目 13　常用控制类电器的使用与检修 ··· 174
　　实训操作 13 ·· 175
　　　　交流接触器的使用与检修 ·· 175
　　　　空气阻尼式时间继电器的拆装与检修 ·· 177
　　相关知识 ··· 178
　　　　课题五　交流接触器 ·· 178
　　　　课题六　常用控制类继电器 ·· 182
　项目 14　低压断路器的结构、使用与检修 ·· 186
　　实训操作 14 ·· 186
　　　　低压断路器的使用 ··· 187
　　相关知识 ··· 187
　　　　课题七　低压断路器 ·· 187
　　知识拓展 ··· 191
　　　　开关类传感器 ··· 191
　　知识考核 ··· 194
　　考核评分 ··· 197

模块八　三相异步电动机电气控制电路的安装与维修 ································· 198
　项目 15　三相异步电动机直接启动控制电路的安装与检修 ·························· 199
　　实训操作 15 ·· 199
　　　　三相异步电动机正转控制电路的安装接线 ····································· 200
　　　　三相异步电动机正转控制电路的故障处理 ····································· 203
　　　　三相异步电动机正反转控制电路的接线与试车 ·································· 206
　　相关知识 ··· 207

课题一　三相异步电动机直接启动控制电路 ································· 207

课题二　三相异步电动机运行的常用控制电路 ······················· 210

项目 16　三相异步电动机降压启动控制电路的接线 ···················· 212

实训操作 16 ··· 212

三相异步电动机星三角降压启动控制电路的接线与试车 ········· 213

相关知识 ·· 214

课题三　三相异步电动机降压启动控制电路 ······················· 214

项目 17　三相异步电动机制动控制电路的接线 ······················ 217

实训操作 17 ··· 218

三相异步电动机反接制动控制电路安装、接线与试车 ············· 218

相关知识 ·· 220

课题四　三相异步电动机制动控制电路 ······························· 220

知识考核 ··· 222

考核评分 ··· 225

模块九　PLC 控制与交流电动机的变频调速系统 ··························· 226

项目 18　用 PLC 实现三相异步电动机正反转控制 ···················· 226

实训操作 18 ··· 227

用 PLC 实现三相异步电动机正反转控制 ······························· 227

相关知识 ·· 228

课题一　PLC 的基本结构与原理 ··· 228

课题二　FX2N PLC 的基本指令 ·· 234

课题三　FX2N PLC 的编程方法与实用程序介绍 ··················· 237

项目 19　三相异步电动机的变频调速控制 ···························· 240

实训操作 19 ··· 240

变频器面板控制三相异步电动机正反转 ······························· 240

变频器外端子控制三相异步电动机正反转调速 ····················· 243

相关知识 ·· 244

课题四　西门子 MM440 变频器的基本应用与操作 ··············· 244

课题五　变频器的工作原理 ··· 249

项目 20　基于 PLC 控制的变频调速系统 ······························· 251

实训操作 20 ··· 251

电动机正反转变频调速的 PLC 控制 ···································· 252

变频器自动往返二挡速运行的 PLC 控制 ····························· 253

知识考核 ··· 256

考核评分 ··· 257

模块十　机床电气控制电路安装与维修 ·· 258
　项目 21　CA6140 型普通车床电气控制电路安装与维修 ······················· 258
　　相关知识 ·· 259
　　　课题一　CA6140 型普通车床的电气控制原理电路 ····························· 259
　　实训操作 21 ·· 264
　　　CA6140 型普通车床电气控制电路的安装 ·· 265
　　　CA6140 型普通车床电气控制电路的常见故障处理 ····························· 266
　项目 22　Z3040 型摇臂钻床的电气控制电路的故障处理 ······················· 267
　　相关知识 ·· 267
　　　课题二　Z3040 型摇臂钻床的电气控制电路 ······································· 267
　　实训操作 22 ·· 271
　　　Z3040 型摇臂钻床电气控制电路常见故障分析及排除 ························ 271
　项目 23　M7130 型平面磨床电气控制电路的故障处理 ························· 272
　　相关知识 ·· 273
　　　课题三　M7130 型平面磨床的电气控制原理电路 ····························· 273
　　实训操作 23 ·· 276
　　　M7130 型平面磨床电气控制电路常见故障分析及排除 ······················ 276
　项目 24　X62W 型万能铣床的电气控制电路读图训练 ························· 277
　　相关知识 ·· 277
　　　课题四　X62W 型万能铣床的电气控制原理电路 ····························· 277
　　实训操作 24 ·· 283
　　　X62W 型万能铣床的电气控制电路读图训练 ·· 283
　　知识拓展 ·· 283
　　　CA6150 型卧式车床电气控制电路简介 ·· 283
　知识考核 ·· 286
　考核评分 ·· 288

模块十一　桥式起重机控制电路接线及维修 ·· 289
　项目 25　凸轮控制器控制绕线转子异步电动机电路接线 ······················· 289
　　实训操作 25 ·· 289
　　　凸轮控制器控制三相绕线转子异步电动机电气控制电路安装接线 ······· 290
　　相关知识 ·· 291
　　　课题一　凸轮控制器的结构及其控制电路 ··· 291
　项目 26　5～10 t 桥式起重机的维护检修 ·· 294
　　相关知识 ·· 294
　　　课题二　桥式起重机基本应用知识 ··· 294
　　实训操作 26 ·· 299

桥式起重机常见故障的处理 ………………………………………………… 299

知识拓展 ……………………………………………………………………… 300

地面控制的起重机控制电路 ………………………………………………… 300

知识考核 ……………………………………………………………………… 301

考核评分 ……………………………………………………………………… 302

参考文献 ……………………………………………………………………… 303

模块一 走进电工实训基地

情境导入

学习维修电工的必备知识,掌握维修电工的基本操作技能,都离不开电工实训场地。照明线路的安装与检修、常用变压器的检修、电动机的结构与检修、电动机控制线路的安装接线及故障处理、机床电气控制线路的模拟安装及故障处理等实训项目,大都在电工实训场地中进行。在电工实训基地中除配置有各实训项目所需的实训器材、实训材料外,还配置有各类常用电工工具、电工仪表供实训操作时使用,因此,首先学习与掌握常用电工工具、电工仪表的结构及使用是进行本课程学习的前提,也是作为一名合格电气工作人员的必备技能。

项目1 常用电工工具的使用

项目描述

电工工具是电气操作人员必备的基本工具,电工工具质量的好坏,使用正确与否都将影响施工质量和工作效率,影响电工工具的使用寿命和操作人员的安全,因此,电气操作人员必须要了解电工常用工具的结构、性能以及正确使用的方法。在每次使用电工工具前必须先检查其状况是否良好,包括绝缘性能的好坏、验电笔氖管是否正常发光、手电钻及喷灯的完好程度等。工具使用完后还必须妥善保管。

学习目标

1. 熟悉常用电工工具的基本构造及使用场合。
2. 会正确使用各种常用电工工具。
3. 培养安全文明操作的良好风尚。
4. 能进行学习资料的收集、整理与总结,培养良好的工作习惯,具有团队合作精神。

实训操作 1

器材、工具、材料

序　号	名　　称	规　　格	单　位	数　量	备　注
1	电工刀	125 mm	把	1	
2	一字螺丝刀	150 mm	把	1	
3	十字螺丝刀	Ⅱ	把	1	
4	钢丝钳	200 mm	把	1	
5	尖嘴钳	150 mm	把	1	
6	验电笔	低压	支	1	
7	活络扳手	200 mm	把	1	
8	手电钻		个	1	
9	电烙铁	25 W、45 W、75 W、100 W	把	各1	
10	拉具	二爪	个	1	
11	喷灯	燃油	个	1	
12	其他电工工具			1	

常用电工工具使用训练

1. 工具检验

在指导教师指导下由学生自己完成。

（1）检查螺丝刀、钳子握手部分的绝缘应无裂纹与损坏。

（2）检查电工刀及活络扳手的动作是否灵活。

（3）在有电的插座内检查验电笔能否正常发光。

2. 电工工具的正确使用

（1）指导教师讲解并示范电工刀、钢丝钳、尖嘴钳、一字螺丝刀、十字螺丝刀、验电笔、活络扳手、拉具、喷灯、手电钻、电烙铁等常用电工工具的基本构造、用途及正确使用的方法。

（2）学生在指导教师讲授的基础上对常用电工工具进行实操练习。

（3）指导教师任选几样电工工具分别对学生进行实际操作考核。

相关知识

课题一　常用电工工具

一、电工刀

电工刀是用来剖削导线绝缘层、切割电工器材、削制木榫的常用电工工具，如图 1-1 所示。电工刀按结构分有普通式和三用式两种。普通式电工刀有大号和小号两种规格；三用式电工刀除刀片外还增加了锯片和锥子,锯片可锯割电线槽板、塑料管和小木桩,锥子可钻木螺钉的定位底孔。使用电工刀时,应将刀口朝外,一般是左手持导线,右手握刀柄,刀片与导线成较小锐角,否则会割伤导线,如图 1-1(b)所示。电工刀刀柄是不绝缘的,不能在带电导线上进行操作,以免发生触电事故。电工刀使用完毕,应将刀体折入刀柄内。

微视频:电工刀的使用

图 1-1　电工刀

二、电工钳

1. 钢丝钳

钢丝钳又称克丝钳,是钳夹和剪切工具,由钳头和钳柄两部分组成。电工用的钢丝钳钳柄上套有耐压为 500 V 以上的绝缘套管,如图 1-2 所示。钢丝钳的钳头功能较多,齿口是用来弯绞或钳夹导线线头,如图 1-2(b)所示;也可用来紧固或起松螺母,如图 1-2(d)所示;刀口是用来剪切导线或剖切导线绝缘层,如图 1-2(c)所示;铡口是用来铡切导线线芯、细钢丝或铁丝等较硬金属。钢丝钳常用的有 150 mm、175 mm 和 200 mm 三种规格。

使用钢丝钳应注意的事项:

(1)使用前应检查绝缘柄是否完好,以防带电作业时触电。

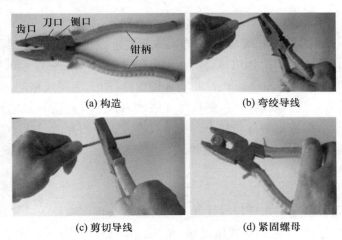

图 1-2　钢丝钳的构造及用途

(2)当剪切带电导线时,绝不可同时剪切相线和中性线或两根相线,以防发生短路事故。

(3)要保持钢丝钳的清洁,钳头应防锈,钳轴要经常加机油润滑,以保证使用灵活。

(4)钢丝钳不可代替手锤作为敲打工具使用,以免损坏钳头影响使用寿命。

(5)使用钢丝钳应注意保护钳口的完整和硬度,因此,不要用它来夹持灼热发红的物体,以免"退火"。

(6)为了保护刃口,一般不用来剪切钢丝,必要时只能剪切 1 mm² 以下的钢丝。

2. 尖嘴钳

尖嘴钳的头部尖细,又称尖头钳,适用于在狭小的工作空间操作,电工用的尖嘴钳柄上套有耐压为 500 V 以上的绝缘套管,如图 1-3 所示。

尖嘴钳用来夹持较小螺钉、垫圈、导线等元件;刃口能剪断细小导线或金属丝;在装接电气控制线路板时,可将单股导线弯成一定圆弧的接线鼻。常用的有 130 mm、160 mm、180 mm 和 200 mm 四种规格。使用尖嘴钳应注意的事项与钢丝钳相同。

3. 斜口钳

斜口钳又称断线钳、扁嘴钳,专门用于剪断电线或其他金属丝,其手柄有铁柄和绝缘柄两种,电工常用的是绝缘柄斜口钳,如图 1-4 所示。

微视频:剥线钳的使用

图 1-3　尖嘴钳　　　图 1-4　斜口钳　　　图 1-5　剥线钳

4. 剥线钳

剥线钳用来剥切截面为 6 mm² 以下的塑料或橡皮电线端部的表面绝缘层。

剥线钳由切口、压线口和钳柄组成,钳柄上套有耐压为 500 V 以上的绝缘管,如图 1-5 所示。剥线钳的切口分为 0.5～3 mm 的多个直径切口,用于不同规格的芯线剥切。使用时先选定好被剥除的导线绝缘层的长度,然后将导线放入大于其芯线直径的切口上,用手将钳柄一握,导线的绝缘层即被割断自动弹出。切不可将大直径的导线放入小直径的切口,以免切伤线芯或损坏剥线钳,也不可当作剪线钳用。用完后要经常在它的机械运动部分滴入适量的润滑油。

5. 压接钳

压接钳又称压线钳,是用来压接导线线头与接线端头可靠连接的一种冷压模工具。

压接钳有手动式压接钳、气动式压接钳、油压式压接钳,图 1-6 所示为 YJQ-P2 型手动压接钳。该产品有四种压接钳口腔,可压接导线截面积为 0.75～8 mm² 等多种规格与冷压端头的压接。操作时,先将接线端头预压在钳口腔内,将剥去绝缘的导线端头插入接线

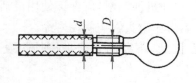
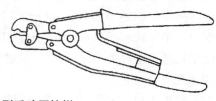

图 1-6　YJQ-P2 型手动压接钳

端头的孔内,并使被压裸线的长度超过压痕的长度,即可将手柄压合到底,使钳口完全闭合,当锁定装置中的棘爪与齿条失去啮合,则听到"嗒"的一声,即为压接完成,此时钳口便能自由张开。

使用压接钳注意事项:

(1)压接时钳口、导线和冷压端头的规格必须相配。

(2)压接钳的使用必须严格按照其使用说明正确操作。

(3)压接时必须使端头的焊缝对准钳口凹模。

(4)压接时必须在压接钳全部闭合后才能打开钳口。

三、螺丝刀

螺丝刀俗称起子、改锥,是电工最常用的基本工具之一,用来拆卸、紧固螺钉。

螺丝刀的规格按其性质分为非磁性材料和磁性材料两种;按头部形状分有一字形和十字形两种;按握柄材料分有木柄、塑柄和胶柄,如图 1-7 所示。一字形螺丝刀常用的有 50 mm、75 mm、100 mm、150 mm 和 200 mm 等规格。十字形螺丝刀有Ⅰ、Ⅱ、Ⅲ和Ⅳ四种规格,Ⅰ号适用于螺钉直径为 2～2.5 mm;Ⅱ号适用于螺钉直径为 3～5 mm;Ⅲ号适用于螺钉直径为 6～8 mm;Ⅳ号适用于螺钉直径为 10～12 mm。

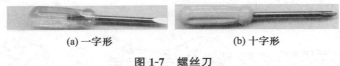

(a)一字形　　　　　(b)十字形

图 1-7　螺丝刀

使用螺丝刀的注意事项:

(1)螺丝刀拆卸和紧固带电的螺钉时,手不得触及螺丝刀的金属杆,以免发生触电事故。

(2)为了避免金属杆触及手部或邻近带电体,应在金属杆上套绝缘套管。

(3)使用螺丝刀时,应按螺钉的规格选用适合的刃口,以小代大或以大代小均会损坏螺钉或电气元件。

(4)为了保护其刃口及绝缘柄,不得将螺丝刀当凿子使用。木柄起子不要受潮,以免带电作业时发生触电事故。

(5)螺丝刀紧固螺钉时,应根据螺钉的大小、长短采用合理的操作方法,短小螺钉可用大拇指和中指夹住握柄,用食指顶住柄的末端捻旋。较大螺钉,使用时除大拇指和中指要夹住握柄外,手掌还要顶住柄的末端,这样可防止旋转时滑脱,如图 1-8 所示。

小螺丝刀操作法　　　　大螺丝刀操作法

图 1-8　螺丝刀的使用

(6)用螺丝刀进行螺钉的拧紧操作时,力度适当,拧紧即可,不能过度拧紧,以免损坏螺钉的头部。

四、扳手

扳手是用来紧固和拆卸螺栓、螺母的一种专用工具。扳手的种类很多,最常用的有活络扳手和固定扳手(又称呆扳手)两类,如图 1-9 所示。其中,活络扳手的扳口可在规格所定的范围内任意调整大小,使用灵活方便,最为常用。

(a) 活络扳手　　　　　　　　　　　　　　(b) 固定扳手

图 1-9　扳手

活络扳手由头部和柄部组成。头部由活络扳唇、呆扳唇、扳口、蜗轮和轴销等构成,如图 1-10 所示。其中活络扳手的规格较多,电工常用的有 150 mm(6″)、200 mm(8″)、250 mm(10″)、300 mm(12″)四种规格。

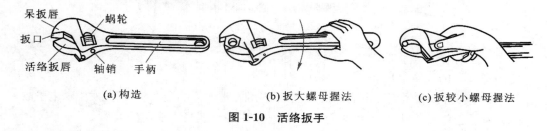

(a) 构造　　　　　　　(b) 扳大螺母握法　　　　　　(c) 扳较小螺母握法

图 1-10　活络扳手

使用活络扳手的注意事项:

(1) 应根据螺栓或螺母的规格旋动蜗轮调节好扳口的大小。扳动较大螺栓或螺母时,需用较大力矩,手应握在手柄尾部。

(2) 扳动较小螺栓或螺母时,需用力矩不大,手可握在接近头部的地方,并可随时调节蜗轮,收紧活络扳唇,防止打滑。

(3) 活络扳手不可反用,以免损坏活络扳唇,不准用钢管接长手柄来施加较大力矩。

(4) 活络扳手不可当作撬棍和手锤使用。

五、验电器

验电器分为高压验电器与低压验电器。

低压验电器又称验电笔,简称电笔,是用来检验低压导体和电气设备的金属外壳是否带电的基本安全用具,其检测电压范围为 60~500 V,具有体积小、携带方便、检验简单等优点,是电工必备的防护用具之一。

常用的验电笔有氖管式和数显式两类。氖管式又有钢笔式和螺丝刀式两种,如图 1-11 所示。钢笔式验电笔由氖管、绝缘套管、弹簧、笔身和金属探头等部分组成。数显式验电器由数字电路组成,可直接测出电压的数值。

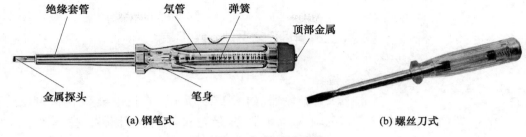

图 1-11　低压验电器

氖管式验电笔的工作原理是被测带电体通过验电笔、人体与大地之间形成的电位差产生电场,电笔中的氖管在电场的作用下便会发出红光。

1. 验电笔验电时的注意事项

(1) 验电时,手握验电笔的方法必须正确,手必须触及笔身上的顶部金属或铜铆钉,不能触及笔尖上的金属探头(防止触电),并使氖管窗口面向自己,便于观察,如图 1-12 所示。

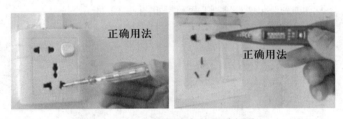

图 1-12　验电器验电的正确握法

(2) 验电时绝不允许将笔尖同时搭在两根导线或一根导线与金属外壳,以防造成短路。

(3) 在使用前应将验电笔先在确认有电源的部位测试氖管是否能正常发光,确认完好后方能使用,严防发生事故。

(4) 在明亮光线下测试时,不易看清氖管是否发光,使用时应避光检测。

(5) 使用时,若人体站在良好的绝缘体上,不能与大地构成回路时氖管不亮,这不能说明带电体不带电,新手应特别注意,防止触电。

微视频:低压
验电器的使用

2. 验电笔的用途

验电笔除用来测量区分相线与中性线之外,还可以进行几种一般性的测量:

(1) 区别交、直流电源:当测试交流电时,氖管两个极会同时发亮;而测直流电时,氖管只有一极发光,把验电笔连接在正负极之间,发亮的一端为电源的负极,不亮的一端为电源的正极。

(2) 判别电压的高低:有经验的电工可以凭借自己经常使用的验电笔氖管发光的强弱来估计电压高低的大约数值,电压越高,氖管发光越亮。

(3) 判断感应电:在同一电源上测量,正常时氖管发光,用手触摸金属外壳会更亮,而感应电发光弱,用手触摸金属外壳时无反应。

（4）检查相线碰壳：用验电笔触及电气设备的金属壳体，若氖管发光则有相线碰壳漏电现象。

课题二　电工常用拆装工具

图 1-13　拉具

一、拉具

拉具又称拉轮器，如图 1-13 所示。在机电维修中主要用于拆卸电动机的轴承、联轴器、皮带轮和扇叶等紧固件。拉具按结构不同，又可分三爪式和两爪式两种。

使用拉具拆卸电动机的轴承、联轴器、皮带轮时，拉具的抓钩要抓住工件的内圈，顶杆的轴心线要与工件的轴心线对齐，然后扳动手柄，用力要均匀。拉不动时不要硬拉，可在工件连接处滴些煤油或用喷灯加热后趁热拉下。

二、喷灯

喷灯是利用喷射火焰对工件加热的工具。在电气维修中，可作为辅助的拆卸工具，也用作钎焊加热热源，分燃油喷灯和燃气喷灯两种，如图 1-14 所示。

(a) 燃油喷灯　　　　　　　　　　　　(b) 燃气喷灯

图 1-14　喷灯

1. 燃油喷灯的使用方法

燃油喷灯使用前注意加油以不超过筒体的 3/4 为宜。使用时先预热，即在预热燃烧盘内注入适量汽油，用火点燃，将火焰喷头烧热。在燃烧盘内汽油燃完之前，用打气阀打气 3～15 次；然后再慢慢打开放油调节阀的阀杆，喷出的油雾使喷灯点燃喷火；随后继续打气，直到火焰正常为止。熄火时先关闭放油调节阀，直至火焰熄灭，再慢慢旋松加油口螺栓，放出筒体内的压缩空气。

2. 燃油喷灯使用注意事项

（1）燃油喷灯在加、放油及检修过程中，均应在熄火后进行。加油时应将油阀上的螺栓先慢慢放松，待气体放尽后方开盖加油。

（2）喷灯使用过程中应注意筒体的油量，一般不得少于筒体容积的1/4。油量太少会使筒体发热，易发生危险。

（3）打气压力不应过高。打完气后，应将打气柄卡牢在泵盖上。

（4）喷灯工作时应注意火焰与带电体之间的安全距离，距离10 kV以下带电体应大于1.5 m；距离10 kV以上带电体应大于3 m。

三、手电钻和冲击钻

1. 手电钻

手电钻是利用钻头加工孔的一种手持式电动工具，有手枪式和手提式两种，常用的如图 1-15（a）所示。

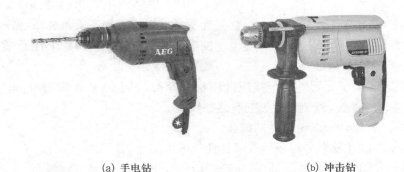

(a) 手电钻　　　　　　(b) 冲击钻

图 1-15　手电钻和冲击钻

手电钻采用的电压一般为 220 V 或 36 V 的交流电源。在使用 220 V 的手电钻时，为保证安全应戴绝缘手套，在潮湿的环境中应采用 36 V 安全电压。手电钻接入电源后，要用验电笔测试外壳是否带电，以免造成事故。拆装钻头时应用专用工具，切勿用螺丝刀和手锤敲击钻夹。

2. 冲击钻

冲击钻是用来冲打混凝土、砖石等硬质建筑面的木榫孔和导线穿墙孔的一种工具，常用的如图 1-15（b）所示，它具有两种功能：一种是作冲击钻用，另一种可作为普通电钻使用，使用时只要把调节开关调到"冲击"或"钻"的位置。用冲击钻需配用专用的合金冲击钻头，其规格有 6 mm、8 mm、10 mm、12 mm 和 16 mm 等多种。在冲钻墙孔时，应经常拔出钻头，以利于排屑。在钢筋建筑物上冲孔时，碰到坚实物不应施加过大压力，以免钻头退火和冲击钻抛出造成事故。

四、电烙铁

电烙铁是用来焊接导线接头、电子元件、电器元件接点的焊接工具。电烙铁的工作原理是利用电流通过发热体（电热丝）产生的热量熔化焊锡后进行焊接的。电烙铁的种类有外热式、内热式、吸锡式和恒温式等多种，如图 1-16 所示。

电烙铁的常用规格：外热式有 25 W、45 W、75 W、100 W、300 W 和 500 W；内热式有 20 W、35 W 和 50 W 等。

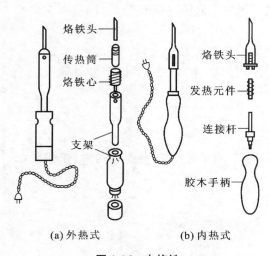

(a) 外热式　　　(b) 内热式

图 1-16　电烙铁

使用电烙铁的注意事项：

（1）新的电烙铁必须先处理后使用。具体方法是用砂布或锉刀把烙铁头打磨干净，长寿烙铁头有一层合金镀层，不能用此法打磨。然后接上电源，当烙铁温度能熔锡时，将松香涂在烙铁头上，再涂上一层焊锡，如此反复二三次，使烙铁头挂上一层锡便可使用。

（2）电烙铁的外壳须接地时一定要采用三脚插头，以防触电事故。

（3）电烙铁不宜长时间通电而不使用，这样容易使烙铁芯加速氧化烧坏，缩短寿命，还会使烙铁头氧化，影响焊接质量，严重时造成"烧死"不再吸锡。

（4）导线接头、电子元器件的焊接应选用松香焊剂，焊金属铁等物质时，可用焊锡膏焊接，焊完后要清理烙铁头，以免酸性焊剂腐蚀烙铁头。

（5）不得敲击电烙铁，以免烙铁芯损坏。

（6）电烙铁不能在易燃易爆场所或腐蚀性气体中使用。

（7）电烙铁使用完毕，应拔下插头，待冷却后放置干燥处，以免受潮漏电。

（8）不准甩动使用中的电烙铁，以免锡珠溅出伤人。

项目 2　常用电工仪表的使用

▶ 项目描述

　　在电工实践工作中，掌握电气设备的实际运行情况，检查判断电气元器件的质量好坏，都必须借助各种电工仪表对元器件或电路、设备的相关物理量参数进行测定，因此，电工仪表的使用是电气操作人员必须掌握的基本技能。在使用各种电工仪表进行测量时，必须首先确认选用仪表的类别、型号及规格是否与被测量相符，在此基础上确认该仪表的完好程度以及正确读数与使用方法。测量时必须注意操作安全，测量后对仪表进行妥善存放。

▶ 学习目标

1. 会正确选用仪表进行电流及电压的测量。
2. 会正确选用仪表进行电阻的测量。
3. 会进行电功率的测量。
4. 会正确使用万用表、兆欧表等测量工具。

5. 培养安全文明操作的良好风尚。

6. 能进行学习资料的收集、整理与总结,培养良好的工作习惯,具有团队合作精神。

▶实训操作 2

器材、工具、材料

序　号	名　　　称	规　　格	单　位	数　量	备　注
1	交流电流表	44L1-A　0.5~1.0 A	块	1	
2	交流电压表	59L1-V　150~300 V	块	1	
3	直流电流表	44C1-A　500 mA	块	1	
4	直流电压表	44C1-V　20 V	块	1	
5	单相有功功率表	42L6-W　220 V、5 A	块	1	
6	兆欧表	ZC11-3　500 V	块	1	
7	指针式万用表	MF47	块	1	
8	数字式万用表	DT831	块	1	
9	白炽灯	60 W、220 V	套	1	
10	单相变压器	500 W、220 V/24 V	台	1	
11	电阻箱或滑线电阻		个	1	

常用电工仪表的使用训练

1. 指导教师讲解并现场示范

(1) 电流表、电压表、功率表的应用、接线及读数。

(2) 直流电阻、绝缘电阻的测量方法。

(3) 万用表的功能及正确的使用方法。

2. 学生实训操作

(1) 安装由一个开关控制一盏白炽灯(60 W、220 V)的简单照明电路,进行如下测量。

(2) 用万用表的电阻挡测白炽灯的直流电阻,$R_x =$ _____ Ω。

(3) 如图 1-17(a)接线,正确选择电压表、电流表的量程,接 220 V 的交流电源后,记录电压表、电流表的读数于表 1-1 中。

(4) 如图 1-17(b)接线,正确选择功率表的量程,接 220 V 的交流电源后,记录功率表的读数于表 1-1 中。

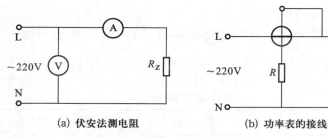

(a) 伏安法测电阻　　　　(b) 功率表的接线

图 1-17　白炽灯电路的测量

表 1-1　白炽灯电路的测量结果

项　目	电压表读数/V	电流表读数/A	功率表读数/W
测量值			

（5）验算、复核测量的正确性。

① 由电压表、电流表的测量值计算出白炽灯的直流电阻，与前面用万用表的电阻挡测量的白炽灯直流电阻比较，是否一致，如不一致，说明其原因。

② 由功率表测得的白炽灯消耗功率，与白炽灯标称功率是否一致，如不一致，说明其原因。

（6）指针式万用表的使用。

① 用指针式万用表的交流电压挡测量图 1-17 中的交流电源电压，记录于表 1-2 中。

表 1-2　万用表的测量数值

项　目	交流电压的读数/V	直流电压的读数/V	直流电流的读数/mA
测量值			

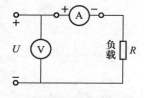

图 1-18　万用表的测量

② 用指针式万用表的直流电压挡和直流电流挡分别测量图 1-18 中的直流电压和直流电流，记录于表 1-2 中。图中直流电压 U 可取 10 V 左右，负载电阻可取 50 Ω 左右。

③ 使用万用表的电阻挡测一台单相变压器一次绕组的直流电阻 R_1 和二次绕组的直流电阻 R_2，并记录：

$R_1 = \underline{\hspace{2cm}} \Omega,\ R_2 = \underline{\hspace{2cm}} \Omega$。

（7）兆欧表的使用。

使用兆欧表测量单相变压器绝缘电阻的数值，并记录于表 1-3 中。

表 1-3　用兆欧表测量单相变压器绝缘电阻的数值

项　目	一次绕组对铁心	二次绕组对铁心	一次、二次绕组之间
绝缘电阻/MΩ			

> 相关知识

课题三　电工仪表及测量的基本知识

电工仪表是指将被测电量或非电量变成仪表指针的偏转角或积算机构的数字显示,因此也称机电式仪表,即用仪表可动部分的机械运动来反映被测电量的大小。

一、电工仪表的分类及识别

1. 电工仪表的分类

电工仪表种类繁多,通常按其工作原理、结构、用途等不同,可大体分类如下:

（1）按被测量的名称及单位分类。

有电流表(通常又可按被测量的单位等级分为安培表、毫安表、微安表等)、电压表、欧姆表、兆欧表、功率表、电能表、频率表、功率因数表等。

（2）按被测电流的种类分类。

有直流表、交流表、交直流两用表。

（3）按仪表的工作原理分类。

有磁电系仪表、电磁系仪表、电动系仪表、感应系仪表、整流系仪表、静电系仪表等。其中前三类仪表使用较多。

（4）按仪表的测量准确度分类可分为七个等级,见表1-4。

表 1-4　电工仪表的准确度等级

仪表等级	0.1	0.2	0.5	1.0	1.5	2.5	5.0
基本误差($\pm K\%$)	± 0.1	± 0.2	± 0.5	± 1.0	± 1.5	± 2.5	± 5.0
应用场所	标准表		实验用表			工程测量用表	

2. 电工仪表常用符号

各种电工仪表在其标盘上都注有一些标志符号,以表征仪表的基本技术特性,常用的标志符号见表1-5。

表 1-5　电工仪表常用的标志符号

符　号	名　称	符　号	名　称
—	直流表	+	正接线端
～	交流表	✳	公共端
≃	交直流两用表	⊥ ⊥	接地端
Ⓐ	电流表	⊓	磁电系仪表
Ⓦ	功率表	⧖	电磁系仪表
⊓	水平使用	▭	电动系仪表
⊥	垂直使用	⑴.₅	准确度等级 1.5 级
—	负接线端	Ⅱ	Ⅱ级防外磁场

二、电工仪表的选用

1. 电工仪表的选择

（1）正确理解准确度。

选择仪表时，不能只想着"准确度越高越精确"。事实上，准确度高的仪表，要求的工作条件也越高。在实际测量中，若达不到仪表所要求的测量条件，则仪表带来的误差将更大。

（2）正确选择仪表的量限。

测量值越接近仪表的满偏值误差越小，应尽量使测量的数值在仪表量限的 $1/2 \sim 2/3$ 范围内。

（3）有合适的灵敏度。

要求对变化的被测量有敏锐的反应。

（4）受外界的影响小。

即温度、电场、磁场等外界因素对仪表影响所产生的误差小。

（5）仪表本身的能耗小，并有良好的读数装置。

2. 电工仪表的正确使用

（1）严格按说明书上的要求使用、存放。

（2）不能随意拆装和调试，以免影响准确度、灵敏度。

（3）经过长期使用后，要根据电气计量的规定，定期进行校验和校正。

（4）交流、直流电表要分清，多量程表在测量中不得更换挡位，严格按使用说明书接线，以免出现烧表及其他事故。

课题四　电流表、电压表的使用

一、电流表的使用

1. 电流表的用途

电流表用来测量电流，在进行电流测量时必须遵循以下原则及方法。

（1）测量前必须明确被测电流的性质。是直流则用直流电流表测量，是交流则用交流电流表测量，对于交直流两用表则既可测直流，也可测交流。

（2）必须将电流表与待测电路串联。为了减小测量误差，要求电流表本身内阻应尽量小。

（3）仪表量程的选择。为扩大仪表的使用范围，在一块仪表上往往有好几挡量程可供选择。在测量时应先估计被测量的大小，选择适当的量程，以提高测量的精确度。在无法准确估计时，一般先用高量程挡测量，然后再根据指针偏转角度的大小，酌情减至合适的量程。

（4）标有"＋"、"－"接线端的测量仪表，使用时要注意极性不能接反，以免损坏测量仪表。

（5）必须注意仪表的测量范围。仪表标尺上的最大刻度值，称为仪表的量程。测量值不允许超过仪表的量程。

2. 交流电流的测量

电工操作及维修中主要接触到的是交流电流的测量。交流电流表如图 1-19(a)所示。

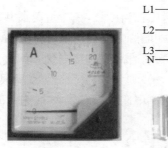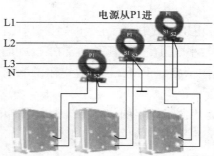

(a) 交流电流表　　　　　(b) 用电流互感器扩展交流电流表量程

图 1-19　交流电流表及其接法

（1）当被测电流在仪表量程范围之内时（通常不大于 20 A），将电流表直接与被测电路串联。

（2）当被测电流大于仪表量程时，需用电流互感器来扩大仪表的量程，如图 1-19（b）所示。关于电流互感器的作用在模块四中介绍。

二、电压表的使用

1. 电压表的用途

电压表用来测量电压，在进行电压测量时必须遵循的原则及方法与电流测量相似，不同之处是必须将电压表与被测的负载并联。同样，电压表本身也有一定的内阻，为了减小测量误差，要求电压表本身的内阻尽量大。

2. 交流电压的测量

交流电压表如图 1-20(a)所示。

（1）当被测电压在仪表量程范围之内时，可将电压表直接与被测电路并联，如图 1-20（b）所示。

（2）当被测电压大于仪表量程时，需用电压互感器来扩大仪表的量程。关于电压互感器的作用在模块四中介绍。

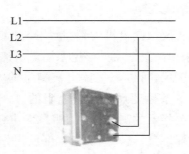

(a) 交流电压表　　　　　(b) 交流电压表的接线

图 1-20　交流电压表及其接法

课题五　电阻的测量方法

电阻的测量在电工测量中占有重要的地位,应用相当广泛,在测量时通常将电阻按其数量级的不同分为三类:小电阻——电阻值通常在 1 Ω 以下;中电阻——电阻值在 1 Ω~0.1 MΩ 之间;大电阻——电阻值在 0.1 MΩ 以上。电阻的测量通常有直接测量和间接测量两种。

一、直接测量

直接测量就是用测量电阻的仪表直接读出被测电阻的数值。按被测电阻值的大小及要求的测量精度应分别用不同的仪表进行测量。

1. 万用表法

万用表是电工实训室及电气工作人员经常使用的一种多用途、多量程、便携式仪表,它可以用来测量直流电流、直流电压、交流电压和电阻等物理量,有的还可测量交流电流、电感、电容、音频电平等。目前常用的万用表分为指针式和数字式两大类,在一般测试及电路检查时,使用指针式较方便,在需要测量数据及读数时用数字式较好,其外形图分别如图 1-21 所示。

动画:指针式万用表

动画:数字万用表

仿真训练:数字万用表的使用

(a) 指针式

(b) 数字式

图 1-21　万用表外形图

(1) 指针式万用表

指针式万用表主要由测量机构、测量线路和测量旋钮开关三大部分组成。测量机构通常称为表头,一般采用高灵敏度的磁电系测量机构,在测量机构的表盘上有对应测量不同物理量所需的多条标度尺,可以直接读出被测量的大小。图 1-22(a) 为 MF47 型万用表的表盘。表盘中最上面一条标度尺是测量电阻的"Ω"标度尺,实际读数为指针指示值×倍率。倍率即测量旋钮开关指示的测量位,如图 1-22(b)所示。第二条标度尺是测量交、直流电压和直流电流的公用标度尺,接下来四条标度尺是分别测量晶体管直流放大系数、电容、电感、音平电压标度尺。测量旋钮开关的作用是用于选择测量的项目及量程。测量时将测量旋钮开关置于不同的挡位即可。

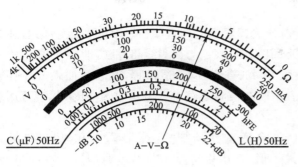

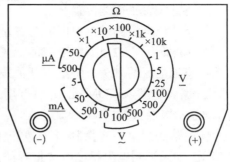

(a) 万用表的表盘　　　　　　　　　　　　　　　(b) 万用表的测量位

图 1-22　万用表的表盘及测量位

指针式万用表在使用时的注意事项：

① 正确选择插孔或接线柱，红色测试棒的接线插头插入红色插孔（接线柱）或标有"＋"的插孔内，黑色测试棒的接线插头插入黑色插孔或标有"－"或"＊"的插孔内。

② 测量旋钮开关的位置应正确选择。首先根据被测物理量的名称以及大小将转换开关旋钮正确置于该测量位。在测量电流或电压时应使万用表指针的偏转角在满刻度的 1/2～2/3 范围内，这样可得到比较准确的测量结果。在进行电流及电压测量时还需注意：

• 绝不允许在测量旋钮开关置于电流挡或电阻挡时去测电压，否则会损坏表头。

• 如不知道被测电流及电压的大小，应将测量旋钮开关置于电压或电流的最高挡位进行预测，然后再选择合适的量程。

③ 指针调零。在测量前先观察万用表头指针是否指在零位，若不指零可用螺丝刀微微转动位于表头面板下方的"机械零位调节器"，使指针指零。

④ 正确读数。万用表盘上的多条标度尺代表不同的测量种类，测量时应根据测量旋钮开关所处的种类及量程，在对应的标度尺上读数，并注意所选量程与标度尺读数的倍率关系。

⑤ 测量电阻前，还应进行"电调零"，如果指针调不到"0"位，说明万用表内的电池已陈旧，应更换新电池。

⑥ 注意操作安全，手不能触及金属部分，以保证人身安全及测量的准确性。测量较高电压或较大电流时，不能带电转动测量旋钮开关，以保护万用表不受损坏。严禁测量旋钮开关置于电流或电阻挡上时测量电压。万用表使用完毕后，注意测量旋钮开关不能置于"Ω"挡上，而应置于交流电压最高挡。

（2）数字式万用表

除指针式万用表外，数字式万用表的使用正在逐渐普及。数字式万用表采用数字转化测量技术，把各种被测量转换为电压信号，并以数字形式显示在表盘上，外形如图 1-21（b）所示。数字式万用表具有读数直观，准确度、灵敏度高，功能齐全，使用方便等优点。

数字式万用表使用方法：

① 阅读说明书，了解电源开关、量程开关、插孔、特殊插口的作用。

② 将开关置于待测位置。

③ 交直流电压测量。根据需要将量程开关拨至 DCV（直流）或 ACV（交流）的合适量程。红表笔插入 V/Ω 孔，黑表笔插入 COM 孔，并将表笔与被测线路并联，即可读数。

④ 直流电流的测量。将量程开关拨至 DCA（直流）的合适量程，红表笔插入 mA 孔或 10A 孔，黑表笔插入 COM 孔，并将万用表串联在被测线路中。测量直流量时，数字万用表能自动显示极性。

⑤ 电阻的测量。将量程开关拨至 Ω 的合适量程，红表笔插入 V/Ω 孔，黑表笔插入 COM 孔，如果被测电阻超过所选量程的最大值，万用表将显示"1"，这时应选更高的量程。测量电阻时，红表笔为正极，黑表笔为负极，这与指针式万用表正好相反。因此测量晶体管、电解电容器等有极性的元器件时，必须注意表笔的极性。

用万用表电阻挡测电阻操作很方便，可迅速读出被测电阻值，但其测量精度较差，一般用于检修电子设备、仪器及日常电工维修时对 $1 \sim 10^5$ Ω 的电阻进行测量。

2. 电桥法

电桥是电磁测量中的一种常用测量仪表，由于它测量准确，使用方便，所以得到广泛应用。电桥有直流电桥和交流电桥之分。直流电桥主要用于电阻测量，它有单臂电桥和双臂电桥两种，如图 1-23 所示。前者又称为惠斯登电桥，用于 $1 \sim 10^5$ Ω 中值电阻的测量；后者又称开尔文电桥，用于 $10^{-6} \sim 10$ Ω 低值电阻的测量。交流电桥除了测量电阻之外，还可以测量电容、电感等电学量。通过传感器，利用电桥电路还可以测量一些非电量，如温度、湿度、应变等，在非电量电测中有广泛应用。

微视频：直流单臂电桥的选用

(a) 单臂电桥

(b) 双臂电桥

图 1-23 电桥

目前最常使用的是单臂电桥，它的原理电路和面板示意图如图 1-24 所示，单臂电桥使用和维护方法如下：

（1）使用前先将检流计的锁扣打开，并调节调零器使指针位于机械零点。

（2）将被测电阻接在电桥 R_x 的接线柱上，须用较粗较短的连接导线，连接时应将接线柱拧紧。

（3）根据被测电阻 R_x 估算值，选择合理的比例臂的数值（在一般情况下，使用电桥测量电阻往往不是盲目的，而是已知其大概的值域，只是用电桥测量其精确的数值）。比例臂的选择，应该使比较臂的第一转盘（如图 1-24 的 ×1 000 挡）能用上。例如，若测量电阻 R_x 约为 12 Ω 时，应选比例值为 10^{-2}，这时当比较臂的数值为 1 199 时，则被测电 $R_x = 1\ 199 \times 10^{-2}\ \Omega = 11.99\ \Omega$。比例臂的选择参见表 1-6。

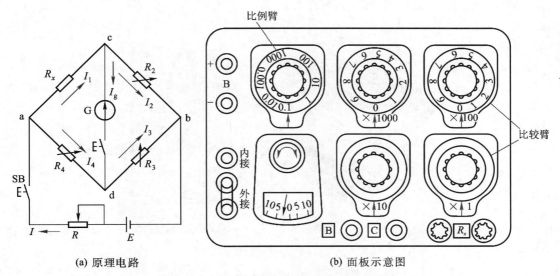

图 1-24 单臂电桥的原理电路和面板示意图

表 1-6 单臂电桥比例臂的选择

被测电阻/Ω	1～10	10～10^2	10^2～10^3	10^3～10^4	10^4～10^5	10^5～10^6	10^6～10^7
比例臂比率	10^{-3}	10^{-2}	10^{-1}	1	10	10^2	10^3

（4）先按下电源按钮 B，随后按下检流计按钮 C，如果指针向标度尺的"＋"侧偏转，应增大比较臂电阻；如果向"－"侧偏转，则减小电阻。

（5）只有在非常接近平衡对，才可以持续地按下检流计按钮来调节比较臂电阻，否则，检流计指针将因猛烈撞击而致损坏。

（6）电桥使用完毕，须先拆除或切断电源，然后拆除被测电阻，将检流计的锁扣锁上，以防止搬动过程中检流计被振坏。若检流计无锁扣，可将检流计短路，以使检流计的可动部分摆动时，产生过阻尼阻止可动部分的摆动，以保护检流计。

3. 兆欧表法

兆欧表（俗称摇表）是一种用于测量电机、电气设备、供电线路绝缘电阻的指示仪表。

电气设备绝缘性能的好坏直接关系到设备的正常运行及操作人员的人身安全，因此必须定期进行检查。因为这些设备使用的电压都比较高，要求的绝缘电阻数值又比较大，如用万用表测量，由于这些仪表内的电源电压很低，且高电阻时仪表刻度不准确，所以测量结果往往与实际相差很大，因此在工程上不允许用万用表来测量绝缘电阻，必须采用专门的仪表——兆欧表。兆欧表的结构和万用表一样也分为指针式和数字式两大类，在一般测试及电路检查时，使用指针式兆欧表较方便，如图 1-25 所示。

指针式兆欧表由能产生较高电压的手摇发电机 G（通常分 500 V、1 000 V、2 500 V 三种）、磁电系比率表（由线圈 A、B 及永久磁铁等组成）和测量电路等三部分组成。常用的兆欧表有 ZC-7 系列、ZC-11 系列等。兆欧表的额定电压有 500 V、1 000 V、2 500 V 等，测量的范围有 500 MΩ、1 000 MΩ、2 000 MΩ 等。

动画：兆欧表结构

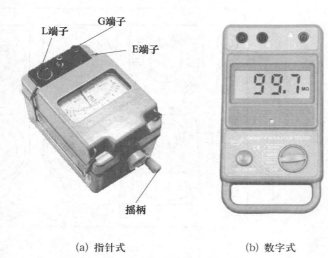

（a）指针式　　　　　　　　（b）数字式

图 1-25　兆欧表

使用兆欧表进行绝缘电阻测量时应注意以下几点：

（1）选用的兆欧表额定电压要与被测电气设备或线路的工作电压相对应。通常线电压为 380 V 的设备，可选用 500 V 的兆欧表；电压 1 000 V 以下的可用 1 000 V 的兆欧表；1 000 V 及以上的设备，可选用 2 500 V 的兆欧表。

（2）兆欧表接线端子有三个："线路（L）"、"接地（E）"和"保护环（G）"。在测量时，将线路端子"L"与被测绝缘电阻部分相连接；将接地端子"E"与被测物的外壳相连接；将保护环端子"G"与被测物上的保护遮蔽环相接。一般测量时只用"L"和"E"两端子，"G"端子空置，如图 1-26（a）、（b）所示。"G"端子只在被测物表面漏电严重时才使用，如在进行电缆缆芯对电缆外壳绝缘电阻测定时，将电缆缆芯与电缆外壳之间的内层绝缘物与"G"端子相接，如图 1-26（c）所示，以消除因表面漏电引起的读数误差。

仿真训练：三相电动机绝缘测量

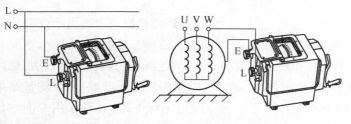

（a）测量照明或动力线路绝缘电阻　　　（b）测量电机绝缘电阻　　　（c）测量电缆绝缘电阻

图 1-26　兆欧表的接线方法

（3）兆欧表在使用前应先做如下检查：先让 L、E 开路，摇动兆欧表手柄，使手摇发电机的转速达到额定转速，此时指针应逐步指向"∞"，然后让 L、E 两接线柱短接，此时指针应迅速指向"0"，否则兆欧表应进行调整或修理。

（4）用兆欧表测量绝缘电阻时必须在确认被测物体没有通电的情况下进行。对接有大电容的设备，应先进行放电（用带绝缘的导体将被测物与外壳或地进行短接），然后再进行绝缘电阻测量，测量完毕后，先对被测物体进行放电，然后再停止手柄的摇动。

（5）测量时应匀速摇动兆欧表手柄，使转速达到约 120 r/min，持续 1 min 以后读数。在测量过程中切莫用手去触及兆欧表的 L、E 两端，以免造成触电。

二、间接测量

间接测量通常采用伏安法，即在被测电阻 R_x 两端加上一个直流电压，用电压表和电流表分别测出 R_x 两端的电压 U 和流过的电流 I，则由欧姆定律就可求出被测电阻 $R_x = \dfrac{U}{I}$。间接测量的测量结果精确度较高，但测量比较麻烦，主要用于对阻值较小的电阻的测量。

课题六　交流电路功率的测量

功率表俗称瓦特表，是用来检测负载功率大小的一种仪表，使用较多的是单相功率表，如图 1-27(a)所示。内部有两组线圈，匝数少、导线粗的是电流线圈；匝数多、导线细的是电压线圈。

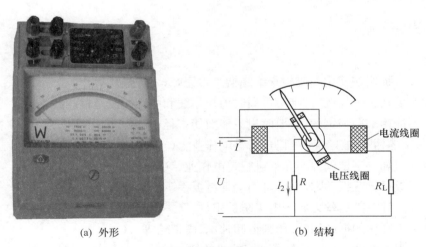

(a) 外形　　　　　　　　　(b) 结构

图 1-27　单相功率表

1. 功率表量限的选择

在选用时，不但要考虑功率表的量限是否满足被测负载功率的大小，更要注意功率表电压、电流量限是否和负载电压、电流相适应。

2. 功率表的正确接线

由单相交流电路功率的公式 $P = UI\cos\varphi$ 可见,测量功率的仪表必须同时能反映负载的电压及电流的大小,因此一般均由电动系仪表来完成,它的电流线圈串联在被测电路中,电压线圈则并联在被测电路两端,如图 1-28 所示。圆圈中的水平粗实线代表电流线圈,垂直细实线代表电压线圈,R_{fy} 为串在电压线圈中的分压电阻。

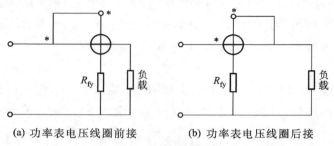

(a) 功率表电压线圈前接　　(b) 功率表电压线圈后接

图 1-28　单相功率表的接线

为保证在测量时功率表的指针正方向偏转,必须使电流线圈及电压线圈的"电源端"(用符号" * "或"±"表示)接到电源的同一极性上,以保证两个线圈相互作用时指针能正向偏转。在测量中如出现仪表指针反向偏转,则可将电流线圈的两个接线端(或电压线圈的两个接线端)对调。

当功率表电压线圈前接时,适用于负载电阻远大于功率表电流线圈电阻的情况;而功率表电压线圈后接,则适用于负载电阻远小于功率表电压线圈电阻的情况。负载所消耗的功率可通过功率表直接读出。

知识考核

一、判断题

1. 钢丝钳和尖嘴钳在使用前应检查绝缘柄是否完好,才可进行操作。(　　)
2. 用钢丝钳剪切带电导线时,绝不可同时剪切相线和中性线或两根相线。(　　)
3. 钢丝钳不能用来剪切钢丝,必要时也只能剪切直径 1 mm 以下的钢丝。(　　)
4. 钢丝钳、尖嘴钳和电工刀都可以进行带电作业。(　　)
5. 十字螺丝刀和一字螺丝刀不允许进行带电作业。(　　)
6. 当用活络扳手无法扳动螺母时,可用套管将扳手手柄加长来扳动螺母。(　　)
7. 十字螺丝刀和一字螺丝刀属于电工防护用具。(　　)
8. 拉具是电工常用的拆卸用具,用来拆卸轴承、皮带轮等。(　　)
9. 电工刀可用来剖削 $1 \sim 4$ mm^2 多股铜导线的外包绝缘。(　　)
10. 用电流表进行电流测量时,电流表必须串联在被测电路中。(　　)
11. 用电流表进行电流测量时,要求电流表的内阻越大越好。(　　)
12. 用电压表进行电压测量时,要求电压表的内阻越小越好。(　　)
13. 用交流电流表进行电流测量时,仪表指示的是最大值。(　　)

14. 用万用表电阻挡测量被测电阻时被测电路不允许带电。（　　　）

15. 万用表停止测量时,两表笔不能短路,否则烧坏表头。（　　　）

16. 万用表使用时尽量选择使指针偏转在量程刻度的 0～1/2 之间。（　　　）

17. 如万用表转换开关旋钮置于电流挡或电阻挡时去测量电压,会损坏万用表。（　　　）

18. 如不知道被测电流及电压的大小,应将转换开关旋钮置于电压或电流的最高挡位进行预测,然后再选择合适的量程。（　　　）

19. 在测量大电流和高电压时,配合互感器使用的主要目的是为了操作安全。（　　　）

20. 兆欧表在进行绝缘电阻测量时,必须匀速摇动手柄 1 min 后才能读数。（　　　）

21. 兆欧表必须在被测电气设备不带电的情况下进行测量。（　　　）

22. 兆欧表的选择应根据测量要求选择额定电压值和测量范围。（　　　）

23. 兆欧表使用前必须先将指针调零。（　　　）

24. 万用表使用完毕后必须将转换开关置于电阻挡。（　　　）

25. 万用表在使用前无法电调零,则必须更换表内电池。（　　　）

26. 进行绝缘电阻测量时也可用万用表 $R \times 10$ k 电阻挡测量。（　　　）

二、选择题

1. 在剪断 1～4 mm² 铜导线时,最常用的工具是（　　　）。
   A. 电工刀　　　　　　B. 钢丝钳　　　　　　C. 尖嘴钳　　　　　　D. 剥线钳

2. 不允许带电作业的电工工具是（　　　）。
   A. 电工刀　　　　　　B. 钢丝钳　　　　　　C. 尖嘴钳　　　　　　D. 一字螺丝刀

3. 电工刀在使用时不允许（　　　）。
   A. 切削木材　　　　　　　　　　B. 剖削单股导线绝缘层
   C. 剖削多股细导线绝缘层

4. 验电笔使用时手必须（　　　）。
   A. 与验电笔末端金属部分接触　　　　B. 笔尖部分接触
   C. 中间部分接触　　　　　　　　　　D. 都可以

5. 尖嘴钳可用来（　　　）。
   A. 夹持小零件　　　B. 切断导线　　　C. 固紧螺母

6. 属于电工防护用具的是（　　　）。
   A. 验电笔　　　　　　B. 钢丝钳　　　　　　C. 尖嘴钳　　　　　　D. 一字螺丝刀

7. 在使用电流表和电压表时都应该（　　　）。
   A. 选择合理的量程和准确度　　　　B. 内阻越小越好
   C. 内阻越大越好　　　　　　　　　D. 串联附加电阻

8. 测量大电阻时,若用手同时触及被测电阻两端,读数将（　　　）。
   A. 增大　　　　　　B. 减小　　　　　　C. 不变　　　　　　D. 触电

9. 若误用电流挡或电阻挡去测量直流电压,则会（　　　）。
   A. 读数产生较大误差　　　　　　B. 弄弯指针
   C. 烧坏表头　　　　　　　　　　D. 指针不动

10. 万用表每使用完毕,应将转换开关置于(　　)。

    A. 交流电压最高挡　　　　　　　　B. 电阻最低挡

    C. 电阻最高挡　　　　　　　　　　D. 任意位置均可

11. 使用互感器具有的优点是(　　)。

    A. 测量简单　　　　　　　　　　　B. 节约设备费用

    C. 提高测量准确度　　　　　　　　D. 保障人身设备安全及扩大量程

12. 小变压器绕组的直流电阻值不可以用(　　)测量。

    A. 电压表—电流表法　　　　　　　B. 万用表

    C. 电桥　　　　　　　　　　　　　D. 兆欧表

13. 兆欧表在工作时,其摇速应在(　　)r/min。

    A. 50　　　　　　　B. 120　　　　　　　C. 200　　　　　　　D. 任意

14. 用万用表测量显示的交流电压、电流值为(　　)。

    A. 最大值　　　　　B. 平均值　　　　　C. 有效值　　　　　D. 瞬时值

15. 单相功率表用来测量(　　)。

    A. 交流电流　　　　B. 交流电能　　　　C. 交流功率　　　　D. 直流功率

16. 测量吊式电风扇电动机的绝缘电阻应选用(　　)V的兆欧表。

    A. 500　　　　　　B. 1 000　　　　　　C. 2 500　　　　　　D. 任意

17. 用电压表进行电压测量时,要求电压表的内阻(　　)。

    A. 适中最好　　　　B. 越小越好　　　　C. 越大越好　　　　D. 任意

18. 某电阻为 20 kΩ,应用万用表的(　　)挡测量最好。

    A. $R \times 100$　　　　　　　　　　B. $R \times 10$

    C. $R \times 10$ k　　　　　　　　　　D. $R \times 1$ k

19. 选用指针式仪表电流、电压量程时,应尽量使指针指示在标度尺满刻度的(　　)。

    A. 前 1/3 段　　　　　　　　　　　B. 中间 1/3 段

    C. 后 1/3 段　　　　　　　　　　　D. 任意

20. 兆欧表的功能是测量被测物的(　　)。

    A. 直流电阻　　　　　　　　　　　B. 绝缘电阻

    C. 允许加的电压　　　　　　　　　D. 最大电阻

文本:模块一
知识考核
参考答案

▶ 技能考核

1. 在实训室内的插座,用验电笔检查插座是否有电,区分直流电的正负,交流电的相线和中性线。

2. 判断电工刀、钢丝钳、尖嘴钳、一字螺丝刀、十字螺丝刀、活络扳手等电工常用工具的规格及好坏。

3. 教师任选几样电工工具分别对学生进行实际操作考核。

4. 按图 1-29(a)、(b)接线,电源为交流 24 V,电阻 R 为 24 V、40 W 白炽灯。

    (1) 选取合适的电压表和电流表。

（2）分别读取电压表、电流表读数，并换算成被测电阻 R 的数值，记录数据如下：

图 1-29（a）中，$U =$ _____ V，$I =$ _____ A，计算 R _____ Ω；

图 1-29（b）中，$U =$ _____ V，$I =$ _____ A，计算 R _____ Ω。

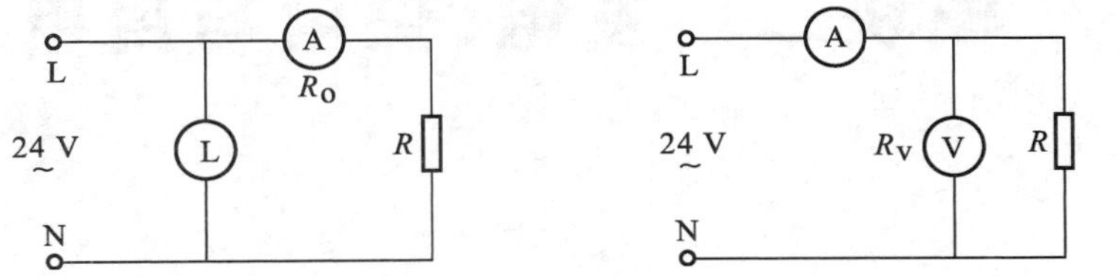

（a）被测电阻 R 值比较大时的接线　　　（b）被测电阻 R 值比较小时的接线

图 1-29　技能考核附图

5. 用万用表电阻挡测量以下电阻：

电阻箱电阻_____Ω；滑线电阻_____Ω；40 W、220 V 白炽灯电阻_____Ω；变压器一次绕组电阻_____Ω；变压器二次绕组电阻_____Ω。

6. 用兆欧表测量绝缘电阻 R_E：

塑料绝缘导线 $R_E =$ _____ MΩ；滑线电阻丝与支架间 $R_E =$ _____ MΩ；

变压器一次绕组与铁心 $R_E =$ _____ MΩ；变压器二次绕组与铁心 $R_E =$ _____ MΩ；

变压器一次绕组与二次绕组之间 $R_E =$ _____ MΩ。

考核评分

将各部分的考核成绩记入表 1-7 中。

表 1-7　模块一考核评分表　　　　　　　　评分_____

考 核 项 目	考 核 内 容	配分	每次考核得分	实得分
模块一知识考核	1. 掌握常用电工工具使用知识 2. 掌握电工防护用具使用知识 3. 掌握常用电工仪表的基本知识 4. 掌握常用电工仪表的使用知识	30 分		
项目 1 技能考核	1. 会正确使用常用电工工具 2. 会正确使用电工防护用具	20 分		
项目 2 技能考核	1. 会正确选用电工仪表进行测量 2. 接线正确、读数规范、操作熟练	20 分		
模块一技能考核	1. 会正确使用电工工具及验电笔 2. 会正确使用伏安法测电阻	20 分		
安全文明、团队合作	1. 严格遵守安全规程，操作规范，遵守纪律 2. 团队协作好，工作场地清洁、整理规范	10 分		

模块二　发电、供电与用电

▶ 情境导入

　　自然界存在热能、光能、电能、机械能、化学能、核能等各种不同形式的能量,而且它们是可以互相转换的。而其中由于电能具有转换方便、输送方便、控制方便的突出优越性已在现代国民经济及人们日常生活中得到了越来越广泛的应用。世界各国目前均是首先将自然界存在的各种不同形式的能量转换成电能(即发电),随后通过高压输电线路将电能输送到用电部门,并合理分配给各用户(输电与配电)。各用户再通过各种不同的用电设备,将电能转变成热能、光能、化学能、机械能等,为人类造福。电能的生产及使用已成为衡量一个国家发达及文明程度的重要标志。在电能的使用过程中要给予极大重视的是安全用电和节约用电。

项目 3　电能的产生、传输与用电

▶ 项目描述

　　电能可以由热能(火力发电站)、水能(水力发电站)、核能(核能发电站)、太阳能(太阳能发电站)、风能(风力发电站)等转换而得,同时又可以方便地转换成其他形式的能量。电能的产生世界各国(包括我国)目前最主要还是用火力发电站通过燃烧煤来发电,火力发电既消耗了不可再生能源,又污染了环境,近来国际社会都在大力倡导用可再生能源(绿色能源)如水力、风能、太阳能发电,我国在这方面已取得了很大的成效。发电厂发出的电能必须通过电力网输送到用电地区,再经过配电站和配电线路分配给各用电单位。而在用电过程中必须对安全用电和节约用电给予特别的关注。了解人体触电的原因及各种防止触电的措施,掌握人体触电的急救方法。

▶ 学习目标

1. 了解电能产生的各种方式,并具备节能减排、绿色环保的素养。
2. 掌握电能传输的各个环节。
3. 掌握安全用电的基本知识和技能,能进行触电急救操作。

4. 会运用网络、书本、咨询等手段进行资料查找。

5. 能与团队协作工作，具有团队合作精神。

实训操作 3

器材、工具、材料

序　号	名　　称	规　格	单　位	数　量	备　注
1	配电站	10 kV/380 V 全套设施	套	1	
2	绝缘胶鞋		双	各1	
3	工作服		套	各1	
4	工作帽		顶	各1	
5	电工工具		套	各1	
6	验电笔		支	各1	
7	心肺复苏模拟人		若干个		

配电站现场教学

学生穿戴好工作服、工作帽、绝缘胶鞋，在指导教师指导下带领学生在配电站内进行现场教学。有条件的可进行送电与断电合闸操作示范。具体要求：

（1）观看 10 kV/380 V 三相电力变压器。了解变压器基本结构和接地装置。

（2）观看 10 kV 高压端进线电缆，高压熔断器、高压负荷开关等高压电器。

（3）观看 380 V 低压端的成套电气设备、输电母线等。

（4）初步了解停电、送电的操作过程。

（5）学习有关安全用电常识。

（6）考核评分记入表 2-1。

表 2-1　配电站现场教学考核评分表　　　　　　　　评分_____

操作步骤	操　作　方　法	配　分	实得分
1	学生穿戴好工作服、工作帽、绝缘胶鞋，有序进入配电站	20	
2	对三相电力变压器基本结构的了解情况	20	
3	对三相电力变压器高压侧工作的了解情况	15	
4	对三相电力变压器低压侧工作的了解情况	15	
5	对配电站停电、送电操作的了解情况	20	
6	对有关安全用电知识的了解情况	10	

本项考核成绩经折算后记入表 2-4 模块二考核评分表内。

用心肺复苏模拟人进行触电急救练习

(1) 人工胸外按压法。

(2) 考核评分记入表 2-2。

表 2-2   人工胸外按压法考核评分表   评分＿＿＿＿＿

操作步骤	操 作 方 法	配 分	实得分
1	把心肺复苏模拟人移到空气流通的地方,最好放在平直的木板上,使其仰卧,后背着地处应结实	15	
2	施救者骑在心肺复苏模拟人的腰部,但不要把身体重量压在模拟人身上	15	
3	两手相叠,"当胸一手掌",找到正确按压区	20	
4	自上而下直线均衡地用力向脊柱方向挤压,使其胸部下陷 3~4 cm	20	
5	手掌突然放松,但手掌不要离开胸壁	15	
6	按照上述步骤连续不断地进行,每分钟约 60 次	15	

本项考核成绩经折算后记入表 2-4 模块二考核评分表内。

> **相关知识**

课题一   电能的产生及输送

一、电能的产生

1. 火力发电

我国大部分电力来源于火力发电,主要用煤、油、燃气做燃料,图 2-1 所示为火力发电厂。

火力发电厂用锅炉燃烧煤炭、油、可燃气体等把水加热后变为高温高压的过热蒸汽,温度可达几百度(一般 400 ℃左右),再用蒸汽推动汽轮机旋转,去带动三相同步发电机发出三相交流电。这是人类社会传统的发电方式,我国也是以火力发电为主,约占总装机容量的 70%。火力发电的最大问题是效率较低,煤炭资源是不可再生能源,它的储存量也是有限的,另外火力发电对环境的污染较大,为了人类社会的可持续发展,目前世界各国都大力发展水能、风能、太阳能等可再生的其他形式的能源发电。

图 2-1   火力发电厂

2. 水力发电

水力发电是利用河流、湖泊等位于高处具有位能的水流至低处,利用水的位能推动水轮机旋转,水轮机再带动水轮发电机产生电能。我国大力发展水力发电,水力发电装机容量约占总装机容量的 20% 左右。其中长江三峡水利工程是我国最大的水力发电工程,装机容量为 2 250 万千瓦,年发电量约 1 000 亿千瓦时(度)。我国水力发电总装机容量已居世界首位。图 2-2 所示为葛洲坝水力发电站。

图 2-2 葛洲坝水力发电站

图 2-3 核能发电站

3. 核能发电

核能发电利用核反应堆中经过受控核裂变释放出热量,水被加热成高温高压水蒸气驱动蒸汽轮机带动发电机发电,图 2-3 所示为核能发电站。核电站所使用的燃料体积小,一座装机容量 100 万千瓦的核电站,每年只消耗约 30 t(吨)浓缩铀,而同样功率的火力发电厂,却需消耗约 250 万吨煤。核能发电的优点是不会产生加重地球温室效应的二氧化碳,在发电成本上与火力发电不相上下。核能发电厂热效率较低,使用过的核燃料具有放射性,废料处理必须慎重处理。目前核能发电在技术上已经成熟。目前我国核能发电还处于起步阶段,发电量仅占全国年发电量总量约 1.8%,远低于 17% 的世界平均水平。

4. 风力发电

风力发电是利用风力带动风车叶片旋转,再通过增速机将旋转的速度提升,带动发电机发电,属于可再生能源利用。风力发电站如图 2-4 所示。

图 2-4 风力发电站

图 2-5 太阳能发电站

风力发电一般有风轮、发电机、调向器(尾翼)、塔架、限速安全机构和储能装置等组成。风轮在风力作用下旋转,带动风轮轴旋转,风轮轴再带动风力发电机旋转,发出电能。风力发电机发出的电能一般先储存在蓄电池中,再转换成三相交流电输送。

风力发电不需要燃料,不占耕地,没有污染,我国风力资源丰富,正在大力快速发展中,目前我国风力发电装机容量约占总装机容量的 5%。

5. 太阳能发电

太阳能发电是先将太阳能转化为热能,再将热能转化成电能,如图 2-5 所示。它有两种转化方式,一种是太阳能光发电,另一种是太阳能热发电。

太阳能光发电是将太阳热能直接转化成电能的一种发电方式,它包括光伏发电、光化学发电、光感应发电、光生物发电四种形式。使用最多的是太阳能光伏发电,如太阳能路灯、太阳能电池板等。

太阳能热发电是先将太阳能转化成热能,再将热能转化成电能。它有两种转化方式,一种是将太阳热能直接转化成电能,如半导体或金属材料的温差发电,真空器件中的热电子和热电离子发电,碱金属热电转换,以及磁流体发电等。另一种方式是利用太阳热能把水烧沸成水蒸气,通过热机(如汽轮机)带动发电机发电,与常规热力发电类似。

太阳能发电属于可再生能源利用,世界各国都在大力发展。

二、电能的传输与分配

电力系统是发电厂、电力网和用户组成的一个统一整体,一般是由发电厂、升压变电站、输电线路、降压变电所站、配电线路及用电设备构成。

1. 发电厂

发电厂是电能生产的主要场所。发电厂一般均建在能源产地,江、海边或远离城市的地区,因此,它所发出的电能必须通过电力网向用户输送。

2. 电力网

发电厂发出的三相交流电能在向用户输送的过程中,通常需用很长的输电线。根据 $P = \sqrt{3}UI\cos\varphi$,在输送功率 P 和负载的功率因数 $\cos\varphi$ 一定时,输电线路上的电压 U 越高,则流过输电线路中的电流 I 就越小。这不仅可以减小输电线的截面积,节约导体材料,同时还可减小输电线路的功率损耗。因此目前世界各国在电能的输送与分配方面都朝建立高电压、大功率的电力网系统方向发展,以便集中输送、统一调度与分配电能。这就促使输电线路的电压由高压(110~220 kV)向超高压(330~750 kV)和特高压(750 kV 以上)不断升级。目前我国高压输电的电压等级有 110 kV、220 kV、330 kV、500 kV、750 kV 及 1 000 kV 等。发电机本身由于其结构及所用绝缘材料的限制,不可能直接发出这样的高压,因此在输电时必须首先通过升压变电站,利用变压器将电压升高,其过程如图 2-6 上部所示。

高压电能输送到用电区后,为了保证用电安全和符合用电设备的电压等级要求,还必须通过各级降压变电站,利用变压器将电压降低。例如,工厂输电线路高压为 35 kV 及 10 kV 等,低压为 380 V、220 V 等。图 2-6 所示为三相电力系统输送示意图。

电力网按其功能可分为输电网和配电网。由 35 kV 及以上输电线路和变电所组成的电力网称为输电网,其作用是将电能从发电厂输送到各个地区的配电网或直接送到大型工矿企业,是电力网中的主要部分。由 10 kV 及以下的配电线路和配电变电所组成的电力网称为配电网,它的作用是将电力分配给各用户。

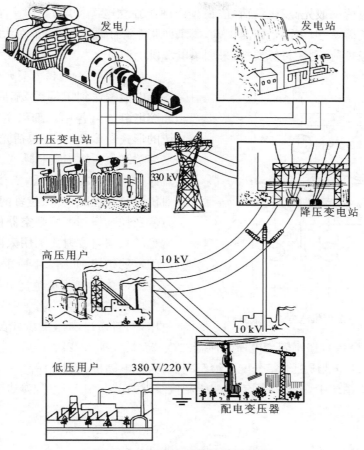

图 2-6　三相电力系统输送示意图

电力网按其结构形式又可分为开式电力网和闭式电力网。用户从单方向得到电能的电力网称为开式电力网,其主要由配电网构成。用户从两个及两个以上方向得到电能的电力网称为闭式电力网,它主要由输电网组成或由输电网和配电网共同组成。

3. 用户

用户是指电力系统中的用电负荷。电能的生产和传输最终是为了供用户使用。对于不同的用户,其对供电可靠性的要求也不一样。根据用户负荷的重要程度,把用户分为以下三个等级。

（1）一级负荷

这类负荷一旦中断供电,将造成人身事故,重大电气设备严重损坏,群众生活发生混乱,使生产、生活秩序较长时间才能恢复。

（2）二级负荷

这类负荷一旦中断供电,将造成主要电气设备损坏,影响产量,造成较大经济损失和影响群众生活秩序等。

（3）三级负荷

一级、二级负荷以外的其他负荷称为三级负荷。

在这三类负荷中,对于一级负荷,应最少由两个独立电源供电,其中一个电源为备用电源。对于二级负荷,一般由两个回路供电,两个回路电源线应尽量引自不同的变压器或两段母线。对于三级负荷,则无特殊要求,采用单电源供电即可。

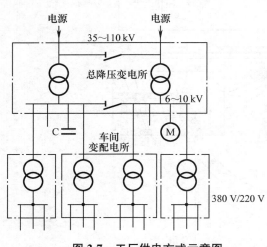

图 2-7　工厂供电方式示意图

4. 工厂(企业)供电简介

电能输送到工厂后,工厂都要经过供电和配电环节给各用电部门供电,工厂配电系统的形式是多种多样的。其基本接线方式有三种:放射式、树干式和环式。各工厂配电网具体采用哪种接线方式,需要根据工厂负荷对供电可靠性的要求、投资的大小、运行维护方便及长远规划等原则来分析确定。下面以常见的双回路放射式工厂配电系统来说明工厂配电的结构,如图 2-7 所示。

工厂总变电所从地区 35～110 kV 电网引入电源进线,经厂总变压器降压至 10 kV 电压,然后通过高压配电线路送给车间变电所(或高压用电设备),经车间变电所变压器二次降压至 380 V/220 V 后,经低压配电线路,送给车间负荷,或经低压配电箱分配送给车间负荷,如电动机、照明灯等。

在低压配电系统中,一般采用三相四线制接线方式。

课题二　安　全　用　电

一、电流对人体的伤害

1. 电流对人体的作用及其影响

因为人体是电的导体,所以当人体接触带电部位而构成电流的回路时,就会有电流通过人体,对人体造成不同程度的伤害。通过人体电流的大小是造成伤害主要的和直接的因素,电流越大,通电时间越长,对人体的伤害就越严重(表 2-3)。

表 2-3　电流对人体的影响

电流/mA	通电时间	交流电/50 Hz	直流电
		人体反应	
0～0.5	连续	无感觉	无感觉
0.5～5	连续	有麻刺、疼痛感、无痉挛	无感觉
5～10	数分钟	痉挛、剧痛,但可摆脱电源	有针刺、压迫及灼热感
10～30	数分钟	迅速麻痹,呼吸困难,不能自由	压痛、刺痛,灼热强烈、有痉挛
30～50	数分钟	心跳不规则,昏迷,强烈痉挛	感觉强烈,有剧痛痉挛
50～100	超过 3 s	心室颤动,呼吸麻痹,心脏麻痹而停止跳动	剧痛、强烈痉挛、呼吸困难或死亡

综合各种因素,通常认为在一般场所设定 30 mA 为安全电流,在危险场所设定为 10 mA,在空中或水中则设定为 5 mA。

(1) 电压高低和人体电阻的影响。电压越高,人体电阻越小,流经人体的电流就越大。人体的电阻与身体状况、人体的部位及环境等因素有关,一般在 1~1.5 kΩ 之间。根据 GB/T 3805—2008《超低电压限值》规定,按操作环境、操作人员和操作方式将安全电压等级分为 42 V、36 V、24 V、12 V 和 6 V。

(2) 其他因素的影响。电流对人体的伤害程度除了与电流的大小、通电时间的长短有关,还与电源的频率、电流流经人体的途径以及健康状况等因素有关。

① 电源频率在 50~60 Hz 的交流电对人体的危害最为严重,直流电和高频电流的危险性稍低。

② 电流通过心脏的危险性最大。此外,电流通过人的头部、脊髓和中枢神经系统等部位时危险性也很大。实践证明,由人的左手至前胸是最危险的电流流通途径。

③ 男性、成年人和身体健康者对电流的抵抗能力较强。

2. 电流对人体伤害的种类

(1) 电击。电击是电流通过人体使人的机体组织受到伤害。通常所说的触电就是指电击。大部分的触电死亡都是由电击造成的。

(2) 电伤。电伤是由电流的热效应、化学效应、机械效应等对人体的外部器官造成的伤害。常见的电伤有灼伤、烙伤、皮肤金属化、机械损伤和电光眼等。

灼伤是最常见的电伤(约占 40%)。大部分触电事故都含有灼伤的成分。灼伤分为电流灼伤和电弧烧伤,是由于电流或电弧的热效应造成皮肤红肿、烧焦或皮下组织的损伤。

烙伤是电流通过人体后,在接触部位留下的斑痕。斑痕处皮肤硬变,失去原有的弹性和色泽,甚至皮肤表层坏死、失去知觉。

皮肤金属化是在电伤时由于金属微粒渗入皮肤表层,造成受伤部位变得粗糙、张紧而留下硬块。

机械损伤是由于电流通过人体时肌肉不由自主地强烈收缩而造成的,包括肌腱、皮肤和血管、神经组织断裂,以及关节脱位、骨折等伤害。应注意与触电时引起的坠落、碰撞等二次伤害相区别。

电光眼是指电弧产生强烈的弧光造成眼睛的角膜和结膜发炎。

二、人体触电的形式及触电原因

1. 触电的形式

人体触电主要有直接接触触电和间接接触触电两种。直接接触触电指人体触及或过分靠近带电体造成的触电,包括单相触电、两相触电和电弧伤害;间接接触触电指人体触及因故障而带电(在正常情况下不带电)的部件所造成的触电,包括接触电压触电和跨步电压触电。此外,还有高压电场、高频电磁场、静电感应和雷击等对人体造成的伤害。其中较常见到的有单相触电、两相触电和跨步电压触电三种。

(1) 单相触电

当人体直接接触带电设备或线路的一相导体时,电流通过人体而发生的触电现象称为单相触电。当供电系统为三相四线制时,如果系统的中性点接地,如图 2-8(a)所示,则人体承受的电压为 220 V 的相电压,若人体电阻按 1 kΩ 计算,则流过人体的电流可达 220 mA,该电流足以危及生命安全。

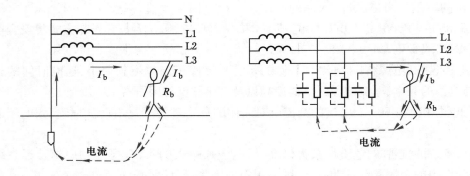

(a) 中性点接地系统的单相触电　　(b) 中性点不接地系统的单相触电

图 2-8　单相触电示意图

在中性点不接地的三相三线制供电系统中,当人体触及一相导体时,由于线路存在对地电容和泄漏电阻,与人体仍然可以构成触电电流通路,如图 2-8(b)所示。有时该触电电流仍然可能达到危及生命的程度。

在发生的触电事故中大多数属于单相触电。

(2) 两相触电

如图 2-9 所示,如果人体的两个不同部位同时触及两相导体,称为两相触电。这时人体承受的电压为线电压 380 V,而且可能大部分电流流过心脏,所以两相触电的危险性比单相触电更大。

动画:跨步
电压触电

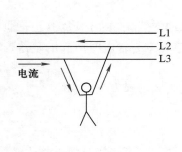

图 2-9　两相触电示意图

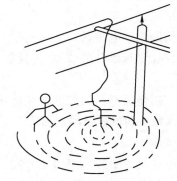

图 2-10　跨步电压触电

(3) 跨步电压触电

当电气设备发生接地故障时(如架空输电线断线,一根带电导线与地面接触),以电流入地点为圆心,形成一个半径约 20 m 的电位分布区域,如图 2-10 所示。在圆心处的电位最高,距圆心越远电位越低,到离圆心约 20 m 处地面电位接近零。如果人进入这一区域,两脚之间的电位差形成跨步电压,使电流通过两脚形成回路,这种触电方式称为跨步电压触电。

2. 造成触电的原因

在工矿企业生产与家庭生活中发生触电的原因很多,主要由以下情况造成:

(1) 缺乏安全用电知识

违反布线规程,在室内乱拉电线,在使用中不慎造成触电;使用已经老化或破损的旧电线、旧开关造成触电;换熔丝时随意加大规格或任意用铜丝代替铅锡合金丝,失去保护作用,引起触电;未切断电源就去移动灯具或家用电器,如果电器漏电就会造成触电;用水刷电线和电器,或用湿布擦拭,引起绝缘性能降低而漏电,容易造成触电。使用"一线一地"安装电灯,造成触电事故。

(2) 用电设备安装不合格

电灯安装的位置过低,碰撞打碎灯泡时,人手触及灯丝而引起触电。

电气设备的金属外壳没有良好的接地保护,一旦漏电,人碰触设备的外壳,就会发生触电。

(3) 用电设备不合格

电气设备不合格,如闸刀开关或磁力启动器缺少护壳而触电;电气设备漏电;电炉的热元件没有隐蔽;电器设备外壳没有接地而带电;配电盘设计和制造上的缺陷,使配电盘前后带电部分易于触及人体;电线或电缆因绝缘磨损或腐蚀而损坏;在带电情况下拆装电缆等。

(4) 维修不及时

维修不善,如大风刮断的低压线路未能及时修理;开关胶盖破损长期不修;瓷瓶破裂后相线与拉线长期相碰等。开关、插座、灯头等日久失修,外壳破裂,电线脱皮,家用电器或电动机受潮,塑料老化漏电等,也容易引起触电。

(5) 违反操作规程

电工操作制度不严格、不健全、带电操作、冒险修理或盲目修理,且未采取切实的安全措施,均会引起触电;停电检修时,刀开关上未挂"警告牌",其他人员误合刀开关造成触电;使用不合格的安全工具进行操作,如用竹竿代替高压绝缘棒、用普通胶鞋代替绝缘靴等,也容易造成触电。

不停电在高低压共杆架设的线路电杆上检修低压线或广播线;剪修高压线附近树木时与带电高压线没有保持必要的距离而接触高压线;在高压线附近施工,或运输大型货物,施工工具和货物碰击高压线;带电接临时明线及临时电源;相线误接在电动工具外壳上;用湿手拧灯泡;手提式照明灯使用的电压不符合安全电压等;误拾断落电线触电;同伴用手去拉触电者,造成多人受伤或死亡。

三、保护接地和保护接零

保护接地和保护接零是防止触电事故的主要措施。

1. 保护接地

保护接地适用于 1 000 V 以上的电气设备及电源中性线不直接接地的 1 000 V 以下的电气设备中。所谓保护接地是指将电气设备的金属外壳或构架等与埋入地下的金属线相接。采取了保护接地措施后,即使偶然触及漏电的电气设备也能有效地防止触电。如图 2-11(a)所示,中性点不接地的供电系统中电动机的外壳没有保护接地时,电动机若发生单相碰壳,当人体接触电动机的外壳时,接地电流 I_d 通过人体和线路对地电容 C 形成回路,从而会造成触电事故。如果像图 2-11(b)所示那样将电动机的外壳保护接地,由于人体电阻 R_r 与埋入地下金属线的接地电阻 R_b 并联,规定接地电阻 R_b 的数值不允许大于 4 Ω,即 R_r 的数值远大于 R_b,所以电流大部分流经接地装置,从而保证了人身安全。

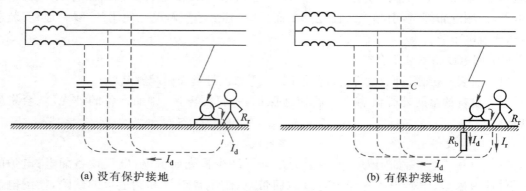

(a) 没有保护接地　　　　　　　　　(b) 有保护接地

图 2-11　保护接地

2. 保护接零

在低压供电系统中,一般采用三相四线制中性点直接接地的供电方式。电源中性点接地称为工作接地。

在三相四线制中性点直接接地的供电系统中,保护接零是将电气设备的金属外壳或构架等用保护接零线与中性线相连接。如果没有保护接零,电动机若发生单相碰壳,当人体接触电动机的外壳时,接地电流 I_d 通过人体和中性线形成回路,将会造成触电事故,如图 2-12(a)所示。当采取了保护接零措施后,电流可通过保护接零线与中性线构成回路而形成短路电流 I_d,该电流立即使接地相的熔体熔断或其他过流保护电器动作,即使人体触及漏电的电气设备外壳也不会发生触电事故,如图 2-12(b)所示。

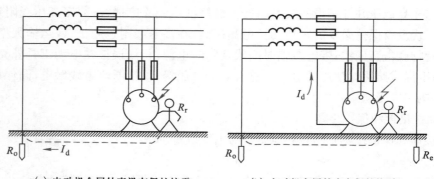

(a) 电动机金属外壳没有保护接零　　　(b) 电动机金属外壳有保护接零

图 2-12　保护接零

必须指出,在同一供电系统中,绝不允许一部分电气设备采用保护接地而另一部分设备采用保护接零,否则会发生严重后果。

四、触电急救

由于某种原因,发生人员触电事故时,对触电人员的现场急救,是抢救过程中的一个关键,如果正确并及时处理,就可能使因触电而假死的人获救,反之,则可能带来无法弥补的后果。因此,电气工作人员必须熟悉和掌握触电急救技术,这也是电气安全知识考核的重要内容。

1. 脱离电源

使触电人员尽快脱离电源是救治触电人员的首要一步,具体做法如下。

(1) 如果电源开关就在附近,应迅速切断电源开关。

(2) 如果电源开关不在附近,可用电工钳、干燥木柄的刀、斧等利器逐根切断电源线。

(3) 如果导线搭在触电人员的身上或压在身下,可用干燥的木棒、竹竿挑开导线,使其脱离电源。

(4) 如果触电人员衣服是干燥的,且电线并非紧缠其身时,救护人员可站在干燥的木板上用一只手拉住触电人员的衣服,将他拉离带电体。但此法只适用于低压触电的情况。

(5) 如果人员在高空触电,还必须采取安全措施,以防电源断电后,触电人员从高空掉下。

(6) 应该注意的问题是,触电人员未脱离电源前,救护人员不准直接用手触及触电人员。

2. 现场急救的方法

(1) 现场判断

使触电人员脱离电源后,应根据不同的情况采取适当的救护方法。

① 如果触电人员尚未失去知觉,仅因触电时间较长,或在触电过程中一度昏迷,则应让其保持安静,立即请医生来诊治或送医院,同时密切注意触电人员的情况。

② 如果触电人员已失去知觉,但还存在呼吸,则应让其安静平卧,解开衣服,保持空气流通,同时可用毛巾蘸少量酒精或水擦热全身(天气寒冷时应注意保暖)。立即请医生来诊治或送医院。同时密切注意触电人员的呼吸情况,如果出现呼吸困难或抽筋,就应准备随时进行人工呼吸。

③ 如果触电人员呼吸、脉搏、心跳均已停止,就应立即施行人工呼吸(注意不能就此认为触电人员已经死亡而放弃抢救,因为经常会出现"假死"的状态),同时立即请医生来诊治。人工呼吸应持续不断地进行,必须有耐心和信心(实践证明有的人需经几个小时的人工呼吸后方能恢复呼吸和知觉)。直至触电人员出现尸斑或身体僵冷,并经医生作出诊断确认已经死亡后方可停止。

(2) 检查呼吸、心跳情况

触电伤者如意识丧失,应先判定伤员呼吸与心跳情况。看伤员的胸部、腹部有无起伏动作,用耳贴近伤员的口鼻处,听有无呼气声音,试测口鼻有无呼气的气流,如均无可判断伤者没有了呼吸,如图 2-13(a)所示,再用两手指轻试一侧(左或右)喉结旁凹陷处的颈动脉有无搏动,如无可判断伤者停止了心跳,如图 2-13(b)所示。

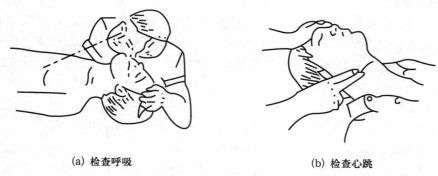

(a) 检查呼吸　　　　　　　　　　　(b) 检查心跳

图 2-13　对伤者检查呼吸、心跳情况

(3) 口对口人工呼吸法

触电者有心跳、无呼吸时可采用口对口人工呼吸法。

① 将触电人员抬到通风阴凉处平躺,并迅速解开衣服,使其胸部能自由扩张。

② 清除触电人员口腔内的异物,以免堵塞呼吸道。

③ 用一只手捏住触电人员的鼻孔,另一只手托住其后颈,使其脖子后仰,嘴巴张开,如图 2-14(a)所示。

④ 救护人深吸一口气后,紧贴触电人员口向内吹气 2 s,如图 2-14(b)所示。

⑤ 吹气完毕,立即松开触电人员的鼻孔,口离开触电人员的嘴,让其自行将气吐出,约 3 s,如图 2-14(c)所示。

⑥ 如触电人员口腔张开有困难,可以紧闭其嘴唇,改用口对鼻人工呼吸法。

⑦ 如对儿童进行口对口人工呼吸法,可不用捏鼻子,而且吹气要平稳些,以免造成肺泡破裂。

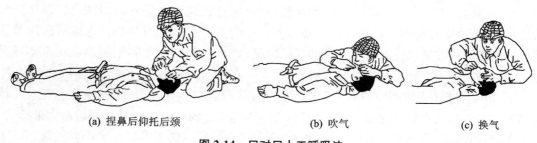

(a) 捏鼻后仰托后颈　　　　　　　(b) 吹气　　　　　　　(c) 换气

图 2-14　口对口人工呼吸法

(4) 人工胸外按压法

适用于心跳停止或不规则地颤动的触电者。

① 将触电者抬到通风阴凉处平躺,头稍向后仰,解开衣服,并清除口腔内的异物。

② 救护人跨跪在触电人员的骻腰两侧,两手重叠,手掌放在胸骨下 1/3 处——正确的

压点,如图 2-15(a)、(b)所示。

③ 掌根垂直向下用力按压 3～4 cm,突然松开,以让心脏里的血液被挤出后再收回。按压速度以每分钟 60 次为宜,如图 2-15(c)、(d)所示。如此反复,直到触电人员恢复呼吸为止。

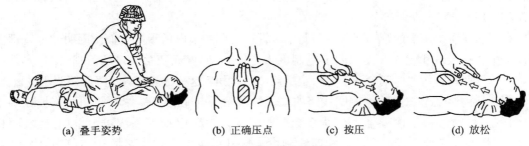

(a) 叠手姿势　　　　　(b) 正确压点　　　　　(c) 按压　　　　　(d) 放松

图 2-15　人工胸外按压法

④ 如对儿童进行胸外按压法,则可用一只手按压,而且用力要轻些,以免压伤胸骨,按压速度则以每分钟 100 次为宜。

课题三　节能减排、绿色环保

随着人类社会的不断发展,节约能源、保护地球生态环境已成为一项极为重要的课题。近些年来我国已制订了一系列节约能源、保护环境的政策措施,并大力予以推广实施,主要有:

一、工业企业供电系统的节能

从我国电能的消耗情况来看,70％以上的电能消耗在工业部门,因此工业企业的电能节约特别值得重视。

(1)加强能源管理,建立和健全能源管理机构。

(2)实行计划用电,促使用户尽量降低能耗,提高电能的利用率。

(3)实行负荷调整,合理地有计划地安排各类用户的用电时间,以降低负荷高峰,填补负荷低谷,充分发挥发、变电设备的能力。

(4)逐步更新现有低效耗能的供、用电设备,以强制手段用高效节能的电气设备来取代低效耗能的电气设备,如强制推行高效节能低损耗三相电力变压器、高效低能三相异步电动机、大力推行三相异步电动机的软启动技术及变频调速技术、实行电气产品的能源效率标识制度、大力推广绿色照明技术等,这是节约电能的一项基本措施,其经济效益十分明显。

(5)采用无功补偿设备,人为提高整个供电系统的功率因数。

当用电设备的自然功率因数不能达到规定的要求时,就必须借助无功补偿设备,通常采取并联电力电容器,人为地提高功率因数,达到节电的目的。

二、日常办公和生活系统的节能

1. 节约照明用电

(1)充分利用自然光源。充分利用自然光,正确选择自然采光,既能改善工作环境,使人感到舒适,又有利于健康。充分利用室内受光面的反射性,也能有效地提高光的利用率,如白色墙面的反射系数可达 70%~80%,同样能起到节电的作用。

(2) 启动并大力推进绿色照明工程。我国照明用电量约占总用电量的 15%,照明节电的首要问题是科学选用电光源。主要途径有:采用紧凑型节能荧光灯替代普通 T12 型荧光灯;采用电子节能灯取代白炽灯;推广高压钠灯、低压钠灯和金属卤化物灯等新型电光源;大力发展 LED 新型电光源等。

(3) 加强照明用电的管理。加强照明用电管理是照明节电的重要方面。照明节电管理主要以节电宣传教育和建立实施照明节电制度为主,使人们养成随手关灯的习惯;按户安装电表,实行计度收费;对集体宿舍安装电力定量器,限制用电,这些都能有效地降低照明用电量。

(4) 其他照明节电措施。照明线路的损耗约占输入电能的 4%,影响照明线路损耗的主要因素是供电方式和导线截面积。大多数照明电压为 220 V,照明系统可由单相二线、两相三线、三相四线三种方式供电。三相四线制供电比其他供电方式线路损耗小得多,因此,照明系统应尽可能采用三相四线制供电。

2. 合理选用和使用家用电器

(1) 尽量选用有绿色环保标志的电器。

这些电器在出厂前就按节能型设计并生产,其性能一是节电,二是环保,对人体健康的损害小。虽然这类电器价格较高,但从长远的节电和经济观点来看,还是值得选用的。

(2) 合理使用家用电器。

① 家用电器不要处在待机状态。如家用电器处在待机状态,既耗电又影响电气寿命。

② 电视机的亮度可以适当调低,这样既可省电,眼睛也不易疲劳。

③ 合理选用空调等大功率电器的温度控制。

④ 在使用电冰箱时,应减少开关门次数,缩短每次开门的时间。另外安置冰箱时,它的背面、侧面与墙之间都要至少留出 10 mm 的空隙,这比紧贴墙面每天可以节能 20%。

⑤ 多用低谷电。可在低谷时间使用有定时功能的洗衣机、蓄热式电热水器、消毒柜等电器。

三、推广和应用节电新技术

节电新技术指的是对节电的新工艺、新设备和新材料的及时推广和应用。研究和推广节电新技术,可产生显著节电效果,具有重要的经济意义。

(1) 强制推广高效节能(低损耗)三相电力变压器。由于三相电力变压器是使用最广、容量最大的电气设备,因此其节能效果最为显著。

(2) 推广高效节能三相异步电动机。它是采用新材料和改进设计,具有低损耗、高功率因数的电动机。目前,电动机用电占我国总用电量的 60%。高效电动机的效率比一般标准电动机高 2%~7%,永磁电动机可提高效率 4%~10%。

(3) 大力推广异步电动机变频调速技术。

(4) 推广高效节电照明技术。

(5) 远红外线加热技术。它是利用远红外辐射元件发出的远红外线,使被加热物体吸收,直接转变成热能的一种加热方式。

(6) 电热膜加热技术。它是将电子电热膜直接制作在被加热体的表面上,当通电加热时,热量能很快传给被加热体。电热膜加热效率比普通电热丝加热效率高 100% 以上。

(7) 冰蓄冷中央空调系统。就是在传统中央空调装置中,加装一套蓄冷设备,形成蓄放冷循环的空调系统。该系统的突出优点是,把不能储存的电能在电网负荷低谷时段转化为冷量(即循环水变成冰块)储存起来,在电网负荷高峰时段不需启动制冷压缩主机,只需把储存的冷量释放出来,替代电力空调制冷,大大降低了高峰时的用电负荷。

(8) 动态无功补偿技术。对电容器进行短时补偿改变其功率,降低用电负荷,提高电能可靠性,节电节能。

知识考核

一、判断题

1. 电能和机械能、热能、光能等一样,都是在自然界中客观存在的一种能量。(　　)
2. 人们使用的各类电机都是用作电能和机械能之间进行相互转换。(　　)
3. 从发电厂到用户最经济的输电方法是直接用 380 V/220 V 电压输送。(　　)
4. 我国目前电能生产主要靠水电站发电。(　　)
5. 操作人员穿上绝缘胶鞋后站在地上进行带电操作,接触一根相线是安全的。(　　)
6. 人发生触电的主要因素取决于接触的电压的高低。(　　)
7. 人体的电阻越大,则触电的危险性也越大。(　　)
8. 对人体最危险的触电事故是两相触电。(　　)
9. 目前广泛地采用漏电保护开关来防止人体触电。(　　)
10. 电动机的外壳一般都安装在地上,因此外壳就不必再进行接地保护了。(　　)
11. 保护接地的接地电阻值不应小于 4 Ω。(　　)
12. 保护接零线在设备发生单相碰外壳时产生的短路电流作用下不能熔断。(　　)
13. 同一供电系统中不能同时用保护接地和保护接零。(　　)
14. 在线路或电气设备上工作,只要用验电笔验准无电就可开始工作。(　　)
15. 在三相四线制供电线路的中性线上不允安装开关和熔断器。(　　)
16. 降低电力线路和供电变压器的损耗,是节约电能的主要途径。(　　)
17. 工厂企业中的变电所常采用加装补偿电容器来提高功率因数。(　　)
18. 白炽灯是功效最低的照明光源,在近期内将被淘汰。(　　)
19. 电气设备使用完毕后应及时拔掉插头。(　　)
20. 如发现触电者心跳已经停止或没有呼吸,则说明已死亡,不必再行抢救。(　　)

二、选择题

1. 下列哪种发电装置属非再生能源发电?(　　)
　　A. 水力发电　　　　B. 火力发电　　　　C. 太阳能发电　　　　D. 风能发电
2. 我国目前电力生产最主要的是靠(　　)。
　　A. 火力发电　　　　B. 水力发电　　　　C. 核能发电　　　　D. 风能发电
3. 从长江三峡水电站发出的电能输送到沿海城市应采用(　　)电压输送。
　　A. 380 V/220 V　　B. 10 kV　　　　　C. 35 kV　　　　　D. 220 kV 以上

4. 输电网上的电能输送到用户部门后,应( )后供电给用户。
    A. 用升压变电站升压　　　　　　　B. 用降压变电站降压
    C. 直接　　　　　　　　　　　　　　D. 整流

5. 对居民用户的供电属于( )供电。
    A. 一类负荷　　　　B. 二类负荷　　　　C. 三类负荷　　　　D. 任意

6. 影响人触电的危害因素最主要的是( )。
    A. 人的年龄　　　　B. 人的性别　　　　C. 触电电压的高低　D. 流过人体的电流

7. 对于最常见的三相四线制、中性线直接接地的供电系统,应采用( )。
    A. 保护接零　　　　B. 保护接地　　　　C. 保护接地加保护接零

8. 家用电器长时间不工作时,应使其处于( )状态最好。
    A. 断电状态　　　　B. 待机状态　　　　C. 通电状态　　　　D. 轻载状态

9. 中性点不接地的 380 V/220 V 系统的接地电阻值不应超过( )Ω。
    A. 0.5　　　　　　B. 4　　　　　　　C. 10　　　　　　　D. 100

10. 保护接地的主要作用是( )。
    A. 降低接地电压　　B. 减小接地电流　　C. 防止人身触电　　D. 短路保护

11. 车间内移动照明灯具的电压应选用( )V。
    A. 380　　　　　　B. 220　　　　　　C. 110　　　　　　D. 36

12. 水下作业等特殊场所安全电压为( )V。
    A. 24　　　　　　B. 12　　　　　　C. 36　　　　　　D. 6

13. 为了提高设备的功率因数,通常在感性负载两端( )。
    A. 并联适当电容器　B. 串联适当电容器　C. 并联适当电感　　D. 串联适当电感

14. 目前家庭住户照明使用( )照明最节省电能。
    A. 插口白炽灯　　　B. 螺口白炽灯　　　C. 荧光灯　　　　　D. 节能灯

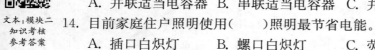
文本:模块二
知识考核
参考答案

》考核评分

将各部分的考核成绩记入表 2-4 中。

表 2-4　模块二考核评分表　　　　　　　评分＿＿＿

考核项目	考核内容	配分	每次考核得分	实得分
模块二知识考核	1. 掌握常用电工工具使用知识 2. 掌握电工防护用具使用知识	40 分		
项目 3 技能考核 1	配电站现场教学考核	25 分		
项目 3 技能考核 2	人工胸外心脏按压法考核	25 分		
安全文明、团队合作	1. 严格遵守安全规程,操作规范,遵守纪律 2. 团队协作好,工作场地清洁、整理规范	10 分		

模块三　照明及动力线路的安装与维修

▶ 情境导入

　　在工农业生产和人们的日常生活中离不开室内线路及动力线路,室内线路与动力线路的安装技能是维修电工必备的重要基本技能,学会照明及动力线路的安装与维修,也就是掌握维修电工的基本操作技能。

项目 4　导线连接与照明线路的安装

▶ 项目描述

　　照明线路是维修电工首先学习训练的基本技能,在进行照明线路安装前首先必须学习导线的连接工艺,导线连接质量的好坏,直接关系着线路和设备能否可靠、安全地运行。要通过单胶导线和多胶导线的连接实训正确进行导线的连接与绝缘的恢复,会正确安装照明灯具,会检修常用照明线路。

▶ 学习目标

1. 掌握导线连接的技能。
2. 掌握室内线路安装的基本知识和技能。
3. 培养安全文明操作的良好风尚。
4. 能进行学习资料的收集、整理与总结,培养良好的工作习惯,具有团队合作精神。

▶ 实训操作 4

器材、工具、材料

序　号	名　　　称	规　　格	单　位	数　量	备　注
1	电工工具		套	1	
2	验电笔	低压	支	1	
3	万用表		块	1	

序 号	名 称	规 格	单 位	数 量	备 注
4	塑料接线盒	86SH-50	只	3	
5	PVC 硬塑料管	PC16	m	2	
6	平板开关		个	1	
7	荧光灯及灯座		套		
8	插座		个	1	
9	塑料绝缘导线	BV-1.5	m	8	三种颜色
10	螺口节能灯	220 V	个	1	
11	手锯及手锤		个	各 1	
12	实训配电木板	1 200 mm×700 mm	块	1	
13	平口灯座				
14	管卡、木螺钉				根据安装需要

导线的直线连接和 T 字连接

1. 工具与材料的准备

在教师指导下由学生自己完成。

(1) 检查项目所需要电工工具及绝缘材料性能的好坏。

(2) 检查项目所需要的导线与绝缘材料及相关器材。

2. 导线的连接

(1) 教师讲解并示范导线连接工艺及施工方法。

(2) 学生在教师讲授的基础上对导线进行直线连接和 T 字连接实训操作。操作步骤如下：

① 剖削导线的绝缘层。

② 进行两根导线的直线连接。

③ 进行两根导线的 T 字分支连接。

3. 恢复绝缘层

学生对直线连接和 T 字连接完成后的导线进行绝缘层恢复实训操作,并要求将绝缘层恢复后的导线浸入常温水中 30 min,应不渗水。

每一步骤的具体操作工艺可参看本项目相关知识的内容。

室内照明线路的模拟施工与安装

在实训配电木板上模拟安装(硬塑料线管的配管及配线)。

(1) 工具与材料的准备。

PVC 硬塑料管、塑料接线盒、插座、开关、塑料绝缘导线及相关工具。

（2）配管立面示意图如图 3-1(a)所示,线管内穿线参看图 3-1(b)。

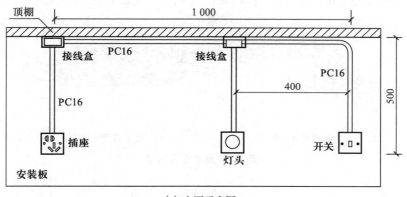

(a) 立面示意图

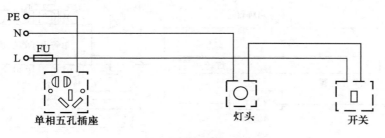

(b) 原理接线示意图

图 3-1　塑料管配管及配线实训安装图

（3）在实训配电木板上按图 3-1(a)画出 PVC 硬塑料管、塑料接线盒、插座、开关、灯头的安装位置,并做好标记。

（4）按相关知识中的叙述完成对 PVC 硬塑料管的下料及弯管。

（5）在弯的 PVC 硬塑料管中穿引钢丝。

（6）在指导教师指导下,学生计算出各段塑料绝缘导线的长度(并应加接线端的余量),相线、中性线、PE 线分别用三种不同颜色的导线。按计算的长度下线,并利用穿引钢丝穿入 PVC 硬塑料管中。

（7）将塑料接线盒、PVC 硬塑料管、插座、开关、灯头等固定在实训配电木板上。

（8）完成插座、开关、灯头中的接线。

（9）通电验收。

一个开关控制一盏荧光灯的安装

荧光灯及其控制电路有许多种,以前均采用电感式镇流器荧光灯,目前应用最多的是电子式镇流器荧光灯。电子式镇流器与电感式镇流器相比,由于它具有功率因数高、电能损耗很小(节电 15%~20%)、无闪烁感、重量轻、低电压启动性能好等优点,目前已基本上取代了电感式镇流器荧光灯。本实训安装可在电感式镇流器荧光灯和电子式镇流器荧光灯中任选一种。电感式镇流器和单管电子镇流器如图 3-2 所示。接线图如图 3-3 所示。

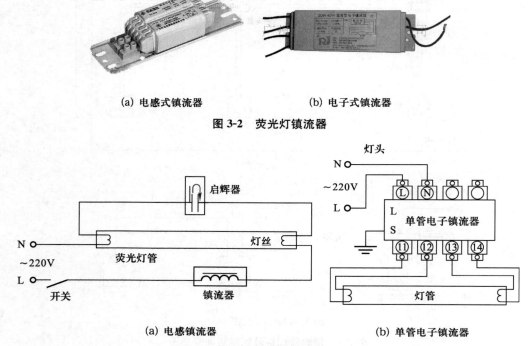

(a) 电感式镇流器　　　　　　　　(b) 电子式镇流器

图 3-2　荧光灯镇流器

(a) 电感镇流器　　　　　　　　(b) 单管电子镇流器

图 3-3　荧光灯接线图

（1）核对荧光灯组装所需各部件。

（2）荧光灯的固定方法可视各校实际情况自行选定。图 3-4 可作为参考用。

仿真训练：
日光灯接线

微视频：照明
装置的安装
和接线

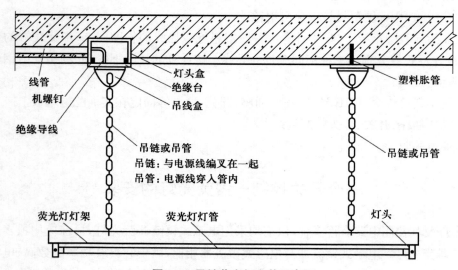

图 3-4　吊链荧光灯安装示意图

（3）组装灯具。以电子式镇流器为例。电子式镇流器扣装在荧光灯灯架中间。两灯座之间的位置间距应合适，防止因灯座松动而造成灯管掉落。

（4）组装接线。以电子式镇流器为例。电源相线经开关后先接镇流器一端接线，镇流器一端另一接线接中性线。镇流器一端的另外 4 根接线分别与两个灯座的 4 个接线端连接。

（5）装上灯管，经教师检查无误后可通电试验。

相关知识

课题一　导线连接工艺

在电气工程中，导线的连接是电工的基本操作技能之一。导线连接质量的好坏，直接关系着线路和设备能否可靠、安全地运行。很多电气故障是由于导线连接不规范、不可靠而引起导线发热、线路压降过大，甚至发生短路而引起火灾。因此，杜绝线路隐患，保障线路畅通与导线的连接工艺和质量有非常密切的关系。所以对导线的基本要求是：电气接触良好，有足够的机械强度，接头美观，绝缘恢复正常。

一、导线绝缘层的剖削

1. 塑料硬导线绝缘层的剖削

塑料硬导线绝缘层可用钢丝钳进行剥离，也可用剥线钳或电工刀进行剖削。

2. 塑料软导线绝缘层的剖削

塑料软导线绝缘层只能用剥线钳或钢丝钳剖削，不可用电工刀剖削，其剖削方法同塑料硬线绝缘层的剖削。

3. 塑料护套线绝缘层的剖削

塑料护套线的绝缘层必须用电工刀来剖削。先按所需长度用刀尖对准芯线缝隙划开护套，然后向后扳翻护套，用刀齐根切去，在距离护套层 5～10 mm 处，用电工刀以倾斜 45° 切入绝缘层，其他剖削方法同塑料硬线绝缘层的剖削。

4. 橡皮线绝缘层的剖削

橡皮线棉纱纺织物保护层用电工刀刀尖划开，下一步操作与剖削护套线护套层方法相同。用剖削塑料绝缘层相同的方法剖去橡胶层。将松散的棉纱层集中到根部，用电工刀切去。

5. 花线绝缘层的削削

其剖削方法是先在所需长度处用电工刀在棉纱纺织物保护层四周切割一圈后拉去，然后距棉纱纺织物保护层末端 10 mm 处，用钢丝钳刀口切割橡皮绝缘层，注意不能损伤芯线。然后右手握住钳头，左手把花线用力抽拉，钳口勒出橡皮绝缘层，最后把包裹芯线的棉纱层松散开来，用电工刀割去。

二、绝缘导线的连接

1. 单股铜芯导线的连接

常用导线的线芯有单股、7 股和 19 股多种，连接方法随芯线的股数不同而定。

单股铜芯导线一般采用直接连接的方法,先把两线端 X 形相交,如图 3-5(a)所示;互相绞合 2~3 圈,如图 3-5(b)所示;然后扳直两线端,将每根线端在线芯上紧贴并绕 6 圈左右,如图 3-5(c)、(d)所示。然后把多余的线端剪去,并钳平切口毛刺。

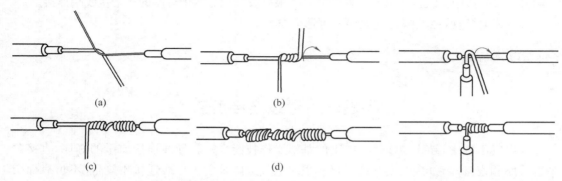

图 3-5　单股铜芯导线直接连接　　　　图 3-6　单股铜芯导线 T 字分支连接

若单股铜芯导线要做 T 字分支连接,要把支线芯的线头与干线芯十字相交,使支线芯的线根部留出 3~5 mm;较小截面芯线按图 3-6 所示的方法,环绕成结状,再把支线的线头抽直,然后紧密地并缠 6~8 圈,剪去多余芯线,钳平切口毛刺。较大截面的芯线绕成结状后不易平服,可在十字相交后直接并缠 8 圈,但要注意牢固可靠。

2. 铝芯导线的连接

因为铝是极容易氧化的,而且氧化铝膜的电阻率又很高,所以铝芯导线不能采用铜芯线的连接方法进行连接,否则容易引发事故。

铝芯导线的连接一般采用如下方法进行:

(1) 螺钉压接法

螺钉压接法连接适用于负荷较小的单股芯线连接。在线路上可通过开关、灯头和瓷接头上的接线桩螺钉进行连接。连接前必须用钢丝钳刷除去芯线表面的氧化铝膜,并立即涂上凡士林锌膏粉或中性凡士林,然后方可进行螺钉压接。

作直线连接时,应先把每根铝导线在接近线端处卷上 2~3 圈,以备线头断裂后再次连接用。若是两个或两个以上线头同接在一个接线桩上,则先把几个线头拧接成一体,然后压接,如图 3-7 所示。

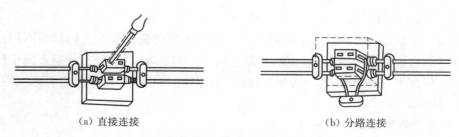

(a) 直接连接　　　　　　　　(b) 分路连接

图 3-7　单股铝芯导线的螺钉压接法连接

（2）钳接管压接法

钳接管压接法连接一般用于户内外较大负荷的多根芯线的连接。压接方法是：选用适合于导线规格的钳接管（压接管），清除钳接管内孔和线头表面的氧化层，按图 3-8 所示方法和要求，把两线头插入钳接管，用压接钳进行压接。若是钢芯铝绞线，两线之间则应衬垫一条铝质垫片，钳接管的压坑数和压坑位置的尺寸应参考标准进行。

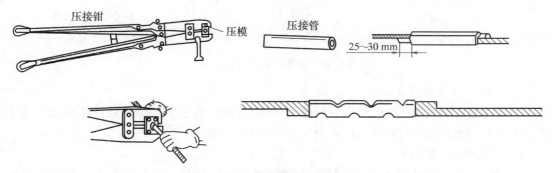

图 3-8 钳接管压接法连接

3．线头与接线桩的连接

在各种用电器或电气装置上，均有接线桩供连接导线用，常用的接线桩有针孔式和螺钉平压式两种。

（1）线头与针孔式接线桩的连接

线头与针孔式接线桩的连接如图 3-9 所示，在针孔式接线桩上接线时，如果单股芯线与接线桩插线孔大小适宜，只要把芯线插入针孔，旋紧螺钉即可，如图 3-9（a）所示。如果单股芯线较细，则要把芯线折成双根，再插入针孔；或选一根直径大小相宜的铝导线作绑扎线，在已绞紧的线头上紧密缠绕一层，线头和针孔合适后再进行压接，如图 3-9（b）所示。如果是多根软芯线，必须先绞紧线芯，再插入针孔，切不可有细丝露在外面，以免发生短路事故。若线头过大，插不进针孔，可将线头散开，适量剪去中间几股，然后绞紧线头，进行压接，如图 3-9（c）所示。

(a) 线径与针孔适宜的连接　　(b) 针孔过大时的连接　　(c) 针孔过小时的连接

图 3-9 线头与针孔式接线桩的连接

（2）线头与螺钉平压式接线桩的连接

在螺钉平压式接线桩上接线时，如果是较小截面的单股芯线，则必须把线头弯成羊眼圈，如图 3-10 所示，羊眼圈弯曲的方向应与螺钉拧紧的方向一致。多股芯线与螺钉平压式接线柱连接时,多股芯线应先做成压接圈。较大截面单股芯线与螺钉平压式接线桩连接时,线头需装上接线耳,由接线耳与接线桩连接。

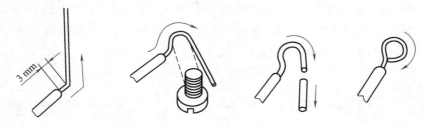

图 3-10　单股芯线羊眼圈弯法

4. 导线绝缘层的恢复

导线连接或导线的绝缘层破损后需恢复绝缘层,而且恢复后的绝缘强度不应低于原有的绝缘强度。因此绝缘材料的选择和包缠方法就至关重要。

(1) 绝缘材料的选择

在恢复导线绝缘中,常用的绝缘材料有:黑胶带、黄蜡带、塑料绝缘带和涤纶薄膜带等,它们的绝缘强度按上列顺序依次递增。为了包缠方便,一般绝缘带选用 20 mm 宽的较适中。

(2) 绝缘带的包缠方法

将黄蜡带(或塑料绝缘带)从导线的约两根宽带的绝缘层上开始包缠,如图 3-11(a)所示。包缠时,黄蜡带与导线保持约 45°的倾斜角,每圈压叠带宽的 1/2,如图 3-11(b)所示。包缠一层黄蜡带后,将黑胶布带接在黄蜡带的尾端,按反方向斜叠包一层黑胶布带,也要每圈压叠带宽的 1/2,如图 3-12 所示。若采用塑料绝缘带进行包缠时,就按上述包缠方法来回包缠 3~4 层后,留出 10~15 mm 长段,再切断塑料绝缘带,将留出部分用火点燃,并趁势将燃烧软化段用拇指摁压,使其粘贴在塑料绝缘带上。

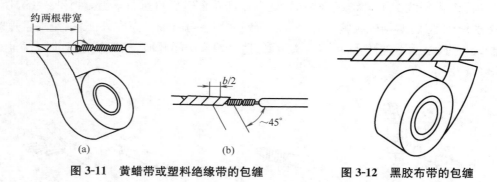

图 3-11　黄蜡带或塑料绝缘带的包缠　　　　图 3-12　黑胶布带的包缠

(3) 包缠要求

① 用在 380 V 线路上的导线恢复绝缘时,必须先包缠 1~2 层黄蜡带,再包缠一层黑胶布带。

② 用在 220 V 线路上的导线恢复绝缘时,先包缠一层黄蜡带,然后再包缠一层黑胶布带。也可只包缠两层黑胶布带。

③ 绝缘带包缠时,不能过于稀疏,更不能露出芯线,以免造成触电或短路事故。

④ 绝缘带平时不可放在温度很高的地方,也不可浸染油类。

课题二 室内配线

室内配线是对导线、导线支持物和用电器具的室内安装。目前常用的有塑料槽板配线、硬塑料管配线、电线管配线以及塑料护套线配线等。

一、塑料槽板配线

塑料槽板(阻燃型)配线是把绝缘导线敷设在 PVC 塑料槽板的线槽内,上面用盖板把导线盖住。这种配线方式适用于办公室等干燥房屋内的照明,也适用于工程改造更换线路以及弱电线路吊顶内暗敷等场所使用。塑料槽板布线通常在墙体抹灰粉刷后进行。

线槽的种类很多,如图 3-13 所示,不同的场合应合理选用。如一般室内照明线路选用 PVC 矩形截面的线槽;如果用于地面布线应采用带弧形截面的线槽;用于电气控制一般采用带隔栅的线槽。PVC 塑料线槽配件如图 3-14 所示。

图 3-13 PVC 塑料线槽

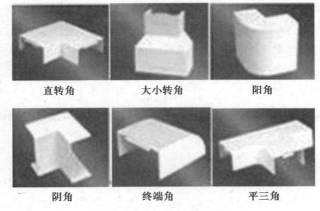

直转角　　　　大小转角　　　　阳角

阴角　　　　终端角　　　　平三角

图 3-14 塑料线槽配件

塑料槽板配线的安装方法如下:

1. 选用槽板

根据电源、开关盒、灯座的位置,量取各段线槽的长度,用锯分别截取。在线槽直角转弯处应采用 45°拼接。槽板配线拼接示意图如图 3-15 所示。

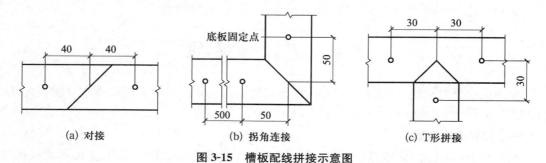

图 3-15　槽板配线拼接示意图

2. 钻孔

用手电钻在线槽内钻孔,用以固定线槽,相邻固定孔之间的距离应根据线槽的长度确定,一般距线槽两端为 5～10 mm,中间为 300～500 mm。线槽宽度超过 50 mm,固定孔应在同一位置的上下分别钻两个孔。中间两孔间距一般不大于 500 mm。

3. 固定槽板

(1) 将钻好孔的线槽沿走线的路径用自攻螺钉或木螺钉固定。

(2) 如果是固定在砖墙等墙面上,应在固定位置上画出记号,用冲击钻钻孔,埋好木榫,用木螺钉固定槽底;也可用塑料胀管来固定槽底。

4. 导线敷设

导线敷设到灯具、开关、插座等接头处,要留出长约 100 mm 的导线,用作接线。在配电箱和集中控制的开关板等处,按实际需要留足长度,并做好统一标记,以便接线时识别。

5. 固定盖板

在敷设导线的同时,边敷线边将盖板固定在槽底板上。

二、硬塑料管配线

把绝缘导线穿在管内的配线称为线管配线。线管配线有耐潮、耐腐蚀,导线不易受到机械损伤等优点,但安装、维修不方便。适用于室内外照明和动力线路的配线。

1. 硬塑料管的选用

敷设电线的硬塑料管应选用热塑料管,优点是在常温下坚硬,有较大的机械强度,受热软化后,又便于加工。对管壁厚度的要求是:明敷时不应小于 2 mm,暗敷时不应小于 3 mm。

2. 硬塑料管的连接

(1) 加热连接法

① 直接加热连接法。对直径为 50 mm 及以下的塑料管可用直接加热连接法。连接前先将管口倒角,即将连接处的外管倒内角,内管倒外角,如图 3-16 所示。然后将内、外管各自插接部位的接触面用汽油、苯或二氯乙烯等溶剂洗净,待溶剂挥发完后用喷灯、电炉或其他热源对插接段加热,加热长度为标称内径的 1.1～1.5 倍。也可将插接段浸在 130 ℃的热甘油或石蜡中加热至软化状态,将内管涂上黏合剂,趁热插入外管并调到两管轴心一致时,迅速用湿布包缠,使其尽快冷却硬化,如图 3-17 所示。

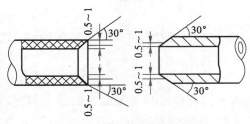

图 3-16 塑料管口倒角

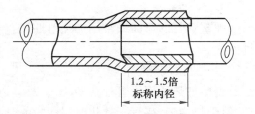

图 3-17 塑料管的直接插入

② 模具胀管法。对直径为 65 mm 及其以上的硬塑料管的连接,可用模具胀管法。先仍按照直接加热连接法对接头部分进行倒角、清除油垢并加热,等塑料管软化后,将已加热的金属模具趁热插入外管接头部,如图 3-18(a) 所示。然后用冷水冷却到 50 ℃左右,脱出模具。在接触面上涂黏合剂,再次加热,待塑料管软化后进行插接,到位后用水冷却,使外管收缩,箍紧内管,完成连接。

硬塑料管在完成上述插接工序后,如果条件具备,用相应的塑料焊条在接口处圆周上焊接一圈,使接头成为一个整体,则机械强度和防潮性能更好。焊接完工的塑料管接头如图 3-18(b) 所示。

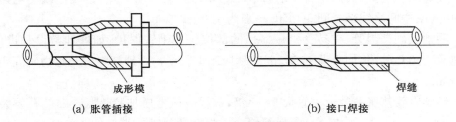

(a) 胀管插接

(b) 接口焊接

图 3-18 硬塑料管模具插接

(2) 套管连接法

两根硬塑料管的连接可在接头部分加套管完成。套管的长度为它自身标称内径的 2.5～3 倍,其中管径在 50 mm 以下者取较大值;在 50 mm 以上者取较小值,管内径以待插接的硬塑料管在套管加热状态刚能插进为合适。插接前,仍需先将管口在套管中部对齐,并处于同一轴线上,如图 3-19 所示。

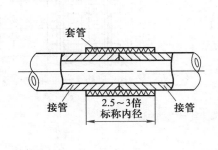

图 3-19 套管连接法

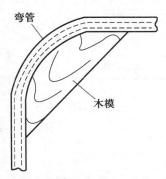

图 3-20 硬塑料管弯曲成形

3．弯管

硬塑料管的弯曲通常用加热弯曲法。对硬塑料管的加热弯曲有直接加热和灌砂加热两种方法。

（1）直接加热法

直接加热适用于管径在 20 mm 及其以下的塑料管。将待加热的部分在热源上匀速转动，使受热均匀，待管子软化时，趁热在木模上弯曲成形，如图 3-20 所示。

（2）灌砂加热法

灌砂加热法适用于管径在 25 mm 及以上的硬塑料管。对于这种内径较大的管子，如果直接加热，很容易使其弯曲部分变瘪。为此，应先在管内灌入干燥砂粒并捣紧，塞住两端管口，再加热软化，在模具上弯曲成形。但加热时要掌握好火候，首先要使管子软化，又不得烧伤、烤变色或使管壁出现凸凹状。弯曲半径可做如下选择：明敷不能小于管径的 6 倍；暗敷不得小于管径的 10 倍。

4．硬塑料管的敷设

硬塑料管的敷设与钢管在建筑物上（内）的敷设基本相同，但要注意下面几个问题：

（1）硬塑料管明敷时，固定管子的管卡距始端、终端、转角中点、接线盒或用电设备边缘150～500 mm；中间直线部分间距均匀，一般为 1.0～2.0 m。

（2）明敷的硬塑料管，在易受机械损伤的部位应加钢管保护，如埋地敷设和进设备时，其伸出地面 200 mm 段、伸入地下 50 mm 段，应用钢管保护。硬塑料管与热力管间距也不应小于 50 mm。

（3）硬塑料管热胀系数比钢管大 5～7 倍，敷设时应考虑加装热胀冷缩的补偿装置。在施工中，每敷设 30 m 应加装一只塑料补偿盒。将两塑料管的端头伸入补偿盒内，由补偿盒提供热胀冷缩余地。

（4）与硬塑料管配套的接线盒、灯头不能用金属制品，只能用塑料制品。而且硬塑料管与接线盒、灯头之间的固定一般也不能用锁紧螺母和管螺母，应用胀扎管头绑扎，如图 3-21所示。

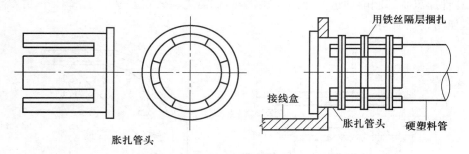

胀扎管头　　　　用铁丝隔层捆扎　接线盒　胀扎管头　硬塑料管

图 3-21　线管与塑料接线盒的连接

5．穿线

（1）穿线准备。必须在穿线前再一次检查管口是否倒角，是否有毛刺。然后向管内穿$\phi 1.2$～$\phi 1.6$ mm 的引线钢丝，用它将导线拉入管内。如果管径较大，转弯较小，可将引线钢丝从管口一端直接穿入,钢丝头部应做成弯钩。如果管道较长,转弯较多或管径较小,一根钢丝无法直接穿过时,可用两根钢丝分别从两端管口穿入,并将引线钢丝端头弯成钩状,使两根钢丝穿入管子并能互相钩住,然后,将要留在管内的钢丝一端拉出管口,两头伸出管外部分绕成一个大圈,使其不能缩入管内,以备穿线之用。

(2) 扎紧导线接头。管子内需要穿入多少根导线,就应按管子的长度(加上线头及容量)放出多少根导线,然后将这些线头剥去绝缘层,扭绞后按图 3-22 所示的方法,将其紧扎在引线头部。

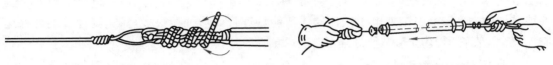

图 3-22　导线与引线的缠绕　　　　　　　图 3-23　导线穿入管内的方法

(3) 穿线。由两人在管子两端配合穿线入管,位于管子右端的人慢慢拉引线钢丝,管子左端的人慢慢将线束送入管内,如图 3-23 所示。如果管道较长,转弯太多或管径较小而造成穿线困难时,可在管内加入适量滑石粉以减小摩擦。

微视频:
线管穿线

穿线时应注意尽可能将同一回路的导线穿入同一管内,不同回路或不同电压的导线不得穿入同一根线管内。所穿导线绝缘耐压不得低于 500 V,铜芯线最小截面不得小于 1 mm^2;铝芯线不小于 2.5 mm^2,每根线管内穿线最多不超过 10 根。

三、塑料护套线配线

塑料护套线是一种有塑料保护层的双芯或多芯绝缘导线,采用塑料护套线是进行明线安装的一种方式,它具有防潮、耐酸、耐腐蚀、线路造价较低、安装方便等优点。它可以直接敷设在空心板墙壁以及其他建筑物表面,用铝片线卡(俗称钢精扎头)或塑料卡钉作为导线的支持物。塑料护套线配线由于其使用寿命较短,且美观性较差,现已很少使用。

课题三　电气照明设备及安装

电气照明广泛应用于生产和生活领域中,但各种场合对照明有不同的要求,并随着生产和科学技术的发展而越来越高。电气照明的重要组成部分是电光源和灯具。对电光源的要求是提高光效、延长寿命、改善光色、增加品种和减少附件;对灯具的要求是提高效率、配光合理,并能满足各种不同的环境和电光源的配套需要,同时要采用新材料、新工艺,逐步实现灯具系列化、组装化、轻型化和标准化。总之,要求提高照明质量、节约用电、减少购置和维护费用。

一、常用照明电光源及灯具

1. 常用照明电光源

(1) 白炽灯

白炽灯属固体电光源,是根据热辐射原理利用电能将灯丝加热到白炽温度(为 2 500～

2 700 ℃)而发出可见光。常用白炽灯泡分插口灯泡及螺口灯泡,白炽灯泡价格便宜,但由于其发光效率低,现基本上已被节能灯取代。

（2）节能灯

节能灯又称电子灯泡、紧凑型荧光灯及一体式荧光灯,是指将荧光灯与镇流器（安定器）组合成一个整体的照明设备。许多节能灯的尺寸与白炽灯相近,与灯座的接口也与白炽灯相同,所以可直接替换白炽灯。节能灯的正式名称是稀土三基色紧凑型荧光灯,这种光源在达到同样光能输出的前提下,只需耗费普通白炽灯用电量的 1/5～1/4,从而可以节约大量的照明电能和费用,因此被称为节能灯。节能灯主要由上部灯头结构以及底部灯管结构组成,在该结构的内部安装有节能电子镇流器。节能灯灯管外形种类很多,除螺旋管节能灯外还有 U 管形、直管形、莲花形节能灯等,如图 3-24 所示。

(a) 螺旋管节能灯   (b) 直管形节能灯

图 3-24　节能灯

（3）荧光灯

荧光灯（俗称日光灯）是一种低气压汞蒸气放电光源,因具有结构简单、光色好、发光效率高、寿命长等优点而广泛应用于车间及办公室。荧光灯按其产生高压放电的方式不同分为电感镇流器荧光灯和电子镇流器荧光灯,以前均用电感镇流器荧光灯,目前应用最多的是电子镇流器荧光灯,其电路接线参见图 3-3。电感镇流器荧光灯工作原理如下：在开关接通的一瞬间,电路中电流没有通路,线路压降全部加在启辉器两端,启辉器产生辉光放电,其产生的热量使启辉器中的双金属片变形弯曲而与静触片接触成通路,这时有较大的电流通过镇流器与灯丝。灯丝被加热而发射电子,并使汞蒸发。在启辉器电极接通后,辉光放电消失,电极温度迅速下降,使双金属片因温度下降而恢复到原来状态。在双金属片脱离接触的一瞬间,电路呈开路状态,镇流器两端产生一个在数值上比线路电压高的电压脉冲,使荧光灯管内汞蒸气导通,导通后,灯管两端的电压仅 100 V 左右,因达不到启辉器放电电压而使启辉器停止工作。镇流器则与灯管串联,起限制灯管工作电流的作用。

（4）卤钨灯

卤钨灯的工作原理与普通白炽灯基本相同,也是利用电流通过钨丝将其加热到炽热状态而产生辐射,不同之处在于卤钨灯泡内除了充入惰性气体外,还充有少量的卤族元素,如氟、溴、碘等,在满足一定温度的条件下,灯泡内能够建立起卤钨再生循环,防止钨沉积在玻壳上,使灯泡在整个寿命期间保持良好的透明。根据加入的卤族元素的不同,便产生了不同种类的卤钨灯,如碘钨灯、溴钨灯等。

卤钨灯的接线与白炽灯相同,不需点燃附件,但在安装时,应注意下列事宜:

① 电源电压的变化对灯管寿命影响很大,当电压超过额定值的 5% 时,寿命将缩短50%,故电源电压的波动一般不宜大于±2.5%。

② 卤钨灯工作时需水平安装,否则将严重影响灯管的寿命。

③ 卤钨灯不允许采用任何人工冷却措施,以保证在高温下的卤钨循环。在正常工作时,灯管壁有近 600 ℃ 的高温,所以不能与易燃物接近,安装时一定要加装灯罩。使用前要用酒精擦去灯管外壁的油污,避免在高温下形成污点而降低透明度。

④ 卤钨灯的灯脚引入线应采用耐高温的导线,电源线与灯线的连接需用良好的瓷接头,灯座与灯脚之间需接触良好。

⑤ 卤钨灯耐振性较差,不应使用在振动较大的场所,也不能作为移动光源使用。

(5) 高压汞灯

高压汞灯(高压水银灯)的发光效率高、亮度大,如图 3-25 所示。当图中开关 SA 接通后,先在引燃电极 E3 与主电极 E1 之间产生辉光放电,然后过渡到主电极 E1 和 E2 之间的弧光放电。弧光放电后,E1 和 E3 之间的电压就不足以进行辉光放电,辉光放电停止。而随着主电极的弧光,汞就逐渐汽化,压力增加,促使弧光放电稳定地进行,所发出的紫外线激励荧光粉发出可见光。图中 R 的作用是限制灯点燃初始阶段的辉光放电电流。镇流器的作用是限制工作电流。

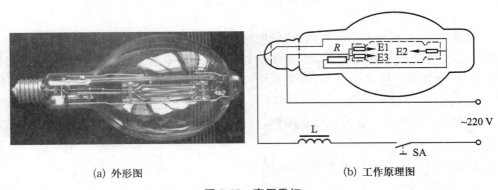

(a) 外形图　　　　　　　　　　　(b) 工作原理图

图 3-25　高压汞灯

高压汞灯在安装时应注意下列事项:

① 高压汞灯要垂直安装,当水平安装时,其亮度要减少 7% 且容易自灭。

② 高压汞灯的电源电压应尽量保持稳定,当电压降低 5% 时,灯泡也容易自灭,且再启动点燃时间较长。因此,高压汞灯不宜接在电压波动较大的线路上,也不能用于有迅速点亮要求的场所。

③ 高压汞灯的外玻璃壳破碎后虽仍能发光,但大量的紫外线对人体有害,因而需立即更换。

（6）高压钠灯

高压钠灯主要由灯丝、双金属片热继电器、放电管和玻璃外壳等组成，如图 3-26 所示。

当高压钠灯接入电源后，电流经过镇流器、热电阻、双金属片动断触点而形成通路。此时放电管内无电流。过一会儿，热电阻发热，使双金属片热继电器断开，在断开瞬间，镇流器线圈产生自感电动势，它和电源电压合在一起加到放电管两端，使管内氙气电离放电，温度升高，继而使汞变为蒸气而放电，当管内温度进一步升高时，使钠也变为蒸气状态，开始放电放射出较强的光。高压钠灯在工作时，双金属片受热而断开，电流只通过放电管。

高压钠灯使用时应注意：

① 高压钠灯必须配用镇流器，否则会使灯泡立即损坏。

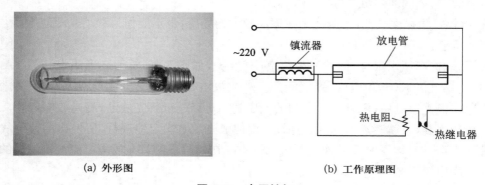

　　(a) 外形图　　　　　　　　　　(b) 工作原理图

图 3-26　高压钠灯

② 灯泡熄灭后，需冷却一段时间，待管内汞气压降低后，方能再启动。

③ 电源电压变化不宜大于 $\pm 5\%$，高压钠灯的管压、功率及光通量随电源电压的变化所引起的变化，比其他气体放电灯大，当电源电压上升时，容易引起灯的自灭；电源电压降低时，光色变差。

④ 配套的灯具需具有良好的散热条件，且反射光不宜通过放电管。否则将影响其寿命及自灭。

⑤ 灯泡破碎后要及时妥善处理，防止汞害。

（7）金属卤化物灯

常用的金属卤化物灯有钠铊铟灯及镝灯。它们是在高压汞灯的基础上为改善光色而发展起来的一种新型电光源，它不仅光色好，而且发光效率高。其基本原理是在高压汞灯内添加某些金属卤化物，靠金属卤化物的循环作用，不断向电弧提供相应的金属蒸气，金属原子在电弧中受激发，辐射出该金属的特性光谱线，选择适当的金属卤化物并控制它们的比例，就构成了各种不同光色的金属卤化物灯。金属卤化物灯通常都需附加镇流器，启动及工作特性也基本上和高压汞灯相似。

（8）LED 灯

LED 是发光二极管的英文缩写，它的基本结构是一块电致发光的半导体材料，置于一个有引线的架子上,然后四周用环氧树脂密封,起到保护内部芯线的作用,所以 LED 的抗振性能好,如图 3-27 所示。

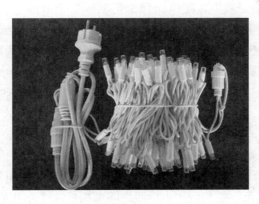

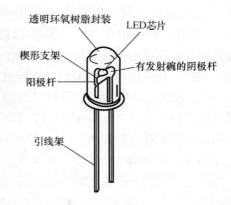

(a) LED灯串　　　　　　　　　　　(b) LED内部结构

图 3-27　LED 灯

当处于正向工作状态时,电流从 LED 阳极流向阴极,半导体晶体发出紫色到红色不同颜色的光,光的强弱与电流有关。

LED 光源的特点:

① 电压:LED 使用低压电源,供电电压为 6～24 V,根据产品不同而异,所以它是一个比使用高压电源更安全的电源,特别适用于公共场所。

② 效能:消耗能量较同光效的白炽灯减少 80%。由于其节能效果好,在我国 LED 灯正在被广泛采用。

③ 适用性:LED 体积很小,每个单元 LED 小片是 3～5 mm 的正方形,所以可以制备成各种形状的器件,并且适合于易变的环境。

④ 稳定性:10 万小时光衰为初始的 50%。

⑤ 响应时间:白炽灯的响应时间为毫秒级,LED 灯的响应时间为纳秒级。

⑥ 对环境污染:无有害金属汞。

⑦ 颜色:改变电流可以变色,能方便地通过化学修饰方法,调整发光二极管材料的能带结构和带隙,实现红黄绿蓝橙多色发光。例如,对于一个小电流时为红色的 LED 灯,随着电流的增加,其发光可以依次变为橙色、黄色,最后为绿色。

2. 灯具附件

灯具附件包括灯座、灯罩、开关、插座及吊线盒等。

(1)灯座。有插口和螺口两大类。100 W 以上的灯泡多为螺口灯座,因为螺口灯座接触要比插口灯座好,能通过较大的电流。按其安装方式又可分为平灯座、悬吊式灯座和管子灯座等。按其外壳材料又分为胶木、瓷质及金属三种灯座,一般 100 W 以下的灯泡采用胶木灯座,而 100 W 以上的多采用瓷质灯座。

(2)灯罩。灯罩形式较多,按材质可分为玻璃罩、搪瓷薄片罩、铝罩等,按反射、透射和散射作用又可分为直接式、间接式和半间接式三种。

（3）开关。开关的作用是接通和断开电路。按其安装条件可分为明装式和暗装式两种，明装式开关有扳把开关、拉线开关和转换开关，暗装式开关为扳把式。按其构造可分为单联开关、双联开关和三联开关。开关的规格一般以额定电流和额定电压来表示。

（4）插座。插座的作用是供移动式灯具或其他移动式电器设备接通电路。按其结构可分为单相双眼和单相带接地线的三眼插座、三相带接地线的插座，按其安装方式可分为明装式和暗装式。插座的规格一般也以额定电流和额定电压来表示。

（5）吊线盒。吊线盒用来悬挂吊灯并起接线盒的作用。吊线盒有塑料和瓷质两种，一般能悬挂重量不超过 2.5 kg 的灯具。

二、照明线路的安装

1. 室内照明线路的组成

室内照明线路一般由电源、导线、开关和负载（照明灯）组成。电源由低压照明配电箱提供，电源常用 Y，yn 联结的三相变压器供电，每一根相线和中性线之间都构成一个单相电源，在负载分配时要尽量做到三相负载对称；电源与照明灯之间用导线连接。选择导线时，要注意它的允许载流量，一般以允许电流密度作为选择的依据：明敷线路铝导线可取 4.5 A/mm^2，铜导线可取 6 A/mm^2，软电线可取 5 A/mm^2。开关用来控制电流的通断。负载即照明灯，它能将电能变为光能。

2. 照明灯的控制形式

按开关种类不同，常用下列两种控制形式：

（1）一只单联开关控制一盏灯，其线路如图 3-28 所示。接线时，开关应接在相线（火线）上，这样在开关切断后，灯头不会带电，从而保证了使用和维修的安全。

仿真训练：
两地控制
一盏灯

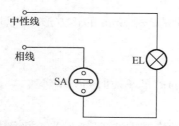

图 3-28　一只单联开关控制一盏灯

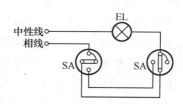

图 3-29　两只双联开关控制一盏灯

（2）两只双联开关在两个地方控制一盏灯，其线路如图 3-29 所示。这种形式通常用于楼梯或走廊上，在楼上楼下或走廊的两端均可控制照明灯的接通和断开。

3. 荧光灯的安装

荧光灯的安装一般有吸顶式和悬吊式两种，电感镇流器荧光灯安装步骤与工艺要点如下：

（1）安装前检查。检查灯管、镇流器、启辉器等有无损坏，镇流器和启辉器是否和灯管的功率相配合（主要是镇流器和灯管的功率必须一致）。

（2）安装镇流器。悬吊式安装时，应将镇流器用螺钉固定在金属灯架的中间位置；吸顶式安装时，不能将镇流器放在灯架上，以免散热困难，且灯架与天花板之间应留 15 mm 的间隙，以利通风（可将镇流器放置在灯架外其他位置）。

（3）安装启辉器底座及灯座。将启辉器底座固定在灯架的一端,两个灯座(普通灯座和弹簧灯座)分别固定在灯架的两端,中间的距离要按所用灯管长度量好,使灯管脚刚好插进灯座孔内。

（4）接线。各配件位置固定后可按图 3-3(a)所示进行接线。接线完毕要对照线路图详细检查,以防错接或漏接。

（5）安装启辉器与灯管。把启辉器与灯管装好后接上电源,其相线应经开关串联在镇流器上。

4. 插座的安装

插座是台灯、电风扇、收录机、电视机、电冰箱等家用电器和其他用电设备的供电点,插座一般不用开关控制而直接接入电源,它始终是带电的。插座分为双孔、三孔和四孔三种,照明线路常用的为双孔和三孔插座,其中三孔插座应选用扁孔结构,圆孔结构容易发生三孔互换而造成事故。

目前,插座均安装于插座盒内,而插座盒则暗埋于墙体内。插座的安装工艺要点与注意事项:双孔插座在双孔水平排列时,应面对插座相线接右孔,中性线(零线)接左孔(左零右火);双孔垂直排列时,相线接上孔,中性线(零线)接下孔(下零上火)。三孔插座下方两孔是接电源线的,右孔接相线,左孔接中性线,上面大孔接保护接地线。接线时,决不允许在插座内将保护接地孔与插座内引自电源的那根中性线直接相连,因为一旦电源的中性线断开,或者是电源的相线与中性线接反时,其外壳等金属部分也将带有与电源相同的电压,这是相当危险的。这种错误接法非但不能在故障情况下起保护作用,相反,在正常情况下却可能招致触电事故的发生。插座的正确接法如图 3-30(a)所示。

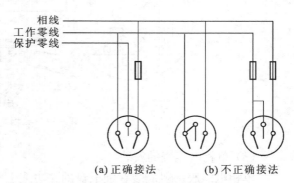

图 3-30　单相三孔插座接线法

5. 单相电能表的接线与安装

电能表(俗称电度表)用来对用电设备进行电能测量,是组成低压配电板或配电箱的主要电气设备,它有单相电能表和三相电能表之分,照明配电箱(盘)中常用单相电能表,动力箱(盘)中常用三相电能表。

（1）电能表的选择

选择单相电能表时,应考虑照明灯具和其他家用电器的耗电量,单相电能表的额定电流应大于室内所有用电器具的总电流。例如,若照明灯具、电视机、电冰箱等电器设备的总功率为 500 W,则可选用额定电流为 5 A 的单相电能表;若家中装有耗电量较大的空调器或电热器具,应选用额定电流为 10 A 或 20 A 的单相电能表。

（2）单相电能表的接线

常用单相电能表的外形、结构原理及接线方式如图 3-31 所示,电能表的接线盒内有4 个接线端,自左向右按"①"、"②"、"③"、"④"编号。接线方法为"①"、"③"接进线,"②"、"④"

接出线,如图 3-32 所示。有些电能表的接线方法特殊,具体接线时应以电能表所附接线图为依据。

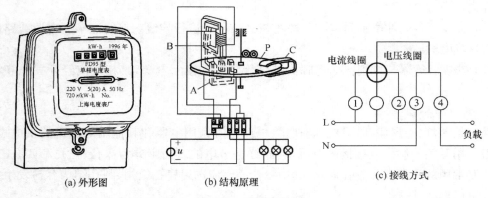

(a) 外形图 (b) 结构原理 (c) 接线方式

图 3-31 单相电能表

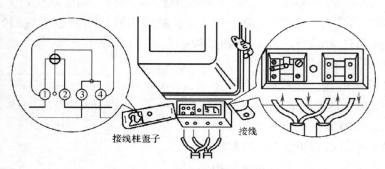

接线柱盖子 接线

图 3-32 单相电能表的接线

仿真训练:
电能测量
电路安装

(3) 单相电能表的安装

单相电能表一般应装在配电盘的左边或上方,而开关应装在右边或下方。与上、下进线孔的距离大约为 80 mm,与其他仪表左右距离大约为 60 mm。安装时应注意,电能表与地面必须垂直,否则将会影响电能表计数的准确性。

6. 照明线路的常见故障及检修

(1) 白炽灯、节能灯的常见故障及维修

① 灯泡不亮。可能是灯泡损坏;灯头(座)、开关接触不良或者是线路中有断路现象。

处理办法:灯泡损坏更新灯泡。属接触不良应拧紧松动的螺钉或更换灯头或开关。如果是线路断路,则应检查并找出线路断开处(包括熔丝),接通线路。

② 合上开关即烧断熔丝。多数属线路发生短路。应检查灯头接线,取下螺口灯泡检查灯头内中心铜片与外螺纹是否短路;灯头接线是否松脱;检查线路有无绝缘损坏;估算负载看是否熔丝容量过小。

处理办法:处理好灯头上的短路点。若线路老化,根据情况处理绝缘或更换新线。如果是负载过重,则减轻负载或加大熔断器容量。

③ 灯泡忽亮忽暗(熄灭)。检查开关、灯头、熔断器等处的接线是否松动;用万用表检查

电源电压是否波动过大。

处理办法：拧紧松动的接头；电压波动不需处理。

④ 灯泡发出强烈白光或灯光暗淡。灯泡工作电压与电源电压不相符。

处理办法：更换与电源电压相符的灯泡。

（2）荧光灯的常见故障及检修

① 荧光灯不发光。可能是接触不良、启辉器损坏或荧光灯灯丝已断、镇流器开路等引起的。

处理办法：属接触不良时，可转动灯管，压紧灯管与灯座之间的接触，转动启辉器使线路接触良好。如属启辉器损坏，可取下启辉器用一根导线的两金属头同时接触启辉器座的两簧片，取开后荧光灯应发亮，此现象属启辉器损坏，应更换启辉器。若是荧光灯管灯丝断路或镇流器断路，可用万用表检查通断情况，根据检查情况进行更换。

② 灯管两端发光，不能正常工作。启辉器损坏、电压过低、灯管陈旧或气温过低等原因所致。

处理办法：更换启辉器，更换陈旧的灯管。如果是电压过低则不需处理，待电压正常后荧光灯可工作正常。气温过低时，可加保护罩提高温度。

③ 灯光闪烁。新灯管则属质量不好，旧灯管属灯管陈旧引起。

处理办法：更换灯管。

④ 灯管亮度降低。灯管陈旧（灯管发黄或两端发黑）、电压偏低等引起。

处理办法：更换灯管。电压偏低则不需处理。

⑤ 噪声大。是镇流器质量较差，硅钢片振动造成的。

处理办法：夹紧铁心或更换镇流器。

⑥ 镇流器过热、冒烟。可能的原因是镇流器内部线圈匝间短路或散热不好。

处理办法：更换镇流器。

项目 5 动力配电线路的接线

项目描述

动力线路的安装和维修的要求比室内照明线路要高，以确保设备与人身的安全及生产的正常进行。因此既要掌握动力线路的安装和维修特点，又要掌握动力设备的安装和维修技能，以保证动力线路的良好状态与安全用电。本项目重点介绍动力线路的接线。

学习目标

1. 了解动力线路的基本知识。

2. 掌握动力线路的接线技能。

3. 学习动力线路的安装。

4. 培养安全文明操作的良好风尚。

5. 能进行学习资料的收集、整理与总结，培养良好的工作习惯，具有团队合作精神。

实训操作5

器材、工具、材料

序　号	名　　称	规　　格	单　位	数　量	备　注
1	电工工具		套	1	
2	7股铜芯导线		m	1	
3	黄蜡绝缘带				
4	黑胶布带				
5	砂布				
6	验电笔	低压	支	1	
7	活络扳手	200 mm	把	1	
8	钳工工具				

7 股铜芯导线的直接连接

1. 工具与材料的准备

在指导教师指导下由学生自己完成。

2. 7 股铜芯导线的直接连接

(1) 将需连接的 7 股铜芯导线下料,并剖去导线一端的绝缘层,长度约 250 mm。

(2) 将剖去绝缘层的芯线拉直,接着把芯线头全长的 1/3 根部进一步绞紧,然后把余下的 2/3 根部的芯线头按图 3-33(a)所示方法,分散成伞骨状,并将每股芯线拉直。

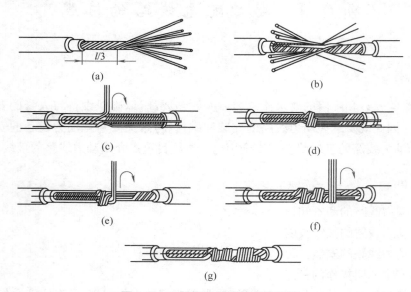

图 3-33　7 股铜芯导线的直接连接

（3）把两导线的伞骨状线头隔股对叉，然后捏平两端每股芯线，如图 3-33(b) 所示。

（4）先把一端的 7 股芯线按 2、2、3 股分成三组，接着把第一组股芯线扳起，垂直于芯线，如图 3-33(c) 所示。然后按顺时针方向紧贴并缠两圈，再扳成与芯线平行的直角。

（5）按照上一步骤相同的方法继续紧缠第二和第三组芯线。但是在绕后一组芯线时，应把扳起的芯线紧贴在前一组芯线已弯成直角的根部。第三组芯线应紧缠三圈。每组多余的芯线端应剪去，并钳平切口毛刺。导线的另一端连接方法相同。

3．恢复绝缘

先半叠包绕 1～2 层黄蜡绝缘带，然后再半叠包绕 1 层黑胶布带。绝缘带包绕时不能过于稀疏，更不能露出芯线，以免造成触电或短路事故。

▶ **相关知识**

课题四　动力配电线路的接线

在一个用电单位中，如条件允许，低压配电线路多采用架空方式，这是由于它具有投资低、施工方便、便于维护等特点，但同时它也具有可靠性差、受外界环境影响大、占用空间、影响环境美观等缺点。因此，近年来它的使用范围受到一定限制。

动力配电线路架设包括放线、导线连接、挂线、紧线与弧垂观测以及导线固定等步骤，下面简单介绍。

1．放线

把整轴或整盘的导线沿着线杆两侧放开称为放线。放线时应一条一条地放，不要出现死弯、磨损和断股。

（1）徒手放线。低压线路，在线路较短、导线截面较小时，可使用此方法放线。将小盘的导线挂在手臂上，把线头固定在线路的起端，面向起端，向后倒退放线。行走时先观察好放线的路径并注意安全，一边倒退，一边摇动手臂使线盘在手臂上滚动，让导线顺着线盘的圆周方向纵向放出。不可将导线从侧面拉出，以免使导线产生应力。对于小截面的导线还可采用两只手放线的方式，如图 3-34 所示。

图 3-34　徒手放线示意图

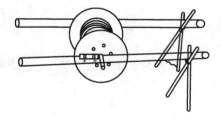
图 3-35　简单的放线架

（2）用放线架或放线车放线。

放线架是最简便的放线方式，可随地取材制作，图 3-35 所示为一种简单的放线架。

放线车是一种简单的放线专用工具，放线时把线轴套入放线车的直立轴，放在线架上，即可拉着导线前进,工作效率高,比较省力。图 3-36 所示为一种小型放线车。对于较大的线盘,如钢芯铝绞线可采用图 3-37 所示的坑中装线轴架放线。

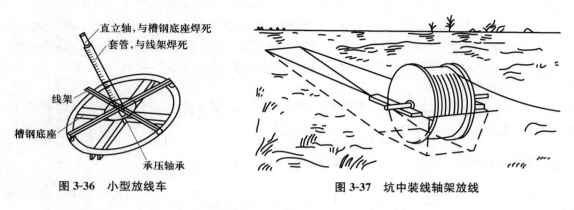

图 3-36 小型放线车   图 3-37 坑中装线轴架放线

2. 导线连接

当导线长度不够时,要把两根导线连接起来,形成导线接头。一种是在线挡中间的导线连接头,要承受寻线上的拉力,又要较好地传导电流。另一种是杆上弓子线接头,它不承担拉力,只传导电流。弓子线接头可使用并沟线夹,也可使用压接管;对于线挡中间接头,钢芯铝绞线或钢绞线推荐使用压接管连接;铜绞线使用插接法。每个挡距内每根线杆的接头不能多于两个。下面介绍线挡中间的导线连接头的连接工艺。

(1) 7 股铜芯导线的直接连接。

可参看前面的实训操作内容。

(2) 7 股铜芯导线的 T 字分支连接。

7 股铜芯导线的 T 字分支连接时,应先把分支芯线线头全长约 1/8 长度的根部绞紧,再把 7/8 部分的 7 股芯线分成两组,如图 3-38(a)所示。接着把干线芯线用螺丝刀撬分成两组,把支线 4 股芯线的一组插入干线的两组芯线中间,如图 3-38(b)所示。然后把 3 股芯线的一组往干线一边按顺时针紧缠 3～4 圈,钳平切口,如图 3-38(c)所示。另一组 4 股芯线则按逆时针紧缠 4～5 圈,两端均剪去多余部分,如图 3-38(d)所示。

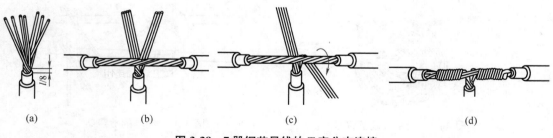

(a)   (b)   (c)   (d)

图 3-38 7 股铜芯导线的 T 字分支连接

(3) 铝绞线的压接法连接。

铝绞线和钢芯铝绞线的连接则采用专用的压接管和压接钳进行压接法连接。

图 3-39 所示为铝绞线和钢芯铝绞线的压接示意图。压接时要注意压坑深度的要求,每压完一个坑后,要持续压力 1 min 后松开,以保证压接质量。钢芯铝绞线压接时,两线之间要垫铝垫片,以增加其机械强度和导电性能。

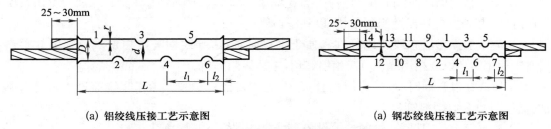

|（a）铝绞线压接工艺示意图|（a）钢芯绞线压接工艺示意图|

图 3-39　铝绞线和钢芯铝绞线的压接示意图

压接前应将导线用棉布蘸汽油清擦干净,然后涂上中性凡士林或导电膏,再用钢丝刷清擦一遍。压接完毕应在压管两端涂红丹粉油。压后要进行检查,如压管变弯,要用木锤敲直;如弯曲较大或出现裂纹,要重新压接。

课题五　低压配电箱的分类和安装

低压配电箱是以低压电器为主(如负荷开关、断路器、熔断器、接触器等一次设备),配合有关测量控制设备(如测量仪表、计量仪表、控制电器、信号电器等二次设备),以一定的组合方式成为一个箱体的产品。

动画:配电
板外形

1. 低压配电箱的分类

低压配电箱分为照明配电箱和动力配电箱两类,按其制造方式分为自制配电箱和成套配电箱。

(1)自制配电箱。自制配电箱有明式和暗式两种。配电箱由盘面和箱体两大部分组成,盘面的制作以整齐、美观、安全及便于检修为原则,箱体的尺寸主要取决于盘面的尺寸。由于盘面的方案较多,故箱体的大小也多种多样。

(2)成套配电箱。成套配电箱是制造厂按一定的配电系统方案进行生产的,用户只能根据制造厂提供的方案进行选用。成套配电箱的品种较多,应用较广。如用户有特殊要求,可向制造厂提出非标准设计方案。

2. 低压配电箱的安装

低压配电箱按安装方式不同可分为嵌墙式配电箱(分为明装配电箱和暗装配电箱)、悬挂式配电箱和落地式配电箱等。这里介绍使用较多的嵌墙式配电箱安装。

(1)嵌墙式配电箱的技术要求与工艺要点

① 安装高度除施工图上有特殊要求外,暗装时底口距地面为 1.4 m;明装时为 1.2 m,但对明暗电能表板均为 1.8 m。安装配电箱、板所需木砖、金具等均需在土建砌墙时预埋入墙内。

② 在 240 mm 厚的墙内暗装配电箱时,其后壁需用 10 mm 厚的石棉板及铅丝直径为

2 mm、孔洞为 10 mm 的铅丝网钉牢,再用 1:2 水泥砂浆涂好,以防开裂。另外,为了施工及检修方便,也可在盘后开门,以螺钉在墙上固定。为了美观应涂与粉墙颜色相同的调和漆。

③ 配电箱上装有计量仪表、互感器时,二次导线的使用截面积应不小于 1.5 mm²。

④ 配电箱后面的布线需排列整齐、绑扎成束,并用卡钉紧固在盘板上。盘后引出及引入的导线,其长度应留出适当的余量,以利于检修。

⑤ 为了加强盘后布线的绝缘性和便于维修时辨认,导线均需按相位颜色套上软塑料管,L1 相用黄色、L2 相用绿色、L3 相用红色,中性线用黑色。

⑥ 导线穿过盘面时,木盘需用瓷管头,铁盘需装橡皮护圈。工作零线穿过木盘时可不加瓷管头,只套以塑料管。

⑦ 配电箱上的刀开关、熔断器等设备,上端接电源,下端接负载。

⑧ 末端配电箱的零线系统应重复接地,重复接地应加在引入线处。零母线在配电箱上不得串接。

(2) 嵌墙式配电箱安装实例

① 嵌入式安装。将配电箱的箱体完全嵌入到墙内,如图 3-40(a)所示。一般是在预埋线管工作结束后,将配电箱箱体嵌入墙内,然后在箱体四周填充水泥砂浆,嵌入式安装外观较美观,使用较多。

② 半嵌入式安装。将配电箱的箱体一半嵌入墙内,另一半露在墙外,如图 3-40(b)所示。一般是在墙壁厚度不能满足嵌入式安装时使用。

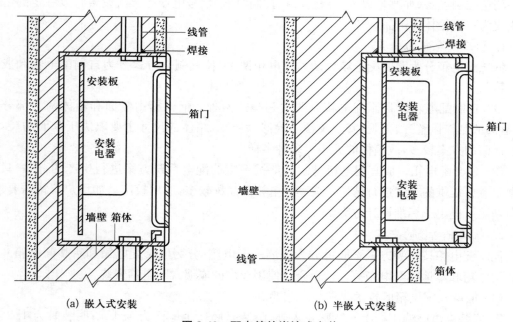

(a) 嵌入式安装　　　　　　　　(b) 半嵌入式安装

图 3-40　配电箱的嵌墙式安装

知识考核

一、判断题

1. 三相交流母线油漆颜色 U 黄、V 绿、W 红。（　　）
2. 负荷开关主要用于通断电路负荷电流。（　　）
3. 绝缘导线穿入金属管内接头不能超过一个,并应用绝缘胶带或绝缘胶布包扎好。（　　）
4. 当配电线穿越墙壁或楼板时,均应采用套管保护。（　　）
5. 同一回路的各相绝缘导线和电线,可穿入同一根管内。（　　）
6. 为了保证铜芯导线接头质量,必须采用焊接、压管压接。（　　）
7. 220 V 白炽灯电路,相线必须先经过开关再进入照明灯具。（　　）
8. 在单相负荷的接地线和接零线上不能设熔断器。（　　）
9. 螺口灯头中间的弹簧片必须与中性线相连接。（　　）
10. 在三相照明线路中,当各相负荷额定电压等于线电压 1/3 时,负荷作△联结。（　　）
11. 对截面为 10 mm² 及以上多股导线连接时,应先将导线接头处拧紧搪锡再进行连接。（　　）
12. 配电箱内装设螺旋式熔断器,电源相线应接在熔断器螺纹端上。（　　）
13. 易燃、易爆、多尘场所不应装设插头。（　　）
14. 白炽灯、荧光灯、高压汞灯都属气体放电光源。（　　）
15. 同样瓦数的荧光灯比白炽灯省电。（　　）
16. 硬塑管穿楼板处易受机械损伤,应加不低于 500 mm 的钢管保护。（　　）
17. 三孔插座下方两孔接电源线,左零右火,上面大孔接保护接地线。（　　）

二、选择题

1. 穿管铜芯塑料绝缘线管中允许有（　　）个接头。
   A. 2　　　　　　　 B. 1　　　　　　　 C. 0　　　　　　　 D. 不限
2. 铝芯塑料导线之间的连接应采用（　　）。
   A. 直接绞接　　　 B. 钳接管压接　　 C. 焊锡焊接
3. 车间内移动照明灯具的电压应采用（　　）。
   A. 36 V　　　　　 B. 110 V　　　　　 C. 220 V　　　　　 D. 380 V
4. 卤钨灯工作时灯管应（　　）安装。
   A. 垂直向上　　　 B. 水平　　　　　 C. 垂直向下　　　 D. 倾斜
5. 为了保护人身安全而将电气设备金属外壳接地称为（　　）。
   A. 工作接地　　　 B. 保护接地　　　 C. 保护接零
6. 开关安装位置应安全且便于操作,距地面高度在（　　）。
   A. 1 m　　　　　　 B. 1.7 m　　　　　 C. 1.4 m　　　　　 D. 2 m
7. 在恢复导线绝缘时,最常使用的是（　　）。
   A. 黄蜡带　　　　 B. 黑胶带　　　　 C. 塑料带　　　　 D. 玻璃布带
8. 单相用电设备为取得相电压而接的零线称为（　　）。
   A. 工作接零　　　 B. 保护接零　　　 C. 保护接地

9. 多股铜导线焊接连接用（　　）。

　　A. 气焊　　　　　　B. 电阻焊　　　　　C. 电弧焊　　　　　D. 锡焊

10. 三相交流母线应漆上颜色顺序为（　　）。

　　A. U 黄、V 绿、W 红　　　　　　　　　B. U 红、V 绿、W 黄

　　C. U 绿、V 黄、W 红

考核评分

各部分的考核成绩记入表 3-1 中。

表 3-1　模块三考核评分表　　　　　　　　　　　评分 _____

考 核 项 目	考 核 内 容	配分	每次考核得分	实得分
模块三知识考核	1. 掌握剖削绝缘导线及缠绕的知识 2. 掌握室内配线基本知识 3. 掌握照明灯及照明线路的基本知识 4. 了解动力线路的基本知识	30 分		
项目 4 技能考核	1. 掌握剖削绝缘导线的方法 2. 导线的缠绕方法应正确 3. 导线缠绕应整齐 4. 掌握导线绝缘层的恢复方法	40 分		
项目 5 技能考核	会正确进行多股导线的连接	20 分		
安全文明、团队合作	1. 严格遵守安全规程，操作规范，遵守纪律 2. 团队协作好，工作场地清洁、整理规范	10 分		

模块四　变压器的使用与维修

情境导入

变压器是一种常见的静止电气设备,它利用电磁感应原理,将某一数值的交变电压变换为同频率的另一数值的交变电压。变压器用途很广,最主要的用途是在整个电力系统中,通过升压变压器将发电站发出的电能升压后,经过高压输电线路远距离输送到用电区域,再经降压变压器将电压降低后,配送给低压用户。除此之外,变压器还广泛用于电气控制、电子技术、测试技术、焊接技术和家用电器等领域。因此,变压器是一种最常见、容量最大、使用最多的静止电气设备。

项目6　单相变压器的使用与测试

项目描述

在工农业生产、科技领域和日常生活中都要将 380 V/220 V 的交流电压降压后使用,如电子仪器、设备中的整流电源,各类充电电池的充电电源,各类设备的控制电源、照明、信号指示电源等。这就必须用单相变压器改变交流电压。

变压器是如何改变交流电压的? 如何正确使用变压器? 变压器的结构怎样? 如何进行检修? 通过本项目的学习,掌握变压器的基本工作原理与结构,会测量变压器的直流电阻、绝缘电阻,会判定变压器质量的好坏,会正确使用变压器。

学习目标

1. 了解变压器的基本工作原理及分类。
2. 掌握单相变压器的基本结构。
3. 理解变压器的运行原理与工作特点。
4. 具有常用变压器的应用知识。
5. 学习判断变压器的极性、接线方法及实际应用。
6. 学习变压器主要技术数据的测定方法。
7. 学习单相变压器的拆装、检修及试验。

实训操作 6

器材、工具、材料

序　号	名　　称	规　　格	单　位	数　量	备　注
1	单相变压器	380 V/220 V、500 V·A	台	1	
2	单相自耦调压器	0～250 V、1 kV·A	台	1	
3	交流电压表	0～450 V	块	1	
4	交流电流表	0～3 A	块	2	
5	单相功率表	150～600 V，1～2 A	块	1	低功率因数
6	万用表	500 型或 MF-30 型	块	1	
7	兆欧表	500 V	块	1	
8	交流毫伏表	0～500 mV～1 000 mV	块	1	
9	干电池	1.5～3 V	组	1	
10	白炽灯	220 V、100 W	盏	2	负载电阻 R
11	电工工具		套	1	

单相变压器的通用测试

1. 单相变压器绕组直流电阻的测定

单相变压器一次、二次绕组均由铜导线绕制而成，因此存在一定的直流电阻。测量变压器绕组的直流电阻可以确定哪一组绕组为高压侧，哪一组绕组为低压侧，同时也可初步判定变压器绕组的好坏(有无开路或短路故障)。

操作方法：

将万用表旋钮置于 $R \times 1$ 挡，分别测量变压器一次绕组及二次绕组的直流电阻值 R_1 及 R_2 并记录如下：

$R_1 = $ ＿＿＿＿＿＿＿ Ω，$R_2 = $ ＿＿＿＿＿＿＿ Ω。

2. 变压器绕组绝缘电阻的测定

变压器绕组绝缘电阻的测定可用来判定变压器的绝缘性能，从而判定变压器质量的好坏。变压器绝缘电阻的测定用兆欧表进行，对电压为 380 V(或 220 V)的变压器，用 500 V 兆欧表进行测量，测得的绝缘电阻阻值均不能低于 0.5 MΩ。

操作方法：

(1) 在测量前首先应检查兆欧表的好坏，办法是先将兆欧表的 L 端和 E 端开路，手摇兆欧表手柄，兆欧表指针应逐步指向∞，再将 L 和 E 两端短接，用手轻轻摇动兆欧表手柄，指针立即指零，说明该兆欧表良好。

（2）将兆欧表 L 接线柱上的接线接变压器一次绕组的一端,兆欧表 E 接线柱上的接线接铁心(应清除铁心上的绝缘部分),匀速摇动兆欧表手柄,使转速在 120 r/min 左右,摇动 1 min 后读取变压器一次绕组与铁心间的绝缘电阻值,将数据记录于表 4-1 中。同样测量变压器二次绕组与铁心间的绝缘电阻值及一次、二次绕组间的绝缘电阻值分别记录于表 4-1 中。

表 4-1 变压器绝缘电阻值

项 目	一次绕组对铁心	二次绕组对铁心	一次、二次绕组间
绝缘电阻/MΩ			

3. 变压器电压比的测定——空载运行

将单相变压器的低压侧 u1、u2 作为一次绕组接电源,高压侧 U1、U2 作为二次绕组,空载,如图 4-1 所示。

（1）按图 4-1 进行接线,220 V 交流电压经自耦调压器 T 加到被试单相变压器低压侧,将调压器手柄置零位。

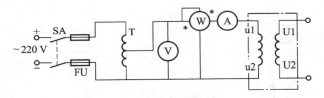

图 4-1 变压器空载试验电路图

（2）合上电源开关 SA,使变压器空载运行,旋动调压器手柄,使加在单相变压器低压侧的电压为额定电压 220 V,分别测量一次电压 U_1 和对应的 U1、U2 两端的电压 U_2(用万用表电压挡测),电流表读数和功率表读数,记录于表 4-2 中,算出电压比 K,空载功率 P。

表 4-2 单相变压器电压比的测定

U_1/V	U_2/V	I/A	P/W

4. 变压器电流比的测定——负载运行

按图 4-2 接线,合上电源开关 SA1,断开开关 SA2,使变压器空载运行,旋动调压器手柄,使加在单相变压器低压侧的电压分别为额定电压 220 V,合上开关 SA2,使变压器负载运行,测量 U_1、U_2、I_1、I_2,记录于表 4-3,并求变比 K。

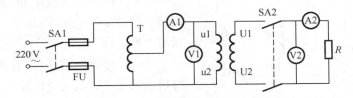

图 4-2 变压器负载运行试验电路图

表 4-3　单相变压器电压比、电流比的测定

U_1/V	I_1/A	U_2/V	I_2/A	K

单相变压器同名端的判定

对于一台已经制成的变压器,无法从外部观察其绕组的绕向,因此无法辨认其同名端,此时可用实验的方法进行测定,测定的方法有交流法和直流法两种。

1. 交流法

如图 4-3 所示,将一次、二次绕组各取一个接线端连接在一起,如图中的 2(即 U2)和 4(即 u2),并在一个绕组上(图中为 N_1 绕组)加一个较低的交流电压 u_{12},再用交流电压表分别测量 U_{12}、U_{13}、U_{34} 各值,若测量结果为 $U_{13}=U_{12}-U_{34}$,则说明 N_1、N_2 绕组为反极性串联,故 1 和 3 为同名端。若 $U_{13}=U_{12}+U_{34}$,则 1 和 4 为同名端。

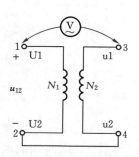

图 4-3　交流法测定绕组的同名端

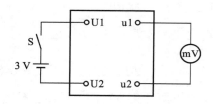

图 4-4　直流法测定绕组的同名端

2. 直流法

用 1.5 V 或 3 V 的直流电源,按图 4-4 所示连接,直流电源接在高压绕组 U1、U2 两端,而直流毫伏表接在低压绕组两端。当开关 S 合上的一瞬间,如毫伏表指针向正方向摆动,则接直流电源正极的端子与接直流毫伏表正极的端子为同名端。

操作方法:

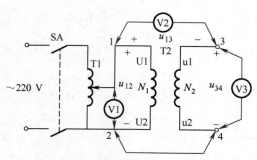

图 4-5　测定同名端的交流法

本实训用交流法进行测定,最后可用直流法进行复核。

(1)按图 4-5 连接电路,将自耦调压器的旋转手柄置于"0"位,然后合上电源开关 SA,接通电源。

(2)转动调压器手柄,在单相变压器一次绕组上加几十伏的交流电压 u_{12},再用交流电压表分别测量 U_{12}、U_{13}、U_{34} 各值,如果测量结果为：$U_{13} = U_{12} - U_{34}$，则说明 N_1、N_2 绕组为反极性串联，故 1 和 3 为同名端。如果 $U_{13} = U_{12} + U_{34}$，则 1 和 4 为同名端。将电压 U_{12}、U_{13}、U_{34} 的测量值记录于表 4-4 中，并据此判定同名端。

表 4-4 变压器同名端测定

U_{12}/V	U_{13}/V	U_{34}/V	同名端

> **相关知识**

变压器是一种常见的静止电气设备，它利用电磁感应原理，将某一数值的交变电压变换为同频率的另一数值的交变电压。变压器不仅用于电力系统中电能的传输、分配，而且广泛用于电气控制、电子技术、测试技术及焊接技术等领域。

课题一　变压器的基本工作原理及结构

一、变压器的基本工作原理

图 4-6 所示为单相变压器原理图。变压器的主要部件是铁心和绕组。两个互相绝缘且匝数不同的绕组分别套装在铁心上，两绕组间只有磁的耦合而没有电的联系，其中接电源 u_1 的绕组称为一次绕组（俗称原绕组、初级绕组），用于接负载的绕组称为二次绕组（俗称副绕组、次级绕组）。

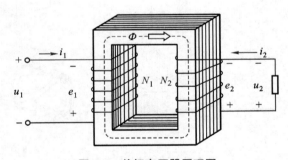

图 4-6 单相变压器原理图

一次绕组加上交流电压 u_1 后，绕组中便有电流 i_1 通过，在铁心中产生与 u_1 同频率的交变磁通 Φ，根据电磁感应原理，将分别在两个绕组中感应出电动势 e_1 和 e_2

$$e_1 = -N_1 \frac{\Delta\Phi}{\Delta t} \tag{4-1}$$

$$e_2 = -N_2 \frac{\Delta\Phi}{\Delta t} \tag{4-2}$$

式中，负号表示感应电动势总是阻碍磁通的变化。若把负载接在二次绕组上，则在电动势 e_2 的作用下，有电流 i_2 流过负载，实现了电能的传递。由上式可知，一次、二次绕组感应电动势的大小（近似于各自的电压 u_1 及 u_2）与绕组匝数成正比，故只要改变一次、二次绕组的匝数，就可达到改变电压的目的，这就是变压器的基本工作原理。

二、变压器的分类

变压器种类很多,通常可按其用途、绕组结构、铁心结构、相数、冷却方式等进行分类。图 4-7 所示为常用变压器的外形图。

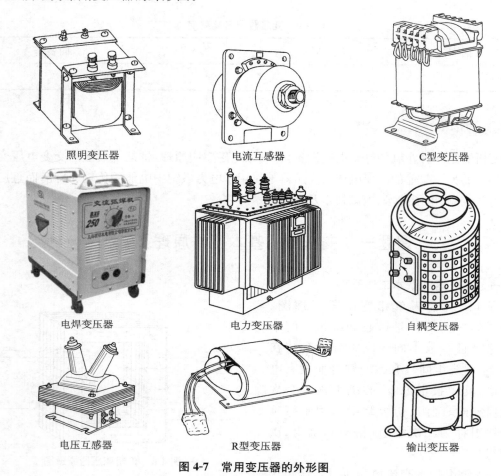

图 4-7 常用变压器的外形图

1. 按用途分类

(1) 电力变压器。用作电能的输送与分配,这是生产数量最多、使用最广泛的变压器。按其功能不同又可分为升压变压器、降压变压器、配电变压器等。电力变压器的容量从几十千伏安至几十万千伏安,电压等级从几百伏至几百千伏。

(2) 特种变压器。在特殊场合使用的变压器,如作为焊接电源的电焊变压器;专供大功率电炉使用的电炉变压器;将交流电整流成直流电时使用的整流变压器等。

(3) 仪用互感器。用于电工测量中,如电流互感器、电压互感器等。

(4) 控制变压器。容量一般比较小,用于小功率电源系统和自动控制系统,如电源变压器、输入变压器、输出变压器、脉冲变压器等。

(5) 其他变压器。如试验用的高压变压器;输出电压可调的调压变压器;产生脉冲信号的脉冲变压器;压力传感器中的差动变压器等。

2．按绕组构成分类

有双绕组变压器、三绕组变压器、多绕组变压器和自耦变压器等。

3．按铁心结构分类

有叠片式铁心、卷制式铁心和非晶合金铁心。

4．按相数分类

有单相变压器、三相变压器和多相变压器。

5．按冷却方式分类

有干式变压器、油浸自冷变压器、油浸风冷变压器、强迫油循环变压器、箱式变压器、树脂浇注变压器及充气式变压器等。

三、单相变压器的基本结构

单相变压器的外形结构如图 4-8 所示。单相变压器主要由铁心和绕组（又称线圈）两部分组成。

动画：变压器
基本结构

(a) 心式变压器　　　　(b) 壳式变压器　　　　(c) C型变压器

图 4-8　单相变压器的外形结构

1．铁心

铁心构成变压器磁路系统，并作为变压器的机械骨架。变压器铁心按其制作工艺的不同可分叠片铁心和卷制铁心，如图 4-9 所示。由于卷制铁心制作工艺过程简单，因而正在迅速普及。叠片铁心由铁心柱和铁轭两部分组成，铁心柱上套装变压器绕组，铁轭起连接铁心柱使磁路闭合的作用。对铁心的要求是导磁性能要好，磁滞损耗及涡流损耗要尽量小，因此目前大多采用 0.35 mm 以下冷轧晶粒取向硅钢片制作，其铁损耗低，且铁心叠装系数高。随着科学技术的进展，目前已开始采用铁基、铁镍基、钴基等非晶带材料来制作变压器的铁心，这类铁心具有体积小、效率高、节能等优点，很有发展前途。

变压器根据铁心结构分为心式变压器、壳式变压器和卷制式（C 型）变压器，如图 4-8 所示。为了减小铁心磁路的磁阻以减小铁心损耗，要求叠片铁心装配时，接缝处的空气隙应越小越好。

2．绕组（线圈）

变压器的线圈通常称为绕组，它是变压器中的电路部分，小变压器一般用具有绝缘的漆包圆铜线绕制而成，对容量稍大的变压器则用扁铜线或扁铝线绕制。

在变压器中，接到高压电网的绕组称为高压绕组，接到低压电网的绕组称为低压绕组。

按高压绕组和低压绕组的相互位置和形状不同,绕组可分为同心式和交叠式两种。广泛使用的是同心式绕组,它是将高、低压绕组同心地套装在铁心柱上,如图 4-10 所示。通常是接电源的高压绕组绕在里层,绕完后包上绝缘材料再绕低压绕组,一次、二次绕组呈同心式结构。同心式绕组结构简单、制造容易,小型电源变压器、控制变压器、低压照明变压器等均采用这种结构。

(a) 叠片铁心	(b) 卷制铁心	

图 4-9　单相变压器铁心的结构　　　　图 4-10　同心式绕组

课题二　变压器的运行原理

一、变压器的空载运行——电压变换

变压器一次绕组接在额定频率和额定电压的电网上,而二次绕组开路,即 $I_2 = 0$ 的工作方式称变压器的空载运行,如图 4-11(a)所示。

动画:变压器
工作原理

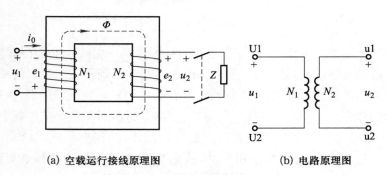

(a) 空载运行接线原理图　　　　(b) 电路原理图

图 4-11　单相变压器的空载运行

下面分析变压器空载运行时,各物理量间的关系。

空载时,在外加交流电压 u_1 作用下,一次绕组中通过的电流称空载电流 i_0,在电流 i_0 的作用下,铁心中产生交变磁通 Φ(称为主磁通),主磁通同时穿过一次、二次绕组,分别在其中产生感应电动势 e_1 和 e_2,其大小用式(4-1)及式(4-2)计算。

通过数学分析可得感应电动势和磁通有如下关系:

在相位上,电动势 E 滞后于 Φ 90°;在数值上,E 的有效值为

$$E = 4.44Nf\Phi_{\mathrm{m}} \tag{4-3}$$

由此可得

$$E_1 = 4.44fN_1\Phi_{\mathrm{m}} \tag{4-4}$$

$$E_2 = 4.44fN_2\Phi_{\mathrm{m}} \tag{4-5}$$

式中，Φ_{m} 为交变磁通的最大值；N_1 为一次绕组匝数；N_2 为二次绕组匝数；f 为交流电的频率。

由式(4-4)及式(4-5)可得

$$\frac{E_1}{E_2} = \frac{N_1}{N_2}$$

如略去一次绕组中的阻抗不计，则外加电源电压 U_1 与一次绕组中的感应电动势 E_1 可近似看做相等，即 $U_1 \approx E_1$，而 U_1 与 E_1 的参考方向正好相反，即电动势 E_1 与外加电压 U_1 相平衡。

在空载情况下，由于二次绕组开路，故端电压 U_2 与电动势 E_2 相等，即 $U_2 = E_2$。

因此

$$U_1 \approx E_1 = 4.44fN_1\Phi_{\mathrm{m}} \tag{4-6}$$

$$U_2 = E_2 = 4.44fN_2\Phi_{\mathrm{m}} \tag{4-7}$$

及

$$\frac{U_1}{U_2} \approx \frac{E_1}{E_2} = \frac{N_1}{N_2} = K_u = K \tag{4-8}$$

式中，K_u 称为变压器的变压比，简称变比(也可用 K 来表示)，它是变压器最重要的参数之一。

由式(4-8)可见：变压器一次、二次绕组的电压与一次、二次绕组的匝数成正比，也即变压器有变换电压的作用。

由式(4-6)可见：对某台变压器而言，f 及 N_1 均为常数，因此当加在变压器上的交流电压有效值 U_1 恒定时，则变压器铁心中的磁通 Φ_{m} 基本上保持不变。这个恒磁通的概念很重要，在以后的分析中经常会用到。

变压器的电路原理图如图 4-11(b)所示。其中，一次绕组的两个接线端用"U1"、"U2"表示，二次绕组的两个接线端用"u1"、"u2"表示。

例 4-1 低压照明变压器一次绕组匝数 $N_1 = 880$ 匝，一次电压 $U_1 = 220$ V，现要求二次电压 $U_2 = 36$ V，求二次绕组匝数 N_2 及变比 K_u。

解：由式(4-8)可得

$$N_2 = \frac{U_2}{U_1}N_1 = \frac{36}{220} \times 880 \text{ 匝} = 144 \text{ 匝}$$

$$K_u = \frac{U_1}{U_2} = \frac{220}{36} = 6.1$$

通常把 $K_u > 1$(即 $U_1 > U_2$)的变压器称为降压变压器；$K_u < 1$(即 $U_1 < U_2$)的变压器称

为升压变压器。

二、变压器的负载运行——电流变换

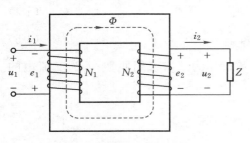

图 4-12 单相变压器的负载运行

变压器一次绕组接额定电压,二次绕组与负载相连的运行状态称为变压器的负载运行,如图 4-12 所示。此时二次绕组中有电流 i_2 通过,由于该电流是依据电磁感应原理由一次绕组感应而产生,因此一次绕组中的电流也由空载电流 i_0 变为负载电流 i_1。

一般变压器的效率都很高,通常可近似将变压器的输出功率 P_2 与输入功率 P_1 视为基本相等,即

$$U_1 I_1 \approx U_2 I_2 \tag{4-9}$$

则

$$\frac{I_1}{I_2} = \frac{U_2}{U_1} \approx \frac{N_2}{N_1} = \frac{1}{K_u} = K_i \tag{4-10}$$

式中,K_i 称为变压器的变流比。

式(4-10)表明,变压器一次、二次电流与一次、二次绕组的匝数成反比,即变压器也有变换电流的作用,且电流的大小与匝数成反比。

例 4-2 若例 4-1 中的变压器流过二次绕组的电流 $I_2 = 1.7$ A,求一次绕组中的电流 I_1。

解 由式(4-10)可得

$$I_1 = \frac{I_2}{K_u} = \frac{1.7}{6.1} \text{A} = 0.28 \text{ A}$$

由式(4-10)可知:变压器的高压绕组匝数多,而通过的电流小,因此绕组所用的导线细;反之低压绕组匝数少,通过的电流大,所用的导线较粗。

三、变压器的运行特性

要正确、合理地使用变压器,必须了解变压器在运行时的性能特性和运行指标,其中最主要的是它的外特性和效率。

1. 变压器的外特性及电压变化率

变压器在运行时,其二次电流 I_2 将随负载的变化而不断的发生变化。而从保证供电的质量出发,又希望在输出电流 I_2 变化时,变压器的输出电压 U_2 尽量保持不变。通常用变压器的外特性来描述输出电压 U_2 随负载电流 I_2 的变化而变化的情况。

当一次电压 U_1 和负载的功率因数 $\cos\varphi_2$ 一定时,二次电压 U_2 与负载电流 I_2 的关系,称为变压器的外特性。它可以通过实验求得。功率因数不同时的几条外特性绘于图 4-13 中,可以看出,当 $\cos\varphi_2 = 1$ 时,U_2 随 I_2 的增加而下降得并不多;当 $\cos\varphi_2$ 降低时,即在感性负载时,U_2 随 I_2 增加而下降的程度加大,这是因为滞后的无功电流对三相电力变压器磁路中的主磁通的去磁作用更为显著,而使 E_1 和 E_2 有所下降的缘故;但当 $\varphi_2 > 0$ 时,即在容性

负载时,超前的无功电流有助磁作用,主磁通会有所增加,E_1 和 E_2 亦相应加大,使得 U_2 会随 I_2 的增加而提高。以上叙述表明,负载的功率因数对变压器外特性的影响是很大的。

在图 4-13 中,纵坐标用 U_2/U_{2N} 之值表示,而横坐标用 I_2/I_{2N} 之值表示,这样做是为了适用于不同容量和不同电压的三相电力变压器。

一般情况下,变压器的负载大多数是感性负载,因而当负载电流 I_2 增加时,输出电压 U_2 总是下降的,其下降的程度常用电压变化率来描述。当变压器从空载到额定负载($I_2 = I_{2N}$)运行时,二次电压的变化值 ΔU 与空载电压(额定电压)U_{2N} 之比的百分值称为变压器的电压变化率,用 $\Delta U\%$ 来表示。

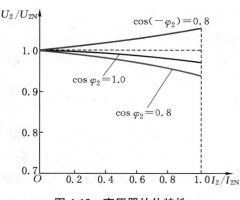

图 4-13 变压器的外特性

$$\Delta U\% = \frac{U_{2N} - U_2}{U_{2N}} \times 100\% \tag{4-11}$$

式中,U_{2N} 为变压器空载时的二次电压(称为额定电压);U_2 为变压器输出额定电流时的二次电压。

电压变化率反映了供电电压的稳定性,是变压器的一个重要性能指标。$\Delta U\%$ 越小,说明变压器的二次电压越稳定,因此,变压器的 $\Delta U\%$ 越小越好。常用的三相电力变压器从空载到满载,电压变化率约为 $3\% \sim 5\%$。

例 4-3 某台供电电力变压器将 $U_{1N} = 10\,000$ V 的高压降压后对负载供电,要求该电力变压器在额定负载下的输出电压为 $U_2 = 380$ V,该电力变压器的电压变化率 $\Delta U\% = 5\%$,求该电力变压器二次绕组的额定电压 U_{2N} 及变比 K。

解:由式(4-11)可得

$$\Delta U\% = \frac{U_{2N} - 380 \text{ V}}{U_{2N}} \times 100\% = 5\%$$

则
$$U_{2N} = 400 \text{ V}$$

$$K = \frac{U_{1N}}{U_{2N}} = \frac{10\,000}{400} = 25$$

在后面介绍电力变压器铭牌时就能理解,为什么给额定线电压为 380 V 的负载供电时,三相电力变压器二次绕组的额定电压不是 380 V,而是 400 V。

2. 变压器的损耗及效率

变压器在传输电能的过程中,不可避免地要产生损耗,变压器从电源输入的有功功率 P_1 和向负载输出的有功功率 P_2 可分别用下式计算

$$P_1 = U_1 I_1 \cos \varphi_1 \tag{4-12}$$

$$P_2 = U_2 I_2 \cos \varphi_2 \tag{4-13}$$

两者之差为变压器的损耗 ΔP，它包括铜损耗 P_{Cu} 和铁损耗 P_{Fe} 两部分，即

$$\Delta P = P_{Cu} + P_{Fe} \tag{4-14}$$

铜损耗指电流在一次和二次绕组上的发热损耗，铁损耗指交变磁通在铁心中的磁滞及涡流损耗。

变压器的输出功率 P_2 与输入功率 P_1 之比称为变压器的效率 η，即

$$\eta = \frac{P_2}{P_1} \times 100\% = \frac{P_2}{P_2 + \Delta P} \times 100\% = \frac{P_2}{P_2 + P_{Cu} + P_{Fe}} \times 100\% \tag{4-15}$$

由于变压器没有旋转部件，不像电机那样有机械损耗存在，因此变压器的效率一般都比较高。特别是在三相电力变压器中，我国大力推广高效节能低耗损三相电力变压器，中、小型的效率在 95% 以上，大型三相电力变压器效率可达 99% 以上。理论分析及实践均证明，当变压器的铜损耗 P_{Cu} 和铁损耗 P_{Fe} 相等时，变压器的效率 η 最高。我国目前大量生产的高效节能低耗损三相电力变压器 S9、S11、S13 系列最高效率均出现在负载为该变压器额定负载的 30%～50% 时，也就是说，该类变压器工作在其额定负载的 30%～50% 时最节能。

课题三　常用变压器简介

一、自耦变压器

1. 自耦变压器结构特点及用途

前面叙述的变压器，其一次、二次绕组是分开绕制的，它们虽装在同一铁心上，但相互之间是绝缘的，即一次、二次绕组之间只有磁的耦合，而没有电的直接联系。这种变压器称为双绕组变压器。如果把一次、二次绕组合二为一，使二次绕组成为一次绕组的一部分，这种只有一个绕组的变压器称为自耦变压器，如图 4-14 所示。可见，自耦变压器的一次、二次绕组之间除了有磁的耦合外，还有电的直接联系。自耦变压器的变压原理与普通变压器相同，即

$$\frac{U_1}{U_2} = \frac{N_1}{N_2} = K_u = K$$

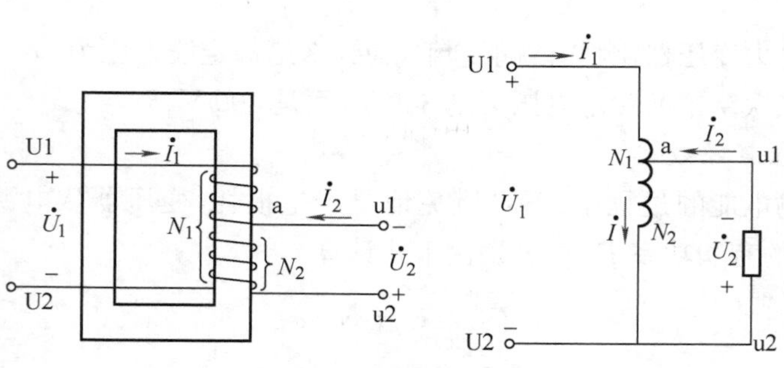

图 4-14　自耦变压器的工作原理

改变抽头的位置,就可以改变输出电压 U_2 的大小。

由上面的分析可知,自耦变压器可节省铜和铁的消耗量,从而减小变压器的体积、重量、降低制造成本。在高压输电系统中,自耦变压器主要用来连接两个电压等级相近的电力网,作联络变压器之用。实训室常用具有滑动触点的自耦调压器获得可任意调节的交流电压。此外,自耦变压器还常用做异步电动机的启动补偿器,对电动机进行降压启动。

自耦变压器的缺点在于:一次、二次绕组的电路直接连在一起,造成高压侧的电气故障会波及低压侧,这是很不安全的。因此,要求自耦变压器在使用时必须正确接线,且外壳必须接地,并规定安全照明变压器不允许采用自耦变压器结构形式。

自耦变压器不仅用于降压,也可作为升压变压器。

2. 自耦调压器

如果把自耦变压器的抽头做成滑动触点,就可构成输出电压可调的自耦变压器。为了使滑动接触可靠,这种自耦变压器的铁心做成圆环形,其上均匀分布绕组,滑动触点由碳刷构成,由于其输出电压可调,因此称为自耦调压器,如图 4-15 所示。

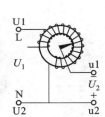
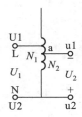

(a) 外形图　　　　　(b) 电路原理图

图 4-15　自耦调压器

图 4-16　三相自耦调压器

自耦变压器的一次绕组匝数 N_1 固定不变,并与电源相连,一次绕组的另一端点 U2 和滑动触点 a 之间的绕组 N_2 就作为二次绕组。当滑动触点 a 移动时,输出电压 U_2 随之改变,这种调压器的输出电压 U_2 可低于一次电压 U_1,也可稍高于一次电压。如实训室中常用的单相调压器,一次电压 $U_1 = 220\text{ V}$,二次电压 $U_2 = 0 \sim 250\text{ V}$,在使用时要注意:一次、二次绕组的公共端 U2 或 u2 接中性线 N,U1 端接电源相线 L(火线),u1 端和 u2 端作为输出。此外还必须注意自耦调压器在接电源之前,必须把手柄转到零位,使输出电压为零,以后再慢慢顺时针转动手柄,使输出电压逐步上升。

以上介绍的是在单相交流电源上使用的单相自耦调压器,如果把三个单相自耦调压器叠合起来,通过一根轴(及手柄)集中控制,就构成可以在三相交流电源上使用、用于调节三相交流电压大小的三相自耦调压器,在实验室内中应用较多,如图 4-16 所示。

二、仪用互感器

电工仪表中的交流电流表一般可直接用来测量 20 A 以下的电流,交流电压表可直接用于测量 450 V 以下的电压。而在实践中有时往往需测量几百安、几千安的大电流及几千伏、几万伏的高电压,此时必须加接仪用互感器。

仪用互感器是作为测量用的专用设备,分电流互感器和电压互感器两种,它们的工作原理与变压器相同。

使用仪用互感器的目的有:一是为了测量人员的安全,使测量回路与高压电网相互隔离;二是扩大测量仪表(电流表及电压表)的测量范围。

仪用互感器除用于交流电流及交流电压的测量外,还用于各种继电保护装置的测量系统,因此仪用互感器的应用很广,下面分别介绍。

1. 电流互感器

在电工测量中用来按比例变换交流电流的仪器称为电流互感器。

电流互感器的基本结构形式及工作原理与单相变压器相似,它也有两个绕组:一次绕组串联在被测的交流电路中,流过的是被测电流 I,它一般只有一匝或几匝,用粗导线绕制;二次绕组匝数较多与交流电流表(或电能表)相接,如图 4-17 所示。图 4-18 所示为电流互感器外形图。

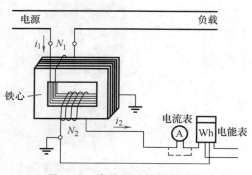

图 4-17　电流互感器接线原理

图 4-18　电流互感器外形图

由变压器工作原理可得

$$\frac{I_1}{I_2} = \frac{N_2}{N_1} = K_i$$

故
$$I_1 = K_i I_2 \tag{4-16}$$

K_i 称为电流互感器的额定电流比,标在电流互感器的铭牌上,只要读出接在电流互感器二次电流表的读数,则一次电路的待测电流就很容易从式(4-16)中得到。一般二次电流表用量程为 5 A 的仪表。只要改变接入的电流互感器的变流比,就可测量大小不同的一次电流。在实际应用中,与电流互感器配套使用的电流表已换算成一次电流,其标度尺即按一次电流分度,这样可以直接读数,不必再进行换算。例如,按 5 A 制造的但与额定电流比 600 A/5 A 的电流互感器配套使用的电流表,其标度尺即按 600 A 分度。

使用电流互感器时必须注意以下事项:

(1) 电流互感器的二次绕组绝对不允许开路。因此在一次电路工作时如需检修或拆换电流表、电能表的电流线圈，必须先将电流互感器的二次绕组短接。

（2）电流互感器的铁心及二次绕组一端必须可靠接地，如图4-17所示，以防止绝缘击穿后电力系统的高压危及工作人员及设备的安全。

例4-4　有一台三相异步电动机，型号为Y2-280S-4，额定电压380 V，额定电流140 A，额定功率75 kW，试选择电流互感器规格，并计算流过电流表的实际电流。

解：为了测量准确，又考虑到电动机允许可能出现的短时过负载等因素，应使被测电流大致为满量程的1/2～3/4，因此选择电流互感器额定电流为200 A。变流比为

$$K_i = \frac{200}{5} = 40$$

流过电流表的电流I_2可由式（4-16）计算得到

$$I_2 = \frac{I_1}{K_i} = \frac{140}{40} \text{ A} = 3.5 \text{ A}$$

利用互感器原理制造的便携式钳形电流表有指针式和数字式两种，如图4-19所示。其闭合铁心可以张开，将被测载流导线钳入铁心窗口中，被测导线相当于电流互感器的一次绕组，铁心上绕二次绕组，与测量仪表相连，可直接读出被测电流的数值。其优点是测量线路电流时不必断开电路，使用方便。目前生产的便携式钳形电流表不光有测量交流电流的功能，常常还具有万用表的某些功能，如还可用来测量交直流电压、电阻等，这样使测量更方便。

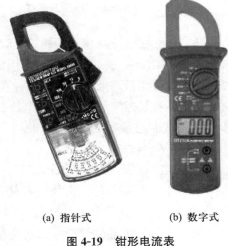

(a) 指针式　　　　(b) 数字式

图4-19　钳形电流表

使用钳形电流表时应注意使被测导线处于窗口中央，否则会增加测量误差；不知电流大小时，应将选挡开关置于大量程上，以防损坏表头；如果被测电流过小，可将被测导线在钳口内多绕几圈，然后将读数除以所绕匝数；使用时还要注意安全，保持与带电部分的安全距离，如被测导线的电压较高时，还应戴绝缘手套和使用绝缘垫。

与变压器一样，式（4-16）仅是一个近似计算公式，即用电流互感器进行电流测量时存在一定的误差，根据误差的大小，电流互感器分下列各级：0.2、0.5、1.0、3.0、10.0。例如，0.5级的电流互感器表示在额定电流时，测量误差最大不超过±0.5%。电流互感器的精确度等级越高，测量误差越小，但价格越贵。

2. 电压互感器

在电工测量中用来按比例变换交流电压的仪器称为电压互感器，如图4-20所示。电压互感器的基本结构形式及工作原理与单相变压器很相似。其一次绕组（一次线圈）匝数为N_1，与待测电路并联；二次绕组（二次线圈）匝数为N_2，与电压表并联，如图4-21所示。其一次电压为U_1，二次电压为U_2，因此，电压互感器实际上是一台降压变压器，其

变压比 K_u 为

$$K_u = \frac{U_1}{U_2} = \frac{N_1}{N_2} \tag{4-17}$$

图 4-20　电压互感器

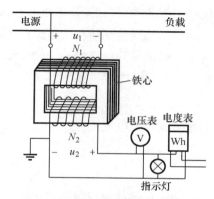

图 4-21　电压互感器接线原理

K_u 常标在电压互感器的铭牌上，只要读出二次电压表的读数，一次电路的电压即可由式(4-17)得出。一般二次电压表均用量程为 100 V 的仪表。只要改变接入的电压互感器的变压比，就可测量高低不同的电压。在实际应用中，与电压互感器配套使用的电压表已换算成一次电压，其标度尺即按一次电压分度，这样可以直接读数，不必再进行换算。例如，按 100 V 制造但与额定电压比为 10 000 V/100 V 电压互感器配套使用的电压表，其标度尺即按 10 000 V 分度。

使用电压互感器时必须注意以下事项：

（1）电压互感器的二次绕组在使用时绝不允许短路。若二次绕组短路，将产生很大的短路电流，导致电压互感器烧坏。

（2）电压互感器的铁心及二次绕组的一端必须可靠地接地，如图 4-21 所示，以保证工作人员及设备的安全。

例 4-5　某高压大电流电路用变压比为 10 000 V/100 V 的电压互感器，变流比为 100 A/5 A 的电流互感器扩大量程，其电流表读数为 4.0 A，电压表读数为 86 V，试求被测电路的电流、电压各为多少？

解：因为电流互感器负载电流等于电流表读数乘上电流互感器电流比，即

$$I_1 = \frac{N_2}{N_1}I_2 = K_i I_2 = \frac{100}{5} \times 4.0 \text{ A} = 80 \text{ A}$$

而电压互感器所测电压等于电压表读数乘上电压比，即

$$U_1 = \frac{N_1}{N_2}U_2 = K_u U_2 = \frac{10\,000}{100} \times 86 \text{ V} = 8\,600 \text{ V}$$

被测电路的电流为 80 A，电压为 8 600 V。

项目7 单相变压器的检修

项目描述

　　单相变压器在使用中,经常会出现故障,而最常见的故障就是变压器绕组损坏,包括绕组本身断路、短路、烧损等。其处理的办法:对于很小的变压器则是报损,更换新品;对于几十伏安以上的变压器,一般是将变压器铁心与绕组解体后,重新绕制新绕组,再进行装配、测试与安装。因此,掌握单相变压器的检修技能,对一个电气工作者来说是非常重要的。另外,铁心电抗器、镇流器、电风扇调速器等的检修也与此相仿。

　　本项目训练单相变压器的大修工艺与检修技能,包括单相变压器铁心的拆除、绕组的绕制工艺等。

学习目标

　　1. 会正确选用仪器、仪表对单相变压器进行各种参数测量,从而判定该变压器好坏。

　　2. 会正确拆除单相变压器的铁心、绕组上的铜线,完好地取出绕组骨架。

　　3. 会正确绕制单相变压器的新绕组。

　　4. 会正确装配好修复后的单相变压器。

　　5. 会对修复后的单相变压器进行检测,判定检修质量的优劣。

实训操作7

器材、工具、材料

序 号	名 称	规 格	单 位	数 量	备 注
1	待修单相变压器	约 100 V·A	台	1	
2	交流电压表	59L1-V　150～300 V	块	1	
3	手摇绕线机		台	1	
4	漆包铜线	由待修变压器规格而定	适量		
5	绝缘材料		适量	1	
6	兆欧表	ZC11-3　500 V	块	1	
7	指针式万用表	MF47	块	1	
8	木芯		个	1	自制
9	电工工具		套	1	
10	电烙铁	45 W、220 V	把	1	
11	其他工具材料				

单相变压器的检修

1. 单相变压器的拆卸

现以壳式变压器 E 形铁心为例,这是见得最多的一种结构形式。单相变压器的外形图如图 4-22 所示。

(1) 将铁心四周的紧固螺钉拆去,用电工刀将铁心片撬松。

铁心

绕组

图 4-22　单相变压器的外形图

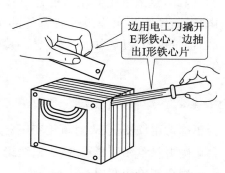

边用电工刀撬开 E 形铁心,边抽出 I 形铁心片

图 4-23　铁心的拆卸

(2) 将变压器置于工作台上或将其下部铁心夹在台虎钳上(要垫木板,避免损伤铁心),右手用电工刀撬开 E 形铁心,左手逐片取出铁心上部的 I 形铁心片,如图 4-23 所示。上端取完后,再反过来取下端的 I 形铁心片。

(3) 如图 4-24(a)所示,在变压器的下方垫一木块,铁心外边缘伸出几片硅钢片,然后在上面用断锯条对准舌片,用锤子轻轻敲打,将硅钢片冲出几片。

(4) 如图 4-24(b)所示,将冲出的几片硅钢片用台虎钳夹紧,然后用手抱住上面的铁心,沿两侧摇动,慢慢将硅钢片移出。

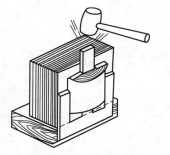
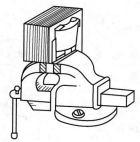

(a) 用断锯条冲铁心舌片　　　　(b) 用台虎钳夹住硅钢片

图 4-24　拆除 E 形铁心

(5) 将绕组内部的铁心片全部拆除。

(6) 如绕组的框架完好的话,则可将损坏的绕组上的漆包线拆除,拆除时要记下线圈的

匝数及漆包线的直径,备用。留下完整的框架作重绕之用。如框架已损坏,则用弹性纸板照原尺寸制作新框架。

2. 单相变压器绕组的重绕

(1)导线的选择。可根据旧绕组上注明的参数或按拆除下来的旧绕组测量其线径规格来选取漆包铜线的型号及规格。

(2)绝缘材料的选择。应按绕组的工作电压和绕线时线圈允许的总厚度合理选用。通常同一绕组层与层之间的绝缘要求较低(电压较低),可用电话纸或电容器纸;如要求较高也可用厚 0.04 mm 的聚酯薄膜。绕组与绕组之间的绝缘一般用聚酯薄膜、聚四氟乙烯薄膜或玻璃漆布,绕组最外层的绝缘可用聚酯薄膜青壳纸。

(3)绕组框架制作。如果拆除旧绕组后框架完好,如图 4-25 所示,则可用原框架绕线;如果框架已损坏,则需制作新框架。框架一般用厚约 1 mm 的弹性纸板制作。

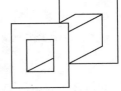

图 4-25 绕组框架

(4)木芯制作。木芯的作用是穿在绕线机轴上,用以支承绕组的骨架,骨架套在木芯外面,以方便绕线,木芯的尺寸应与绕组框架相配合,木芯中心孔必须钻垂直,孔径稍大于绕线机转轴的外径(一般孔径为 10 mm),如图 4-26 所示。木芯边角应用砂布磨成圆角,以方便木芯取出。

(5)按合适的宽度裁剪好各种绝缘纸带备用。

(6)将手摇式绕线机固定在工作台上,随后将框架穿入绕线机轴上,两端用木夹板固紧。将漆包铜线卷置于放线架上,能自由、轻松地转动,并放好线,如图 4-27 所示。

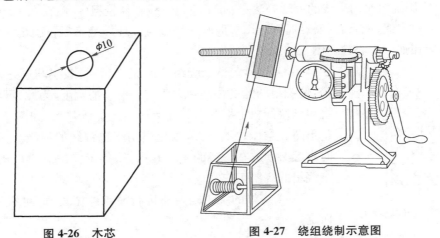

图 4-26 木芯　　　　　　**图 4-27 绕组绕制示意图**

(7)在绕组框架上包好绝缘层,然后在导线引线处压入一条绝缘带折条,以便能在绕了若干圈后抽紧起始的出线头,如图 4-28(b)所示。

(8)正式开始绕线时,要将绕线机上计数转盘的指针拨至零位,绕线时要求线圈绕得紧密、平整,不能出现线与线交叉或重叠。

(9)绕线要领。拿漆包铜线的左手应以工作台边缘为支承点,将漆包铜线稍微拉向绕组前进的反方向约 5°的倾角,右手转动绕线机手柄绕线,眼睛正视所绕的线圈,线圈应一圈紧靠一圈地排列,不得重叠或分开,随着线圈的绕制,拉线的左手应顺绕线前进的方向慢慢移动,拉力随漆包铜线线径的大小而变化,拉力应尽量小些,以免漆包铜线被拉断(特别是线径在 0.2 mm 以下时)。

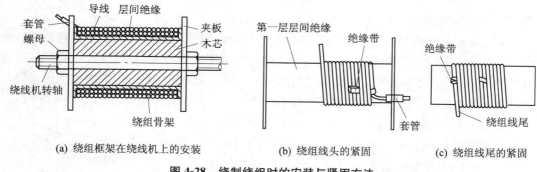

图 4-28　绕制绕组时的安装与紧固方法

(10)每绕完一层线圈应垫上层间绝缘材料,再返回绕第二层。一个绕组绕制接近结束时也要垫上一条绝缘带折条;待该绕组绕完,检查匝数无误且留一定引出线长度后剪断导线,将剪断后的线头穿入折条缝中,再抽紧绝缘带,如图 4-28(c)所示,该绕组即绕制完毕。绕组绕好后应用万用表检查绕组的通断情况,有一定数值的直流电阻值为正常。

(11)绕完一组绕组后,要垫上绕组与绕组之间的绝缘,再开始绕另一组绕组。所有绕组绕制完毕后,应包上外包绝缘,并用万用表检查各绕组的直流电阻。

(12)绕制绕组时引出线的处理办法是:如果漆包铜线直径较粗(一般在 0.3 mm 以上),可直接作为引出线;如果直径较细,则应用多股软线焊接且处理好绝缘后再引出。引出线的出线方向应在铁心中心柱一侧。

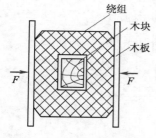

图 4-29　变压器绕组整形

(13)整形。整个绕组绕制完毕后,一般层与层之间比较疏松,使绕组的宽度往往会大于铁心窗口的宽度,为此,可将绕好的绕组从绕线机上取下后放在台虎钳上加压整形,如图 4-29 所示。整形时注意压力不能大,以免损伤漆包铜线的绝缘。另外,整形时木芯必须放在骨架的中心孔内,待整形完毕后再取出木芯,整个绕组的绕制工作完成。

(14)绕好的绕组是否需进行浸绝缘漆处理,可视实际情况而定。

3. 单相变压器的装配

按拆卸相反的步骤进行装配,装配时通常将 2～3 片 E 形铁心叠合在一起,再上、下进行交错装配。最后几片装配难度较大,一般可以将单片插在已装好的两片的中间夹缝内,再轻轻敲打。E 形铁心装配完后,再装 I 形铁心片。用木槌轻敲铁心,使 E 形铁心与 I 形铁心片的接缝(间隙)越小越好。最后穿进螺钉,拧紧螺母,单相变压器的装配完成。

将装配好的一台完整的变压器,按单相变压器测试的内容来测定此台变压器的修理质量是否合乎要求。

4．注意事项

（1）进行单相变压器拆装时，一定要注意千万不能损坏铁心片或使铁心片变形。

（2）绕线时必须注意不能损伤漆包铜线绝缘，并要注意垫好绕组对铁心的绝缘和层间绝缘。

（3）操作时必须严格保证所绕线圈的匝数符合要求。

（4）注意操作正确，确保人身及设备的安全。

知识拓展

三相电力变压器

一、三相电力变压器的用途

三相电力变压器主要用于输电配电技术领域。目前世界各国使用的电能基本上均是由各类（火力、水力、核能等）发电站发出的三相交流电能，发电站一般均建在能源产地，江、海边或远离城市的地区，因此，它所发出的电能在向用户输送的过程中，通常需用很长的输电线。根据 $P = \sqrt{3}UI\cos\varphi$，在输送功率 P 和负载的功率因数 $\cos\varphi$ 一定时，输电线路上的电压 U 越高，则流过输电线路中的电流 I 就越小。这不仅可以减小输电线的截面积，节约导体材料，同时还可减小输电线路的功率损耗。因此，目前世界各国在电能的输送与分配方面都朝建立高电压、大功率的电力网系统方向发展，以便集中输送、统一调度与分配电能。这在项目 3 电能的产生与传输中已作了介绍。

高压电能输送到用电区后，为了保证用电安全和符合用电设备的电压等级要求，还必须通过各级降压变电站，利用变压器将电压降低。例如，工厂输电线路，高压为 35 kV 及 10 kV 等，低压为 380 V、220 V 等。综上所述可见，变压器是输配电系统中不可缺少的重要电气设备。

二、三相电力变压器的结构

目前大部分三相电力变压器均采用三相油浸式电力变压器这种结构形式，其外形如图 4-30 所示。三相油浸式电力变压器主要由铁心、绕组、油箱和冷却装置、保护装置等部件组成。

(a) 管式散热器　　　　　　　　　(b) 片式散热器

图 4-30　三相油浸式电力变压器外形图

1. 铁心

铁心是三相电力变压器的磁路部分,它也是由 0.3 mm 及以下硅钢片叠压(或卷制)而成,20 世纪 70 年代以前生产的 SJ 系列三相电力变压器铁心采用热轧硅钢片,其主要缺点是变压器体积大,损耗大,效率低。20 世纪 80 年代起生产的新型电力变压器铁心均用高磁导率、低损耗的冷轧晶粒取向硅钢片制作,以降低其损耗,提高变压器的效率,这类变压器称为低损耗变压器,以 S9 及 S11 系列为代表。国家电力部规定从 1985 年起新生产及新上网的必须是低损耗电力变压器。

目前,国产低损耗电力变压器铁心分叠片式铁心、卷制式铁心和非晶合金铁心三种。

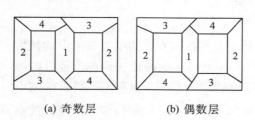

(a) 奇数层   (b) 偶数层

图 4-31   斜切冷轧硅钢片的叠装方式

(1) 叠片式铁心。如图 4-31 所示,通常采用交叠式的叠装工艺,把剪成不同尺寸的条状硅钢片用两种不同的排列法交错叠放,每层将接缝错开叠装。

铁心柱的截面形状与变压器的容量有关,单相变压器及小型三相电力变压器采用正方形或长方形截面,如图 4-32(a) 所示。在大、中型三相电力变压器中,为了充分利用绕组内圆的空间,通常采用阶梯形截面,如图 4-32(b)、(c) 所示。阶梯形的级数越多,则变压器结构越紧凑,但叠装工艺越复杂。

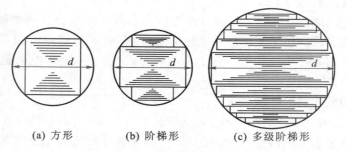

(a) 方形   (b) 阶梯形   (c) 多级阶梯形

图 4-32   铁心柱截面形状

叠片式铁心的缺点是铁心的剪冲及叠装工艺比较复杂,不仅给制造及修理带来许多麻烦,同时,由于接缝也增加了变压器的空载损耗。由叠片式铁心制成的三相油浸式电力变压器如图 4-33 所示。

(2) 卷制式铁心。随着制造技术的不断成熟,像单相变压器一样,采用卷制式铁心结构的三相电力变压器已在 30~1 600 kV·A 的三相电力变压器中广泛采用,其代表型号是 S11 及 S13 系列。

图 4-34 所示为采用冷轧硅钢带绕制成的三相平面铁心及立体三角形铁心。变压器绕组通常采用铜芯绝缘导线,由专用的设备在环状铁心柱上绕制变压器绕组。由于卷制式铁心没有硅钢片间的接缝,故空载电流与叠片式铁心相比可下降 70%,噪声降低 5~9 dB,节约 20% 左右的硅钢片及 3% 左右的用铜量,特别适用于城乡配电电网。立体三角形卷铁心三相电力变压器在我国已投入大批量生产及应用,如图 4-35 所示。

图 4-33 三相油浸式电力变压器

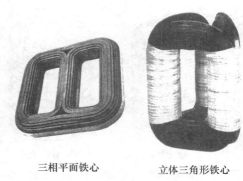

三相平面铁心　　立体三角形铁心

图 4-34 三相卷铁心

图 4-35 立体三角形卷铁心三相电力变压器

图 4-36 非晶合金铁心三相电力变压器

（3）非晶合金铁心。在我国新能源政策的推动下，用非晶合金铁心制作的三相电力变压器已开始生产并推广应用，其代表型号是 SH11，外形如图 4-36 所示。

非晶合金铁心是采用铁基、铁镍基、钴基等合金材料，采用超冷技术将液态金属直接冷却成 0.02～0.04 mm 的固体薄带材料来制作变压器铁心，由于非晶合金带有高饱和磁感应强度、低矫顽磁力、低损耗（仅为硅钢片的 20%～30%）等优点，因而用非晶合金铁心制作的变压器能大幅度降低变压器的空载电流及空载损耗（铁损耗），节能效果十分明显。

2. 绕组

绕组是变压器的电路部分，用绝缘扁（或圆）铜线或绝缘铝线绕制而成，近年来还有用铝箔绕制的。绕组的作用是作为电流的通路，产生磁通和感应电动势。

变压器中接到高压电网的绕组称高压绕组，接到低压电网的绕组称低压绕组。按高、低压绕组在铁心柱上放置方式的不同，绕组有同心式和交叠式两种。

同心式绕组具有结构简单、制造方便的特点，国产电力变压器多采用这种结构。它又分为圆筒式、分段式、螺旋式和连续式等几种基本形式,如图 4-37 所示。

变压器绕组和铁心组装在一起称为变压器器身。

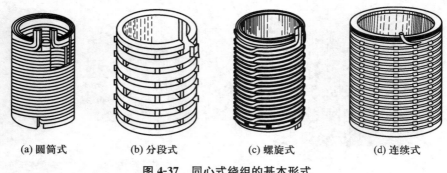

| (a) 圆筒式 | (b) 分段式 | (c) 螺旋式 | (d) 连续式 |

图 4-37　同心式绕组的基本形式

3. 油箱和冷却装置

由于三相变压器主要用于电力系统进行电能的传输,因此其容量都比较大,电压也比较高,为了铁心和绕组的散热和绝缘,均将其置于绝缘的变压器油内,而油则盛放在油箱内,参见图 4-33、图 4-35 和图 4-36 等。为了增加散热面积,一般在油箱四周加装散热装置,老型号电力变压器采用在油箱四周加焊扁形散热油管,如图 4-30(a)所示。新型电力变压器大多采用片式散热器散热,如图 4-30(b)等。较多的变压器在油箱上部还安装有储油柜,它通过连接管与油箱相通。储油柜内的油面高度随变压器油的热胀冷缩而变动。储油柜使变压器油与空气的接触面积大为减小,从而减缓了变压器油的老化速度。新型的全充油密封式电力变压器则取消了储油柜,运行时变压器油的体积变化完全由设在侧壁的膨胀式散热器(金属波纹油箱)来补偿,变压器油箱盖与箱体之间焊为一体,设备免维护,运行安全可靠,如图 4-30(b)所示。在我国以 S9-M 系列、S10-M 系列全密封波纹油箱电力变压器为代表,现已批量生产。

4. 保护装置

(1) 气体继电器。在油箱和储油柜之间的连接管中装有气体继电器,当变压器发生故障时,内部绝缘物汽化,使气体继电器动作,发出信号或使开关跳闸。

(2) 压力释放阀。装在油箱顶部,若变压器发生故障,使油箱内压力骤增时,油流冲击压力释放阀以释放变压器箱体内的压力,以免造成变压器箱体爆裂。压力消失后,压力释放阀又恢复原来的密封状态。

5. 分接开关

分接开关的作用是当输电线路电压上下波动时能保证电力变压器输出电压保持基本稳定,在 U、V、W 三相高压绕组的不同匝数处(一般为 105%、100%、95%)引出分接头,如图 4-38(a)所示。

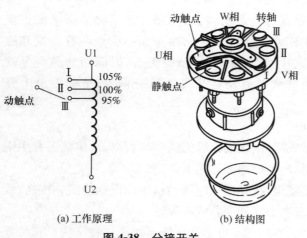

(a) 工作原理　　　(b) 结构图

图 4-38　分接开关

将分接头接在分接开关不同的静触点上,改变分接开关动触点的位置(有Ⅰ、Ⅱ、Ⅲ三挡)如图 4-38(b)所示,就改变了高压绕组的匝数,从而使低压绕组的输出电压基本保持在 400 V。

6. 铭牌

铭牌是正确使用变压器的依据,如图 4-39 所示。该变压器是配电站用的降压变压器,将 10 kV 的高压降为 400 V 的低压,供三相负载使用。铭牌中的主要参数说明如下:

电力变压器					
产品型号	S9-500/10	标准代号 ××××			
额定容量	500 kV·A	产品代号 ××××			
额定电压	10 kV	出厂序号 ××××			
额定频率	50 Hz 3相	开关位置	高　　压		低　　压
联结组标号	Y, yn0		电压/V	电流/A	电压/V	电流/A
阻抗电压	4%	Ⅰ	10 500	27.5		
冷却方式	油冷	Ⅱ	10 000	28.9	400	721.7
使用条件	户外	Ⅲ	9 500	30.4		
		××变压器厂　　　　××年××月				

图 4-39　电力变压器铭牌

(1) 型号。

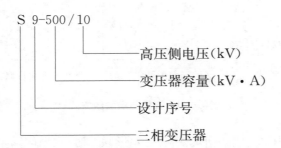

$$S\ 9\text{-}500\,/\,10$$

- 高压侧电压(kV)
- 变压器容量(kV·A)
- 设计序号
- 三相变压器

(2) 额定电压 U_{1N} 和 U_{2N}。高压侧(一次绕组)额定电压 U_{1N} 是指加在一次绕组上的正常工作电压值。高压侧标出的三个电压值,可以根据高压侧供电电压的实际情况,在额定值的 ±5% 范围内加以选择,当供电电压偏高时可调至 10 500 V,偏低时则调至 9 500 V,以保证低压侧的额定电压为 400 V。低压侧(二次绕组)额定电压 U_{2N} 是指变压器在空载时,高压侧加上额定电压后,二次绕组两端的电压值。变压器接上负载后二次绕组输出电压 U_2 将随负载电流的增加而下降,为保证在额定负载时能输出 380 V 的电压,考虑到电压调整率为 5%,故该变压器空载时二次绕组额定电压 U_{2N} 为 400 V。在三相变压器中,额定电压 U_{1N} 和 U_{2N} 均指线电压。

(3) 额定电流 I_{1N} 和 I_{2N}。额定电流是指根据变压器容许发热的条件而规定的满载电流值。在三相变压器中额定电流 I_{1N} 和 I_{2N} 均指线电流。

(4) 额定容量 S_N。额定容量是指变压器在额定工作状态下,二次绕组的视在功率,其单

位为 kV·A。单相变压器的额定容量为

$$S_N = \frac{U_{2N} I_{2N}}{1\,000}(kV \cdot A)$$

三相变压器的额定容量为

$$S_N = \frac{\sqrt{3} U_{2N} I_{2N}}{1\,000}(kV \cdot A)$$

(5) 联结组标号。指三相变压器高、低压绕组的连接方式。不论是高压绕组,还是低压绕组,我国均采用星形联结及三角形联结两种方法。

星形联结是把三相绕组的末端 U2、V2、W2(或 u2、v2、w2)连接在一起,而把它们的首端 U1、V1、W1(或 u1、v1、w1)分别用导线引出,如图 4-40(a)所示。

三角形联结是把一相绕组的末端和另一相绕组的首端连在一起,顺次连接成一个闭合回路,然后从首端 U1、V1、W1(或 u1、v1、w1)用导线引出,如图 4-40(b)及(c)所示。其中,图(b)的三相绕组按 U2 W1、W2 V1、V2 U1 的次序连接,称为逆序(逆时针)三角形联结。而图(c)的三相绕组按 U2 V1、W2 U1、V2 W1 的次序连接,称为顺序(顺时针)三角形联结。

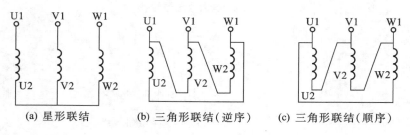

(a) 星形联结　　　(b) 三角形联结(逆序)　　　(c) 三角形联结(顺序)

图 4-40　三相绕组联结方式

三相变压器高、低压绕组用星形联结和三角形联结时,在旧的国家标准中分别用 Y 和 △ 表示。新的国家标准规定:高压绕组星形联结用 Y 表示,三角形联结用 D 表示,中性线用 N 表示。低压绕组星形联结用 y 表示,三角形联结用 d 表示,中性线用 n 表示。

国产三相电力变压器高压绕组与低压绕组不同接法的组合形式有:Y, y; YN, d; Y, d; Y, yn; D, y; D, d 等联结组,其中最常用的联结组有三种,即 Y, yn; YN, d 和 Y, d。由于 Y, yn 联结组低压侧可以得到 380 V 和 220 V 两种电压,因此广泛用于动力和照明混合供电的场合。

▶ 知识考核

一、判断题

1. 变压器的种类按相数分为单相、三相和多相。(　　)
2. 变压器的种类按用途分为电力变压器和专用变压器。(　　)

3. 变压器一次、二次绕组中的电流越大,铁心中的主磁通越多。(　　)

4. 变压器可以改变直流电压。(　　)

5. 变压器是一种将交流电压升高或降低并且能保持其频率不变的静止电气设备。(　　)

6. 变压器既可以变换电压、电流、阻抗,又可以变换相位、频率和功率。(　　)

7. 用卷铁心结构的变压器,比叠片式铁心结构的变压器铁损耗要小。(　　)

8. 从导电角度出发,变压器铁心也可以用铜片或铝片制作。(　　)

9. 变压器的绕组也可用铁导线制作以降低成本。(　　)

10. 从节能角度出发,变压器的变比 K 取1最好。(　　)

11. 变压器正常运行时,在电源电压一定的情况下,当负载增加时主磁通增加。(　　)

12. 变压器的基本工作原理是电磁感应。(　　)

13. 电力系统中,主要使用的变压器是三相电力变压器。(　　)

14. 将电网上 10 kV 交流电压降为民用的 220 V 交流电压的变压器称为降压变压器。(　　)

15. 单相变压器一次额定电压是指一次绕组所允许施加的最高电压,而二次额定电压则是指当一次绕组施加额定电压时,二次绕组的开路电压。(　　)

16. 变压器在使用中铁心会逐渐氧化生锈,因此其空载电流也就相应逐渐减小。(　　)

17. 用于供电给动力和照明混合负载的电力变压器的连接组别通常用 Y, yn 联结组。(　　)

18. 要提高变压器的运行效率,不应使变压器在很低的负荷下运行。(　　)

19. 变压器的额定容量,是指变压器额定运行时二次侧输出的有功功率。(　　)

20. 三相电力变压器铭牌上标注的额定电压,是指一次、二次侧的线电压。(　　)

21. 电流互感器二次侧电路中应设熔断器。(　　)

22. 当电网电压偏低时,三相电力变压器的分接开关应接在额定匝数为 95% 的位置。(　　)

23. 为了降低设备成本,低压照明变压器可采用自耦变压器的结构形式。(　　)

24. 当变压器二次电流增大时,一次电流也会相应增大。(　　)

25. 当变压器一次电流增大时,铁心中的主磁通也会相应增加。(　　)

26. 电流互感器运行时,严禁二次侧开路。(　　)

27. 电流互感器二次侧的额定电流通常为 5 A。(　　)

28. 电压互感器在运行中,其二次绕组允许短路。(　　)

29. 使用中的电压互感器的铁心和二次绕组的一端必须可靠接地。(　　)

30. 电压互感器的工作原理、结构与一般变压器不同。(　　)

31. 电压互感器二次侧的额定电压规定为 100 V。(　　)

32. 接在 220 V 交流电源上的单相自耦调压器,其输出电压可以大于 220 V。(　　)

33. 用钳形电流表测量三相异步电动机线电流,如被测电流大小不知道,则应将选挡开关置于最小挡位上。(　　)

二、选择题

1. 变压器的基本工作原理是(　　)。

   A. 楞次定律　　　　　　　　　　B. 电磁感应

   C. 电流的磁效应　　　　　　　　D. 磁路欧姆定律

2. 关于变压器的叙述错误的是(   )。

    A. 变压器可进行电压变换   B. 有的变压器可变换阻抗

    C. 变压器可进行电流变换   D. 变压器可进行能量形式的转换

3. 变压器铁心所用硅钢片是(   )。

    A. 硬磁材料   B. 软磁材料   C. 顺磁材料   D. 矩磁材料

4. 变压器铁心采用硅钢片的目的是(   )。

    A. 减小磁阻和铜损   B. 减小铜损和铁损

    C. 减小涡流及磁滞损耗   D. 减小磁滞和矫顽力

5. 变压器的额定容量是指变压器额定运行时(   )。

    A. 输入的视在功率   B. 输出的视在功率

    C. 输入的有功功率   D. 输出的有功功率

6. 测定变压器的电压比应该在变压器处于(   )情况下进行。

    A. 空载状态   B. 轻载状态   C. 满载状态   D. 短路状态

7. 变压器二次电流增大时,一次电流(   )。

    A. 不变   B. 减小

    C. 增大   D. 也可增大,也可减小

8. 当变压器的铜损(   )铁损时,变压器的效率最高。

    A. 小于   B. 等于   C. 大于   D. 正比于

9. 电力变压器的主要用途是(   )。

    A. 变换阻抗   B. 变换电压   C. 改变相位   D. 改变频率

10. 变压器在工作中无法变换的是(   )。

    A. 变换阻抗   B. 变换电压   C. 改变电流   D. 改变频率

11. 变压器的基本结构主要包括(   )。

    A. 铁心和绕组   B. 铁心和油箱   C. 绕组和油箱   D. 绕组和冷却装置

12. 变压器运行时,在电源电压一定的情况下,当负载阻抗增加时,主磁通的变化是(   )。

    A. 基本不变   B. 不一定   C. 减小   D. 增加

13. 一台单相变压器 U_1 为 380 V,变压比为 10,则 U_2 为(   )V。

    A. 380   B. 3 800   C. 10   D. 38

14. 一台单相变压器为 I_2 为 20 A, N_1 为 200, N_2 为 20,则 I_1 为(   )A。

    A. 2   B. 10   C. 20   D. 40

15. 三相电力变压器的效率一般在(   )。

    A. 50%左右   B. 70%左右   C. 85%   D. 95%以上

16. 从工作原理上看,中、小型电力变压器的主要组成部分是(   )。

    A. 油箱和油枕   B. 油箱和散热器   C. 铁心和绕组   D. 外壳和保护装置

17. 为了提高中、小型电力变压器铁心的导磁性能,减少铁损耗,其铁心多采用(   )制成。

    A. 0.35 mm 以下彼此绝缘的硅钢片叠装   B. 整块钢材

    C. 2 mm 厚彼此绝缘的硅钢片叠装   D. 0.50 mm 厚彼此不需绝缘的硅钢片叠装

18. 油浸式电力变压器中变压器油的作用是(　　)。
    A. 润滑和防氧化
    B. 绝缘和散热
    C. 阻燃和防爆
    D. 灭弧和均压

19. 三相电力变压器的额定电流是指额定状态下运行时,变压器一、二次绕组的(　　)。
    A. 线电流
    B. 相电流
    C. 线电压
    D. 相电压

20. 三相电力变压器的分接开关是用来(　　)的。
    A. 调节阻抗
    B. 调节相位
    C. 调节输出电压
    D. 调节油位

21. 三相电力变压器铭牌上的额定电压指(　　)。
    A. 一次、二次绕组的相电压
    B. 一次、二次绕组的线电压
    C. 变压器内部的电压降
    D. 带负载后一次、二次绕组电压

22. 一台电力变压器型号为 S9-500/10,500 代表(　　)。
    A. 额定电压 500 V
    B. 额定电流 500 A
    C. 额定容量 500 V・A
    D. 额定容量 500 kV・A

23. 有一台电力变压器,型号为 S11-500/10,其中数字"10"表示变压器(　　)。
    A. 额定容量为 10 kV・A
    B. 额定容量为 10 kW
    C. 高压绕组的额定电压是 10 kV
    D. 低压绕组的额定电压是 10 kV

24. 一台三相变压器的联结组别为 Y, yn,其中"yn"表示变压器的(　　)。
    A. 低压绕组为有中性线引出的 Y 联结
    B. 低压绕组为 Y 联结中性点接地,但不引出中性线
    C. 高压绕组为有中性线引出的 Y 联结
    D. 高压绕组为 Y 联结,中性点需接地,但不引出中性线

25. 一次绕组和二次绕组共用一个绕组的变压器称为(　　)。
    A. 降压变压器
    B. 升压变压器
    C. 电力变压器
    D. 自耦变压器

26. 电流互感器的变流比为 100 A/5 A,二次侧电流表的读数为 4 A,则被测电路电流为(　　)。
    A. 80 A
    B. 40 A
    C. 20 A
    D. 10 A

27. 一般电流互感器的额定电流为(　　)。
    A. 1 A
    B. 5 A
    C. 10 A
    D. 15 A

28. 在测量电路中使用型号为 JDG-0.5 的电压互感器,如果其变压比为 10,电压表读数为 45 V,则被测电路的电压为(　　)。
    A. 150 V
    B. 250 V
    C. 350 V
    D. 450 V

29. 一般电压互感器二次额定电压都规定为(　　)。
    A. 200 V
    B. 100 V
    C. 50 V
    D. 25 V

30. 电流互感器运行时,(　　)。
    A. 接近空载状态,二次侧不准开路
    B. 接近空载状态,二次侧不准短路
    C. 接近短路状态,二次侧不准短路
    D. 接近短路状态,二次侧不准开路

31. 电压互感器运行时,(   )。

    A. 接近空载状态,二次侧不准开路

    B. 接近空载状态,二次侧不准短路

    C. 接近短路状态,二次侧不准开路

    D. 接近短路状态,二次侧不准短路

32. 用钳形电流表测量三相异步电动机线电流,钳口内的导线共绕 10 圈,此时钳形电流表读数为 90 A,则实际电流为(   )。

    A. 900 A   B. 90 A   C. 9 A   D. 0.9 A

三、综合题

1. 额定电压 220 V/36 V 的单相变压器,如果不慎将低压端接到 220 V 的电源上,问将产生什么后果?

2. 某低压照明变压器 $U_1 = 380$ V,$I_1 = 0.263$ A,$N_1 = 1\,010$ 匝,$N_2 = 103$ 匝,试求二次电压 U_2 及二次电流 I_2。该变压器能否给一个 60 W 且电压相当的低压照明灯供电?

3. 有一台单相照明变压器,容量为 2 kV·A,电压为 380 V/36 V,现在低压侧接上 $U = 36$ V,$P = 40$ W 的白炽灯,使变压器在额定状态下工作,问能接多少盏?此时的 I_1 及 I_2 各为多少?

4. 某台变压器 $U_1 = 220$ V,$U_2 = 36$ V,若在一次绕组加上 220 V 交流电压,则在二次绕组可得到 36 V 的输出电压。反之若在二次绕组加上 36 V 交流电压,问在一次绕组可否得到 220 V 的输出电压?

5. 电压比为 220 V/24 V 的电源变压器,如接在 110 V 的电网上,则输出电压为多少?

6. 电力变压器的电压变化率 $\Delta U = 5\%$,要求该变压器在额定负载下输出的相电压为 $U_2 = 220$ V,求该变压器二次绕组的额定相电压 U_{2N}。

文本:模块四
知识考核
参考答案

▶ 考核评分

各部分的考核成绩记入表 4-5 中。

表 4-5　模块四考核评分表　　　　　　评分_____

考核项目	考核内容	配分	每次考核得分	实得分
模块四知识考核	1. 掌握单相变压器基本工作原理与结构 2. 掌握单相变压器空载、负载运行 3. 理解单相变压器的外特性及效率 4. 具有三相电力变压器的相关知识	40 分		
项目 6 技能考核	1. 掌握单相变压器直流电阻、绝缘电阻的测定方法 2. 掌握单相变压器同名端的测定方法	25 分		
项目 7 技能考核	1. 会拆装单相变压器铁心 2. 会正确绕制单相变压器线圈	25 分		
安全文明、团队合作	1. 严格遵守安全规程,操作规范,遵守纪律 2. 团队协作好,工作场地清洁、整理规范	10 分		

模块五　异步电动机的使用与维修

▶ 情境导入

　　电机是一种用来将电能与机械能相互转换的电磁装置,其运行原理基于电磁感应定律。电机的种类与规格很多,按其电流类型分类,可分为直流电机和交流电机两大类。按其功能的不同交流电机可分为交流发电机和交流电动机两大类。目前广泛采用的交流发电机是同步发电机,这是一种由原动机拖动旋转(如火力发电厂的汽轮机、水电站的水轮机)产生交流电能的装置。当前世界各国的电能几乎均由同步发电机产生。交流电动机则是指由交流电源供电将交流电能转变为机械能的装置。根据电动机转速的变化情况,可分为同步电动机和异步电动机两类。同步电动机是指电动机的转速始终保持与交流电源的频率同步,不随所拖动的负载变化而变化的电动机,它主要用于功率较大且转速不要求调节的生产机械(如大型水泵、空气压缩机、矿井通风机等)。而异步电动机是指由交流电源供电,电动机的转速随负载变化而稍有变化的旋转电机,这是目前使用最多的一类电动机。按供电电源的不同,异步电动机又可分为三相异步电动机和单相异步电动机两大类。还有一类功率比较小的电机,它们在自动控制系统和计算装置中分别作为信号元件和功率元件(执行元件)使用,这类电机统称控制电机。

项目 8　三相异步电动机的拆装与测试

▶ 项目描述

　　三相异步电动机由三相交流电源供电,由于其结构简单、价格低廉、坚固耐用、使用维护方便,因此在工、农业及其他各个领域中都获得了广泛的采用。通过本项目的学习,掌握三相异步电动机的工作原理、基本结构及运行特性,会拆装并检修三相异步电动机。

▶ 学习目标

1. 掌握三相异步电动机的工作原理和结构。
2. 了解三相异步电动机运行特性。
3. 掌握三相异步电动机的启动、调速和制动的原理和方法。

4. 会判断三相异步电动机在运行中出现的故障。

5. 会拆装及检修三相异步电动机。

6. 会测量三相异步电动机的主要技术参数并判定其好坏。

实训操作8

器材、工具、材料

序　号	名　　　称	规　　　格	单　位	数　量	备　注
1	三相笼型异步电动机	JO2 型或 Y 型	台	1	
2	单臂电桥	QJ23 型	台	1	
3	万用表	500 型或 MF-30 型	块	1	
4	兆欧表	500 V	块	2	
5	拉具	2 爪或 3 爪	个	1	
6	铜棒		根	1	
7	钢管		根	1	
8	活络扳手	200 mm	把	1	
9	手锤		把	1	
10	润滑油、煤油				
11	电工工具		套	1	

三相笼型异步电动机的结构图如图 5-1 所示。

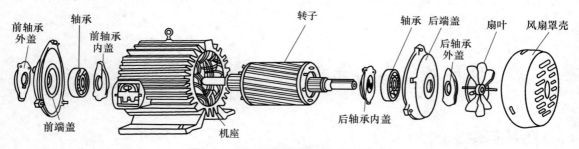

图 5-1　三相笼型异步电动机的结构图

三相笼型异步电动机的拆装

1. 三相笼型异步电动机的拆卸

切断三相交流电源,拆除电动机与三相电源的连接线,将电动机从机械设备上拆下,然后再进行以下拆卸步骤:

(1)拆卸前应先测量电动机三相定子绕组直流电阻、三相定子绕组相与相间绝缘电阻及各相对地(机壳)的绝缘电阻,绝缘电阻的测量方法可参看图 5-2。将数据记录于表 5-1 和表 5-2 中。

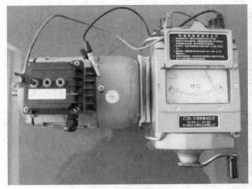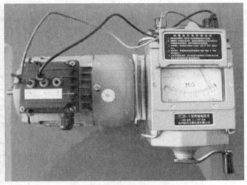

(a) 测量对地绝缘电阻　　　　　　　　(b) 测量相间绝缘电阻

图 5-2　三相定子绕组绝缘电阻的测量

表 5-1　三相异步电动机定子绕组直流电阻

三相定子绕组相别	U 相	V 相	W 相
拆卸前直流电阻 R/Ω			
装配后直流电阻 R/Ω			

表 5-2　三相异步电动机定子绕组绝缘电阻

	相间绝缘电阻 $R_L/\mathrm{M\Omega}$			对地绝缘电阻 $R_E/\mathrm{M\Omega}$		
	U 相与 V 相	V 相与 W 相	W 相与 U 相	U 相对地	V 相对地	W 相对地
拆卸前						
装配后						

　　(2) 带轮或联轴器的拆卸。若电动机转轴上装有带轮或联轴器,则首先用拉具将其从转轴上拆下。拆卸前必须先测量并记录好带轮或联轴器在转轴上的安装位置,以确保在装配时能安装到位。拉具的使用方法如图 5-3 所示。

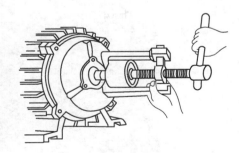

　　(3) 风罩、扇叶的拆卸。松开风扇罩壳固定螺栓,取下罩壳。然后松开风扇的固定螺栓,用木锤在扇叶四周轻轻敲击,取下扇叶,注意扇叶系铸铝结构,强度较低,拆卸时千万要小心,不能损坏。(见图 5-4 步骤 1、2)

图 5-3　用拉具拆卸带轮

　　(4) 拆下电动机前轴承外盖和前端盖及后端盖螺栓。(见图 5-4 步骤 3)

　　(5) 用木板垫在转轴前端,用手锤将转子和端盖从机座中敲出。在拆卸前应先在后端

盖与机座的接缝处做好标记（该标记要能保留较长时间，不能很容易被擦掉），以便装配时正确复位。（见图 5-4 步骤 4）

（6）用双手将连着后端盖的转子一起慢慢抽出。抽出转子时，千万注意不能擦伤定子绕组的端部。最后再拆卸后轴承盖和取出后端盖。（见图 5-4 步骤 5）

图 5-4   三相异步电动机的拆卸步骤

仿真训练：三相异步电动机安装

（7）用木棒伸进定子内孔顶住前端盖内侧，将前端盖敲离机座。（见图 5-4 步骤 6）

（8）轴承的处理。电动机的轴承是否从转子上拆下，可视具体情况而定。若确定需要更换轴承，则必须拆下；若不需更换轴承，只需清洗轴承和更换润滑脂，则也可拆下，也可不拆下轴承清洗。拆卸电动机的滚动轴承一般均采用拉具进行。使用拉具拆卸轴承时应注意，拉具的大小应合适，拉具的脚应尽量紧扣轴承的内圈，拉具应放正，丝杠端要对准电动机转轴的中心，用力要均匀，如图 5-5 所示。如果一时拉不下来，切忌硬拉，以免损坏轴承。可在轴承与转轴压合处加些煤油，用铜棒轻敲轴承，再慢慢将轴承拉下，如图 5-6 所示。

图 5-5   用拉具拆卸轴承

图 5-6   用铜棒敲打拆卸轴承

拆卸电动机的滚动轴承时除采用拉具拆卸外，还可以采用以下方法：

① 用铜棒拆卸。将铜棒对准轴承拉具内圈，用锤子敲打铜棒，把轴承敲出，如图 5-6 所

示。用此法拆卸轴承时要注意,在轴承内圈上相对两侧轮流敲打,反复进行,千万不要用锤子直接敲打轴承。不可偏敲一侧,用力也不能过猛。

② 用扁铁拆卸。用两根扁铁架住轴承内圈,并把扁铁架起、使转子悬空,如图 5-7 所示;然后,在轴端上垫加木块或铜块,并用锤子敲打。用此法拆卸轴承时,圆筒内放些柔软东西,以防拆下轴承时摔坏转子。

拆下的轴承应先刮去轴承内部及轴承盖上的废润滑脂,再将轴承浸在煤油内,慢慢洗净残存油污,用清洁的干布将废油擦拭干净(不能用棉纱擦拭)。将洗净的轴承用手握住外圈,用另一手转动内圈,观察其转动是否灵活,是否有卡住现象或配合过松,是否有锈迹或斑痕等,再决定是否更换轴承。

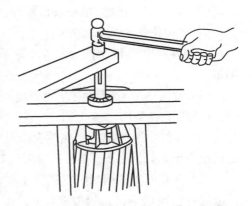

图 5-7　用圆筒、扁铁架起转子拆卸轴承

(9) 定子的清洁。用布仔细擦拭定子,并用高压风吹去定子表面的灰尘。

2. 三相笼型异步电动机的装配

(1) 先安装内轴承盖,再安装轴承。轴承的装配方法有两种,即冷套法和热套法。凡是能用冷套法进行轴承装配时应优先选用冷套法,若用冷套法装配轴承很困难,则可采用热套法。

① 冷套法:把轴承先放在清洁干净并涂上润滑脂的电动机轴颈上,对准轴颈,在轴承上方用铜棒或锤子加铜棒敲击轴承,将轴承打入轴内;当轴承内圈全部进入转轴内后,用一根内径略大于转轴外径,外径小于轴承内圈外径的钢管的一端顶住轴承内径,另一端用锤子(垫上木板)敲击,慢慢把轴承敲进去,如图 5-8 所示。

② 热套法:将轴承放在 80～100 ℃ 的变压器油中加热约 30 min,使轴承均匀受热,再趁热将轴承推压到位。

轴承安装完毕应在轴承内圈注入润滑脂,三相异步电动机滚动轴承常用的润滑脂有钙基滑润脂和二硫化钼润滑脂,润滑脂应清洁,用量不宜超过轴承及轴承盖容积的 2/3。

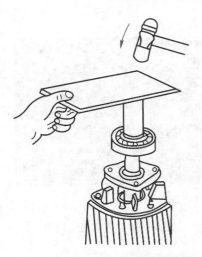

图 5-8　用套管冷套法装配轴承

(2) 安装后端的端盖及轴承盖,并用螺栓将内、外轴承盖固紧。

(3) 将转子(连同后端盖)装入定子内,安装转子时千万要注意不能碰伤定子绕组。

(4) 安装前端盖,拧装前端盖螺栓前,必须先用直径为 1 mm 以上的铜丝(或单股铜芯线)一端做成钩状,从内轴承盖中穿出,通过对应的端盖孔,再通过外轴承盖孔伸向外部,作为最后安装端盖螺栓时的基准。

(5) 在前端盖及后端盖的孔中穿入螺栓,并将螺栓对准机座侧面的螺孔。在进行本工序操作时,必须注意端盖应对准机座上的记号(在拆卸时做的记号)。

(6) 逐步拧紧前、后端盖的螺栓,使端盖止口对准机座止口。在最后拧紧端盖紧固螺栓时,要按对角线上、下、左、右逐步拧紧,并边用手转动转子,以保证装配好的电动机能轻快、自由地转动。

（7）最后装上扇叶、扇罩及带轮等。

3. 三相异步电动机的测试

三相异步电动机装配完毕后,为了保证电动机的装配质量,必须对电动机进行简单测试:

（1）直流电阻测定。用万用表电阻挡或用单臂电桥测定三相定子绕组各相的直流电阻,并记录于表 5-1。

（2）绝缘电阻测定。用兆欧表测定三相定子绕组各相与机座之间的绝缘电阻及相与相之间绝缘电阻,并记录于表 5-2,以考核其检修质量是否符合要求。

（3）空载电流的测量。三相异步电动机装配完毕,经过简单的测试合格后,可对电动机通电进行空载试运转。其步骤如下:

① 用手转动电动机转轴,电动机应能自由转动。

② 按图 5-9(a)接线,合上电源开关 QS,电动机空载启动。

③ 待电动机转速稳定后,并用钳形电流表测量三相空载电流,如图 5-9(b)所示,并记录:$I_U = $ _____ A, $I_V = $ _____ A, $I_W = $ _____ A。

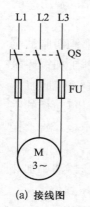
（a）接线图

（b）用钳形电流表测量电动机空载电流

图 5-9　三相异步电动机空载电流的测量

图 5-10　空载转速的测量

（4）空载转速的测量。用转速表测量三相异步电动机的空载转速,操作方法如图 5-10所示,并与额定转速相比较。

相关知识

课题一　三相异步电动机的结构

三相异步电动机种类繁多,按其外壳防护方式的不同可分为开启型（IP11）、防护型（IP22）（IP23）、封闭型（IP44）（IP54）三大类,其中开启型现已很少使用。由于封闭型结构能防止固体异物、水滴等进入电动机内部,并能防止人与物触及电动机带电部位与运动部位,运行中安全性好,因而成为目前使用最广泛的结构形式。按电动机转子结构的不同又可分为笼型异步电动机和绕线转子异步电动机。图 5-11(a)所示为笼型异步电动机外形图,而图 5-11(b)所示为绕线转子异步电动机外形图。

(a) 笼型异步电动机　　　　　　　(b) 绕线转子异步电动机

图 5-11　三相异步电动机的外形图

另外,异步电动机还可按其工作电压的高低不同分为高压异步电动机和低压异步电动机。按其工作性能的不同分为高启动转矩异步电动机和高转差异步电动机。按其外形尺寸及功率的大小可分为大型、中型、小型异步电动机等。

三相异步电动机虽然种类繁多,但基本结构均由定子和转子两大部分组成,定子和转子之间有空气隙。目前有些小功率笼型异步电动机也有不用轴承盖的,其结构图如图 5-12所示。

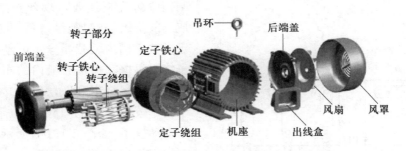

图 5-12　三相笼型异步电动机的结构图(取消轴承盖)

动画:三相异
步电动机结构

一、定子

定子是指电动机中静止不动的部分,包括定子铁心、定子绕组、机座、端盖和罩壳等部件。

1. 定子铁心

定子铁心作为电动机磁通的通路,对铁心材料的要求是既要有良好的导磁性能,剩磁小,又要尽量降低涡流损耗,一般用 0.35~0.50 mm 厚表面有绝缘层的硅钢片(涂绝缘漆或硅钢片表面具有氧化膜绝缘层)叠压而成。在定子铁心的内圆冲有沿圆周均匀分布的槽,如图 5-13(a)所示。在槽内嵌放三相定子绕组,如图 5-13(b)所示。

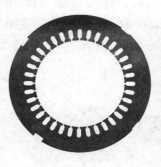
(a) 定子铁心冲片

定子铁心

机座 定子绕组

(b) 定子铁心及定子绕组

图 5-13 三相笼型异步电动机定子铁心和绕组

以前生产的三相异步电动机铁心材料多为热轧硅钢片,从降低三相异步电动机制造成本角度出发是可行的,但由于热轧硅钢片的铁损耗较大,使整台电动机的效率降低,从建设节约型社会,有效利用能源角度出发,国家经贸委规定,从 2003 年起停止生产热轧硅钢片,因此,今后我国生产的三相异步电动机均必须是以冷轧硅钢片为导磁材料的节能型电动机。

2. 定子绕组

定子绕组作为电动机的电路部分,通入三相交流电产生旋转磁场。它由嵌放在定子铁心槽中的线圈按一定规则连接成三相定子绕组。小型异步电动机定子三相绕组一般采用高强度漆包圆铜线绕成。大中型异步电动机则用漆包扁铜线或玻璃丝包扁铜线绕成。成形的绕组,外包绝缘层后,再整体嵌放在定子铁心槽内。三相异步电动机的三相定子绕组根据其在铁心槽内的布置方式不同可分为单层绕组和双层绕组。单层绕组用于功率较小(一般在 15 kW 以下)的三相异步电动机中,如图 5-13(b)所示。而功率稍大的三相异步电动机则采用双层绕组。三相定子绕组之间及绕组与定子铁心槽间均垫以绝缘材料绝缘,定子绕组在槽内嵌放完

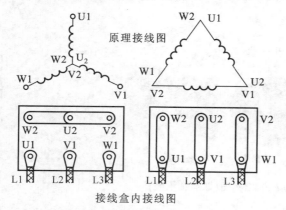

原理接线图

接线盒内接线图

图 5-14 三相笼型异步电动机出线端

毕后再用胶木槽楔固紧。三相异步电动机定子绕组的主要绝缘项目有以下三种:

(1) 对地绝缘。定子绕组与铁心之间的绝缘。

(2) 相间绝缘。各相定子绕组之间的绝缘。

(3) 匝间绝缘。每相定子绕组各线匝之间的绝缘。

定子三相绕组的结构完全对称,一般有 6 个出线端 U1、U2、V1、V2、W1、W2 置于机座外部的接线盒内,根据需要接成星形(Y)联结或三角形(△)联结,如图 5-14 所示。也可将6 个出线端接入控制电路中实行星形与三角形联结的转换。

3. 机座及端盖

机座的作用是固定定子铁心和定子绕组,并通过两侧的端盖和轴承来支承电动机转子。同时可保护整台电动机的电磁部分和发散电机运行中产生的热量。

机座通常为铸铁件,大型异步电动机机座一般用钢板焊成,而有些微型电动机的机座则采用铸铝件以降低电机的重量。封闭式电机的机座外面有散热筋以增加散热面积,防护式电机的机座两端端盖开有通风孔,使电动机内外的空气可以直接对流,以利于散热。

端盖一般均为铸铁件,微型电动机则用钢板或铸铝件。借助置于端盖内的滚动轴承将电动机转子和机座联成一个整体。

4. 电动机铭牌

在三相异步电动机的机座上均装有一块铭牌,如图 5-15 所示。铭牌上标出了该电动机的型号及主要技术数据,供正确使用电动机时参考。现分别说明如下。

三相异步电动机		
型号 Y2-132S-4	功率 5.5 kW	电流 11.7 A
频率 50 Hz　电压 380 V	接法△	转速 1 440 r/min
防护等级 IP44　重量　68　kg	工作制 S1	F 级绝缘
××电机厂		

图 5-15　三相异步电动机铭牌

(1) 型号(Y2-132S-4)

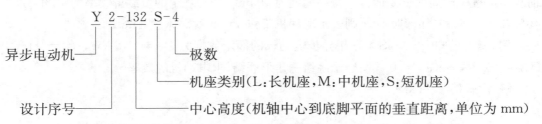

中心高度越大,电动机容量越大,因此三相异步电动机按容量分类与中心高度有关。中心高度在 80～315 mm 为小型,中心高度在 315～630 mm 为中型,630 mm 以上为大型。在同样的中心高度下,机座长则铁心长,相应的电动机容量较大。

(2) 额定功率 P_N(5.5 kW)

表示电动机在额定工作状态下运行时,允许输出的机械功率(kW)。

(3) 额定电流 I_N(11.7 A)

表示电动机在额定工作状态下运行时,定子电路输入的线电流(A)。

(4) 额定电压 U_N(380 V)

表示电动机在额定工作状态下运行时,定子电路所加的线电压(V)。

三相异步电动机的额定功率 P_N 与其他额定数据之间关系为

$$P_N = \sqrt{3}U_N I_N \cos\varphi_N \eta_N \times 10^{-3} (\text{kW}) \tag{5-1}$$

式中，$\cos \varphi_N$ 为额定功率因数；η_N 为额定效率。

（5）额定转速（1 440 r/min）

表示电动机在额定工作状态下运行时的转速（r/min）。

（6）接法（△）

表示电动机定子三相绕组与交流电源的联结方法，对 JO2、Y 及 Y2 系列电动机而言，国家标准规定凡 3 kW 及以下者均采用星形联结；4 kW 及以上者均采用三角形联结。

（7）防护等级（IP44）

表示电动机外壳防护的方式。IP11 开启型，IP22、IP23 是防护型，IP44 是封闭型。

（8）频率（50 Hz）

表示电动机使用交流电源的频率（Hz）。

（9）绝缘等级

表示电动机各绕组及其他绝缘部件所用绝缘材料的等级。

（10）定额工作制

指电动机按铭牌值工作时，可以持续运行的时间和顺序。电动机定额分连续定额、短时定额和断续定额三种。分别用 S1、S2、S3 表示。

① 连续定额（S1）。表示电动机按铭牌值工作时可以长期连续运行。

② 短时定额（S2）。表示电动机按铭牌值工作时只能在规定的时间内短时运行。我国规定的短时运行时间为 10 min、30 min、60 min 及 90 min 四种。

③ 断续定额（S3）。表示电动机按铭牌值工作时，运行一段时间就要停止一段时间，周而复始地按一定周期重复运行。每一周期为 10 min，我国规定的负载持续率为 15%、25%、40% 及 60% 四种（如标明 40% 则表示电动机工作 4 min 就需休息 6 min）。

例 5-1　已知 Y2-132S-4 三相异步电动机的额定数据为 $P_N = 5.5$ kW，$I_N = 11.7$ A，$U_N = 380$ V，$\cos \varphi_N = 0.83$，定子绕组三角形联结，求电动机的效率 η_N。

解：由式（5-1）可得

$$\eta_N = \frac{P_N}{\sqrt{3} U_N I_N \cos \varphi_N \times 10^{-3}} = \frac{5.5 \times 10^3}{\sqrt{3} \times 380 \times 11.7 \times 0.83} = 0.86$$

由本例数据可以看到 I_N 的数值大小约是 P_N 的 2 倍，这是额定电压为 380 V 的三相异步电动机的一般规律（特别是 2 极和 4 极电动机更接近），因此在今后实际应用中，根据三相异步电动机的功率即可估算出电动机的额定电流，即按 2 A/kW 来估算。

二、转子

转子指电动机的旋转部分，包括转子铁心、转子绕组、风扇和转轴等。

1. 转子铁心

转子铁心作为电动机磁路的一部分，一般用 0.35～0.50 mm 硅钢片冲制叠压而成，硅钢片外圆冲有均匀分布的孔，用来安置转子绕组。通常都是用定子铁心冲落后的硅钢片来冲制转子铁心。一般小型异步电动机的转子铁心直接压装在转轴上，而大、中型异步电动机（转子直径在 300～400 mm 以上）的转子铁心则借助于转子支架压在转轴上。

为了改善电动机的启动及运行性能,笼型异步电动机转子铁心一般都采用斜槽结构(即转子槽并不与电动机转轴的轴线在同一平面上,而是扭斜了一个角度),参看图 5-1 或图 5-12。

2. 转子绕组

转子绕组用来切割定子旋转磁场,产生感应电动势和电流,并在旋转磁场的作用下受力而使转子转动,三相笼型异步电动机采用笼型转子绕组。通常有两种不同的结构形式,中小型异步电动机的笼型转子一般为铸铝式转子,即采用离心铸铝法,将熔化了的铝铸在转子铁心槽内成为一个整体,连两端的短路环和风扇叶片一起铸成,如图 5-16(a)所示。随着压力铸铝技术的不断完善,目前不少工厂已改用压力铸铝工艺来替代离心铸铝。由于压力铸铝的质量优于离心铸铝,因此离心铸铝法将被逐步淘汰。

另一种结构为铜条转子,即在转子铁心槽内放置没有绝缘的铜条,铜条的两端用短路环焊接起来,形成一个笼型的形状,如图 5-16(b)所示。铜条转子制造较复杂,价格较高,主要用于功率较大的异步电动机上。

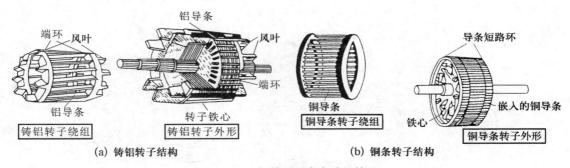

(a) 铸铝转子结构   (b) 铜条转子结构

图 5-16 三相笼型异步电动机转子

3. 风扇

风扇用于冷却电动机。

课题二 三相异步电动机的工作原理

一、三相异步电动机的旋转磁场

1. 旋转磁场及其产生

图 5-17 所示为三相异步电动机定子三相绕组结构示意图。定子铁心上布置在空间各相差 120°电角度的三相绕组 U1U2、V1V2、W1W2,三相绕组接成星形联结,如图 5-17 所示。现向定子三相绕组中分别通入三相交流电 i_U、i_V、i_W,各相电流将在定子绕组中分别产生相应的磁场,如图 5-18 所示。

（1）在 $\omega t = 0$ 的瞬间,$i_U = 0$,故 U1U2

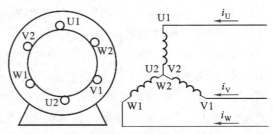

图 5-17 定子三相绕组结构示意图(极对数 $p = 1$)

绕组中无电流；i_V 为负，假定电流从绕组末端 V2 流入，从首端 V1 流出；i_W 为正，则电流从绕组首端 W1 流入，从末端 W2 流出。绕组中电流产生的合成磁场如图 5-18(a)位置所示。

（2）$\omega t = \dfrac{\pi}{2}$ 瞬间，i_U 为正，电流从首端 U1 流入、末端 U2 流出；i_V 为负，电流仍从末端 V2 流入，首端 V1 流出；i_W 为负，电流从末端 W2 流入、首端 W1 流出。绕组中电流产生的合成磁场如图 5-18(b)中位置所示，可见合成磁场顺时针转过了 90°。

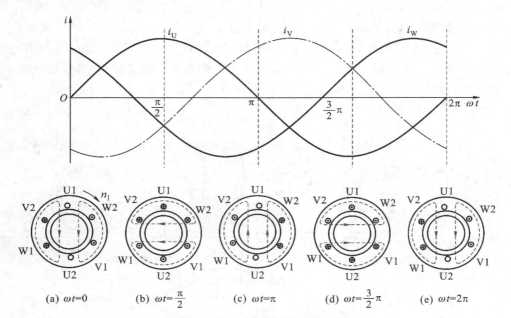

图 5-18　两极定子绕组的旋转磁场

（3）继续按上法分析，在 $\omega t = \pi$、$\dfrac{3}{2}\pi$、2π 的不同瞬间三相交流电在三相定子绕组中产生的合成磁场，可得到如图 5-18 中位置(c)、(d)、(e)所示的变化，观察这些图中合成磁场的分布规律可见：合成磁场的方向按顺时针方向旋转，并旋转了一周。

由此可以得出如下结论：在三相异步电动机定子铁心中布置结构完全相同、在空间各相差 120°电角度的三相定子绕组，分别向三相定子绕组通入三相交流电，则在定子、转子与空气隙中产生一个沿定子内圆旋转的磁场，该磁场称为旋转磁场。

2. 旋转磁场的旋转方向

由图 5-18 可以看出，三相交流电的变化次序(相序)为 U 相达到最大值→V 相达到最大值→W 相达到最大值。将 U 相交流电接 U 相绕组，V 相交流电接 V 相绕组，W 相交流电接 W 相绕组，则产生的旋转磁场的旋转方向为 U 相→V 相→W 相(顺时针旋转)，即与三相交流电的变化相序一致。如果任意调换电动机两相绕组所接交流电源的相序，即 U 相交流电仍接 U 相绕组，将 V 相交流电改与 W 相绕组相接，W 相交流电与 V 相绕组相接，可以对照

图 5-18 分别绘出 $\omega t = 0$ 及 $\omega t = \dfrac{\pi}{2}$ 瞬时的合成磁场图,如图 5-19 所示。由图可见,此时合成磁场的旋转方向已变为反时针旋转,即与图 5-18 的旋转方向相反。由此可以得出结论:旋转磁场的旋转方向决定于通入定子绕组中的三相交流电源的相序,且与三相交流电源的相序 U→V→W 的方向一致。只要任意调换电动机两相绕组所接交流电源的相序,旋转磁场即反转。这个结论很重要,因为后面将要分析到三相异步电动机的旋转方向与旋转磁场的转向一致。因此,要改变电动机的转向,只要改变旋转磁场的转向即可。

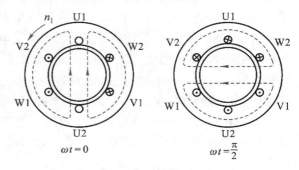

图 5-19　旋转磁场转向的改变

3. 旋转磁场的旋转速度

理论分析及实践证明,旋转磁场的转速可用下式表示

$$n_1 = \frac{60 f_1}{p} \tag{5-2}$$

式中,f_1 为交流电频率,Hz;p 为电动机磁极对数;n_1 为旋转磁场的转速,又称同步转速,r/min。

例 5-2　通入三相异步电动机定子绕组中的交流电频率 $f = 50$ Hz,试分别求电动机磁极对数 $p = 1$、$p = 2$、$p = 3$ 及 $p = 4$ 时旋转磁场的转速 n_1。

解:当 $p = 1$　$n_1 = \dfrac{60 f_1}{p} = \dfrac{60 \times 50}{1}$ r/min = 3 000 r/min

当 $p = 2$　$n_1 = \dfrac{60 f_1}{p} = \dfrac{60 \times 50}{2}$ r/min = 1 500 r/min

同理当 $p = 3$ 时,$n_1 = 1\,000$ r/min,当 $p = 4$ 时,$n_1 = 750$ r/min。

上述四个数据很重要,因为目前使用的各类三相异步电动机的转速与上述四种转速密切有关(均稍小于上述四种转速)。例如:Y2-132S-2 三相异步电动机($p = 1$)的额定转速 $n = 2\,900$ r/min;Y2-132S-4($p = 2$)的额定转速 $n = 1\,440$ r/min;Y2-132S-6($p = 3$)为960 r/min;Y2-132S-8($p = 4$)为 710 r/min。

二、三相异步电动机旋转原理

1. 三相异步电动机旋转原理

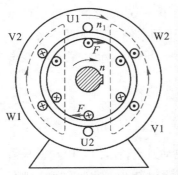

图5-20　三相异步电动机旋转原理

图 5-20 所示为一台三相异步电动机旋转原理。转子上的 6 个小圆圈表示自成闭合回路的转子导体。当向三相定子绕组 U1U2、V1V2、W1W2 中通入三相交流电后,对应图 5-18(a)的位置,按前分析可知将在定子、转子及其空气隙内产生一个同步转速为 n_1,在空间按顺时针方向旋转的磁场。该旋转的磁场将切割转子导体,在转子导体中产生感应电动势,由于转子导体自成闭合回路,因此该电动势将在转子导

体中形成电流,其电流方向可用右手定则判定。在使用右手定则时必须注意,右手定则的磁场是静止的,导体在作切割磁感线的运动,而这里正好相反。为此,可以相对地把磁场看成不动,而导体以与旋转磁场相反的方向(逆时针)去切割磁感线,从而可以判定出在该瞬间转子导体中的电流方向如图所示,即电流从转子上半部的导体中流出,流入转子下半部导体中。有电流流过的转子导体将在旋转磁场中受电磁力 F 的作用,其方向可用左手定则判定,如图中箭头所示,该电磁力 F 在转子轴上形成电磁转矩,使异步电动机以转速 n 旋转。由此可以归纳出三相异步电动机的旋转原理为:在定子三相绕组中通入三相交流电时,在电动机气隙中即形成旋转磁场;转子绕组在旋转磁场的作用下产生感应电流;有电流的转子导体受电磁力的作用,产生电磁转矩使转子旋转。由图 5-20 可见,电动机转子的旋转方向与旋转磁场的旋转方向一致。因此要改变三相异步电动机的旋转方向只需改变旋转磁场的转向即可。

2. 转差率 s

由上面的分析还可看出,转子的转速 n 一定要小于旋转磁场的转速 n_1,如果转子转速与旋转磁场转速相等,则转子导体就不再切割旋转磁场,转子导体中就不再产生感应电动势和电流,电磁力 F 将为零,转子就将减速。因此异步电动机的"异步"就是指电动机转速 n 与旋转磁场转速 n_1 之间存在着差异,两者的步调不一致。又由于异步电动机的转子绕组并不直接与电源相接,而是依据电磁感应来产生电动势和电流,获得电磁转矩而旋转,因此又称感应电动机。

把异步电动机旋转磁场的转速,即同步转速 n_1 与电动机转速 n 之差称为转速差,转速差与旋转磁场转速 n_1 之比称为异步电动机的转差率 s,即

$$s = \frac{n_1 - n}{n_1} \tag{5-3}$$

转差率 s 是异步电动机的一个重要物理量,s 的大小与异步电动机运行情况密切有关。

(1) 当异步电动机在静止状态或刚接上电源,即电动机刚开始启动的一瞬间,转子转速 $n = 0$,则对应的转差率 $s = 1$。

(2) 如转子转速 $n = n_1$,则转差率 $s = 0$。

(3) 异步电动机在正常状态下运行时,转差率 s 在 $0 \sim 1$ 之间变化。

(4) 三相异步电动机在额定状态(即加在电动机定子三相绕组上的电压为额定电压,电动机输出的转矩为额定转矩)下运行时,额定转差率 s_N 一般在 $0.01 \sim 0.06$ 之间。由此可以看出三相异步电动机的额定转速 n_N 与同步转速 n_1 较为接近。下面举例予以说明。

例 5-3 已知 Y2-160M-4 三相异步电动机的同步转速 $n_1 = 1\,500$ r/min,额定转差率 $s_N = 0.027$,求该电动机的额定转速 n_N。

解:由式(5-3)可得

$$n_N = (1 - s_N)n_1 = (1 - 0.027) \times 1\,500 \text{ r/min} = 1\,460 \text{ r/min}$$

(5) 当三相异步电动机空载时(即轴上没有拖动机械负载,电动机空转),由于电动机只需克服空气阻力及摩擦阻力,故转速 n 与同步转速 n_1 相差甚微,转差率 s 很小,为 $0.004 \sim 0.007$。

课题三　三相异步电动机的应用特性

三相异步电动机在应用过程中,输入电功率,输出机械功率、转矩和转速。因此使用三相异步电动机通常最关心的是这些量的大小及相互之间的关系。

一、功率及效率

任何机械在实现能量的转换过程中总有损耗存在,异步电动机也不例外,因此异步电动机轴上输出的机械功率 P_2 总是小于其从电网输入的电功率 P_1,举例来加以说明。

例 5-4　Y2-160M-4 三相异步电动机输出功率(额定功率) $P_2 = 5.5$ kW,额定电压 $U_1 = 380$ V,额定电流 $I_1 = 11.7$ A,电动机功率因数 $\cos \varphi_1 = 0.83$,求额定输入功率 P_1 及输出功率与输入功率之比 η。

解： 由三相交流电路的功率公式知

$$P_1 = \sqrt{3} U_1 I_1 \cos \varphi_1 = \sqrt{3} \times 380 \times 11.7 \times 0.83 \text{ W} = 6\,391 \text{ W} = 6.391 \text{ kW}$$

$$\eta = \frac{P_2}{P_1} \times 100\% = \frac{5.5}{6.391} \times 100\% = 86\%$$

由本例可见,电动机从电网上输入的功率 P_1 为 6.391 kW,而电动机输出的功率只有 5.5 kW,故该电动机在运行中的功率损耗 $\sum P = P_1 - P_2 = (6.391 - 5.5)$ kW $= 0.891$ kW。异步电动机在运行中的功率损耗有:

(1) 电流在定子绕组中的铜损耗 $P_{\text{Cu}1}$ 及转子绕组中的铜损耗 $P_{\text{Cu}2}$。

(2) 交变磁通在电动机定子铁心中产生的磁滞损耗及涡流损耗,通称铁损耗 P_{Fe}。

(3) 机械损耗 P_t,包括电动机在运行中的机械摩擦损耗、风的阻力及其他附加损耗。

电动机的功率平衡方程式为

$$P_2 = P - P_{\text{Cu}2} - P_t = P_1 - P_{\text{Cu}1} - P_{\text{Fe}} - P_{\text{Cu}2} - P_t = P_1 - \sum P \qquad (5\text{-}4)$$

式中,P 为电磁功率,$\sum P$ 为功率损耗。

电动机的效率 η 等于输出功率 P_2 与输入功率 P_1 之比,即

$$\eta = \frac{P_2}{P_1} \times 100\% = \frac{P_1 - \sum P}{P_1} \times 100\% \qquad (5\text{-}5)$$

理论分析及实践都表明,异步电动机在轻载时效率很低。国产三相异步电动机的额定效率约为 75%～92%,电动机功率越大,效率越高。负载增加时,效率随之增高,通常在额定功率的 75%～80% 时效率最高。因此,在选择及使用电动机时必须注意电动机的额定功率应稍大于所拖动的负载实际功率,避免电动机额定功率比负载功率大得多的所谓"大马拉小车"现象。

由于异步电动机是一种旋转机械,而且定子、转子之间必须要有空气隙存在,使电动机

在额定负载时的效率也比同容量的变压器低得多,因此,如何提高异步电动机的效率一直是人们研究的一个重大课题,我国最近采取的一项重大技术更新成果就是强制推行用冷轧硅钢片作为电动机的导磁材料,可明显地降低电动机的铁损耗,另外还有采用磁性槽楔及定子绕组改用正弦绕组等措施。

二、功率与转矩的关系

由力学知识知道:旋转体的机械功率等于作用在旋转体上的转矩 T 与它的机械角速度 Ω 的乘积,即 $P = T\Omega$,因此电动机输出转矩 T_2 为

$$T_2 = \frac{P_2}{\Omega} = \frac{P_2 \times 60}{2\pi n} = 9.550 \frac{P_2}{n}$$

当电动机在额定状态下运行时,上式中的 T_2、P_2、n 分别为额定输出转矩(N·m)、额定输出功率(W)、额定转速(r/min)。

当电动机额定输出功率用 kW 表示时,则上式变为

$$T_2 = 9\,550 \frac{P_2}{n} \tag{5-6}$$

例 5-5 有 Y160M-4 及 Y180L-8 型三相异步电动机各一台,额定功率均为 $P_2 = 11$ kW,前者额定转速 1 460 r/min,后者额定转速 730 r/min,分别求它们的额定输出转矩。

解:Y160M-4 型电动机

$$T_2 = 9\,550 \frac{P_2}{n} = 9\,550 \times \frac{11}{1\,460} \text{ N·m} = 71.95 \text{ N·m}$$

Y180L-8 型电动机

$$T_2 = 9\,550 \frac{P_2}{n} = 9\,550 \times \frac{11}{730} \text{ N·m} = 143.9 \text{ N·m}$$

由此可见,输出功率相同的异步电动机如极数多,则转速就低,输出转矩就大;极数少,转速高,则输出的转矩就小,在选用电动机时必须了解这个概念。

三、转矩与转速的关系——机械特性

通过数学分析,三相异步电动机的转矩可用下式表示

$$T \approx \frac{CsR_2U_1^2}{f_1\left[R_2^2 + (sX_{20})^2\right]} \tag{5-7}$$

式中,T 为电磁转矩,在近似分析与计算中可将其看作电动机的输出转矩,N·m;U_1 为电动机定子每相绕组上的电压,V;s 为电动机的转差率;R_2 为电动机转子绕组每相的电阻,Ω;X_{20} 为电动机静止不动时转子绕组每相的感抗值,Ω;C 为电动机结构常数;f_1 为交流电源的频率,Hz。

对一台电动机而言,它的结构常数及转子参数 C、R_2、X_{20} 是固定不变的,因而当加在电动机定子绕组上的电压 U_1 不变时(电源频率 f_1 当然也不变),由式(5-7)可知:异步电

动机轴上输出的转矩 T 仅与电动机的转差率(亦即是电动机的转速 n)有关。在电力拖动系统中,把 T 与 n 之间的关系用曲线来表示,称为异步电动机的机械特性曲线,如图 5-21 所示。

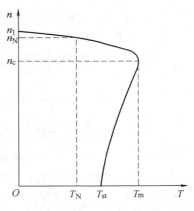

图 5-21　异步电动机的机械特性曲线

下面以机械特性曲线为例来分析异步电动机的运行特点。

1. 启动状态

在电动机启动的瞬间,即 $n = 0$(或 $s = 1$)时,电动机轴上产生的转矩称启动转矩 T_{st}(又称堵转转矩),如启动转矩 T_{st} 大于电动机轴上所带的机械负载转矩 T_L,则电动机就能启动;反之,电动机则无法启动。

2. 同步转速状态

当电动机转速达到同步转速时,即 $n = n_1$(或 $s = 0$)时,转子电流 I_2 为零,故转矩 $T = 0$。

3. 额定转速状态

当电动机在额定状态下运行时,对应的转速称为额定转速 n_N,此时的转差率称为额定转差率 s_N,而电动机轴上产生的转矩则称为额定转矩 T_N。

4. 临界转速状态

当转速为某一值 n_C 时,电动机产生的转矩最大,称为最大转矩 T_m。由数学分析可知,最大转矩 T_m 的大小只与电源电压 U_1 有关,与转子电阻 R_2 的大小无关,而产生最大转矩时的转差率 s_C(称为临界转差率)可通过数学运算求得。

$$s_C = \frac{R_2}{X_{20}} \tag{5-8}$$

式(5-8)表明,产生最大转矩时的临界转差率 s_C(亦即临界转速 n_C)与电源电压 U_1 无关,但与转子电路的总电阻 R_2 成正比,故改变转子电路电阻 R_2 的数值,即可改变产生最大转矩时的临界转差率(即临界转速),如果 $R_2 = X_{20}$,则 $s_C = 1$ 即 $n_C = 0$,即说明电动机在启动瞬间产生的转矩最大(也就是说电动机的最大转矩产生在启动瞬间)。所以绕线转子异步电动机可在转子回路中串入适当的电阻,使启动时获得最大的转矩。

5. 启动转矩倍数

前面已经说过,电动机刚接入电网但尚未开始转动($n = 0$)的一瞬间,轴上产生的转矩称为启动转矩(或堵转转矩)T_{st}。启动转矩必须大于电动机轴上所带的机械负载阻力矩,电动机才能启动。因此,启动转矩 T_{st} 是衡量电动机启动性能好坏的重要指标,通常用启动转矩倍数 λ_{st} 表示。

$$\lambda_{st} = \frac{T_{st}}{T_N} \tag{5-9}$$

式中,T_N 是电动机的额定转矩。旧型号的国产三相异步电动机 J2、JO2 系列 λ_{st} 在 $0.95 \sim 1.9$ 之间。目前国产 Y 系列及 Y2 系列三相异步电动机该值约 2.0,因此,Y 系列及 Y2 系列电动机的启动性能较老产品优越。

6. 过载能力 λ

电动机产生的最大转矩 T_m 与额定转矩 T_N 之比称为电动机的过载能力 λ，即

$$\lambda = \frac{T_m}{T_N} \tag{5-10}$$

一般三相异步电动机的 λ 在 1.8～2.2 之间，它表明电动机在短时间内轴上带的负载只要不超过 $(1.8～2.2)T_N$，电动机仍能继续运行。因此 λ 表明电动机具有的过载能力。

式(5-7)表明：异步电动机的转矩 T（最大转矩 T_m 及启动转矩 T_N 也一样）与加在电动机上的电压 U_1 的平方成正比。因此电源电压的波动对电动机的运行影响很大。例如，当电源电压降为额定电压的 90% 即为 $0.9U_1$ 时，电动机的转矩则降为额定值的 81%。因此，当电源电压过低时，电动机就有可能拖不动负载而被迫停转，这一点在使用电动机时必须注意。在后面异步电动机的启动中也会讨论到，当异步电动机采用降低电源电压启动时，虽然对降低电动机的启动电流很有效，但带来的最大缺点就是电动机启动转矩也随之降低，因此只适用于空载或轻载启动的电动机。

例 5-6　有一台三相笼型异步电动机，额定功率 $P_N = 40\,kW$，额定转速 $n_N = 1\,450\,r/min$，过载能力 $\lambda = 2.2$，求额定转矩 T_N，最大转矩 T_m。

解： $T_N = 9\,550\,\dfrac{P_N}{n_N} = 9\,550 \times \dfrac{40}{1\,450}\,N \cdot m = 263.45\,N \cdot m$

$T_m = \lambda T_N = 2.2 \times 263.45\,N \cdot m = 579.59\,N \cdot m$

项目 9　单相异步电动机的使用、检修与拆装

项目描述

在单相交流电源下工作的电动机称为单相电动机。由于它结构简单、成本低廉、运行可靠、维修方便，并可以直接在单相 220 V 交流电源上使用，因此被广泛用于办公场所、家用电器等方面。通过本项目的学习，掌握单相异步电动机工作原理、基本结构与运行特性，会检修各类电风扇。

学习目标

1. 熟悉单相异步电动机的结构，会拆装及检修单相异步电动机。
2. 掌握电容分相单相异步电动机的运行原理。
3. 掌握电阻分相单相异步电动机的运行原理。
4. 了解单相罩极电动机。
5. 了解单相异步电动机的调速和反转方法，会正确使用单相异步电动机。

实训操作 9

器材、工具、材料

序　号	名　　称	规　　格	单　位	数　量	备　注
1	吊式电风扇电动机	220 V	台	1	
2	台式电风扇电动机	220 V	台	1	
3	转页式电风扇	220 V	台	1	
4	台式电风扇调速开关	四挡或五挡	个	1	
5	吊式电风扇调速电抗器	四挡或五挡	个	1	
6	万用表	500 型或 MF-30 型	块	1	
7	兆欧表	500 V	块	1	
8	刀开关	250 V、10 A	个	1	
9	干电池	1.5～3 V	组	1	
10	白炽灯	220 V、100 W	盏	2	负载电阻 R
11	电工工具		套	1	

电风扇电动机的性能测定

（1）观察单相异步电动机、电容器、调速用电抗器、调速开关的结构，记录单相异步电动机、电容器的参数（可参看电风扇铭牌）于表 5-3。

表 5-3　电风扇电动机的参数

额定功率/W	额定电压/V	额定电流/A	转速/(r/min)	电容器容量/μF

（2）用万用表测量单相异步电动机的绕组电阻，区分出工作绕组及启动绕组。电阻值大的为启动绕组，电阻值小的为工作绕组（如工作绕组、启动绕组阻值相同，则可任选），将测量值记录下来：工作绕组为_____Ω，启动绕组为_____Ω。

（3）用兆欧表测量单相异步电动机启动绕组 U 相和工作绕组 Z 相间的绝缘电阻及 U 相、Z 相的对地（机壳）绝缘电阻，将数据记录于表 5-4 中。

表 5-4　单相异步电动机绕组间的绝缘电阻

项　　目	U 相与 Z 相间	U 相对地	Z 相对地
绝缘电阻 R/MΩ			

电风扇的调速及反转

1. 吊式电风扇的调速及反转

（1）按图 5-22 所示电路进行接线，先将调速开关 S1 置于 5 挡，合上开关 S2，然后合上电源开关 QS 启动电动机，串入电抗器以后电动机的启动情况是_____，电动机转向（从电扇上部往下观察）为_____。

（2）将调速开关 S1 由 5 挡拨向 4 挡，再拨向 3、2、1 挡，电动机进入稳态运行后（切除电抗器后），电动机转速变化情况是_____，转向变化情况是_____。

（3）电动机启动后，断开 S2，切除电容器和启动绕组，模拟电容启动电动机的运行情况，观察电动机的转向和转速：转速有无变化_____，转向有无改变_____。

（4）先断开 QS 切断电源，将工作绕组（或启动绕组）的首、末端换接，再合上 S2 和 QS 重新启动电动机，S1 置于 5 挡，观察其转向和转速：电动机转速_____，转向_____。

（5）调节开关 S1 至各挡位，观察电动机的转速变化情况。

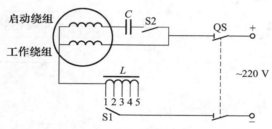

图 5-22　吊式电风扇电抗器调速电路

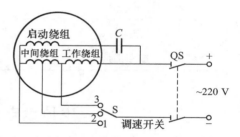

图 5-23　台式电风扇抽头法调速电路

2. 台式电风扇的调速

（1）按图 5-23 所示电路进行接线。

（2）合上电源开头 QS，将调速开关 S 分别置于各挡，观察电动机的转速变化情况：1 挡_____，2 挡_____，3 挡_____。

3. 吊式电风扇晶闸管调速电路

（1）按图 5-24 所示电路进行接线（单点画线框内的晶闸管调速电路已接在调速器内，接线时只需将调速器的两个端钮按图 5-24 外接即可）。

（2）旋动调速旋钮，附在电位器上的开关 S 即接通，吊式电风扇电动机启动，观察电动机转速变化的情况：旋钮顺时针旋动时转速由_____到_____。

（3）断开电源，拆开调速器后盖，观察、区分双向晶闸管调速电路各元器件。

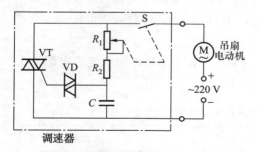

图 5-24　吊扇晶闸管调压调速电路

电风扇的检修与拆装

1. 电风扇的检修

（1）电风扇平时应经常清洁，以清除扇叶和机壳表面的灰尘。隔一两个月给轴承加几滴润滑油。每年使用结束时做一次较彻底的清洁工作，并用塑料套包封好放在干燥的场所。台式电风扇摆头减速箱中的润滑油脂隔 2～3 年应更换一次，更换时先用柴油、煤油等溶液清洗，清洗完后用布擦干，再加上新的润滑油脂，但不要加得太满，一般以加到箱内容量的 2/3 为宜。

（2）电风扇的故障有电气故障和机械故障。常见的电气故障有电动机绕组短路、断路，电容器或调速用电抗器损坏，开关接触不良，电线脱焊等。机械故障主要有轴承磨损，扇叶变形等。若出现轴承磨损，应予以调整或更换；扇叶变形一般难以修复，也应予以更换。由于电风扇功率较小，体积也小，因此它的拆装过程比三相异步电动机方便、容易很多，一般都不需使用拉具等专用拆卸工具，凡是用手可以直接拧动或拉动的可直接用手拆装；不能的，则只需借用一般的电工工具（螺丝刀、扳手、电工刀等）拧动或轻轻撬动后即可拆卸。了解电风扇的结构以后，其拆装过程也很简单，只要操作几次即可熟练地掌握。

（3）检修过或者长时间不用的电风扇，在使用前应测量其绝缘电阻。测量方法是用 500 V 兆欧表将表的 L 端接电动机的绕组接线端，E 端接电动机的外壳，然后以大约 120 r/min 的速度摇动兆欧表的手柄，读取表针所指的数值即为电动机的绝缘电阻值。电动机的绝缘电阻以不小于 0.5 MΩ 为合格。

2. 电风扇的拆装

以转页式电风扇为例。转页式电风扇也属于台式电风扇的一种，其结构如图 5-25 所示。它的主要工作特点是取消了台式电风扇一套用机械传动的摇头机构，而采用转页轮来变换风向，因而体积较小，价格也较便宜。其风量较小，且较柔和，使人体感觉较舒适，且有定时器，可延时数十分钟至数小时后自动停止。它与一般电风扇的不同之处是除了有一台风扇电动机驱动扇叶旋转外，还装有一台转页微电动机，转页微电动机经传动装置减速后，带动转页轮转动（转速约 5 r/min）。

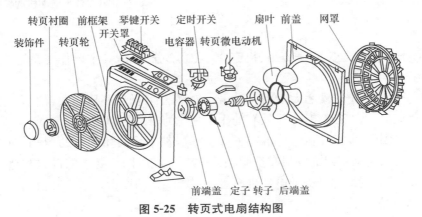

转页衬圈　前框架　琴键开关　定时开关　扇叶　前盖　网罩
装饰件　转页轮　开关罩　电容器　转页微电动机
前端盖　定子　转子　后端盖

图 5-25　转页式电扇结构图

现进行转页式电风扇的拆装，具体操作步骤如下：

（1）用手旋下装饰件。

（2）用一字形螺丝刀旋具轻轻地从转轴上将转页衬圈取下。

（3）用手拉出转页轮。

（4）用螺丝刀拆下网罩与前盖之间的连接螺钉，取出网罩。

（5）拆下前盖。

（6）用手拉出扇叶。

（7）如果对风扇电动机进行拆装，则可参照三相异步电动机的拆装步骤进行。

（8）清扫、擦抹干净，给电动机注入少量润滑油后即可将电风扇重新装配好。

（9）用手转动扇叶，装配好的电风扇能轻快、自由地转动。

相关知识

课题四　单相异步电动机的结构及工作原理

一、单相异步电动机的结构

单相异步电动机是指在单相交流电源下工作的电动机。随着用途的不同，其外形也各异。图 5-26 所示为水泵电动机和抽油烟机电动机外形图。不论外形如何，其基本结构也与三相异步电动机相仿，由定子和转子两大部分组成，如图 5-27 所示。

动画：单相电动机结构

(a) 水泵电动机　　(b) 抽油烟机电动机

图 5-26　单相异步电动机外形

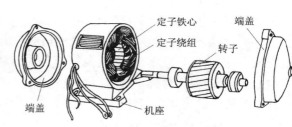

图 5-27　单相异步电动机的结构

1. 定子

定子部分由定子铁心、定子绕组、机座、端盖等部分组成，其主要作用是通入交流电，产生旋转磁场。

（1）定子铁心。定子铁心大多用 0.35 mm 硅钢片冲槽后叠压而成，槽形一般为半闭口槽，槽内则用以嵌放定子绕组，定子铁心的作用是作为磁通的通路。

（2）定子绕组。单相异步电动机定子绕组一般都采用两相绕组的形式，即工作绕组和启动绕组。工作、启动绕组的轴线在空间相差 90°电角度，两相绕组的槽数和绕组匝数可以相同，也可以不同，视不同种类的电动机而定。定子绕组的作用是通入交流电，在定子、转子及空气隙中形成旋转磁场。

单相异步电动机中常用的定子绕组类型主要有单层同心式绕组、单层链式绕组、正弦绕组，这类绕组均属分布绕组。单相罩极式电动机的定子绕组则多采用集中绕组。

定子绕组一般均由高强度聚酯漆包线事先在绕线模上绕好后，再嵌放在定子铁心槽内，并需进行浸漆、烘干等绝缘处理。

（3）机座与端盖。机座一般均用铸铁、铸铝或钢板制成，其作用是固定定子铁心，并借助两端端盖与转子连成一个整体，使转轴上输出机械能。电机内部散发的热量由机座散出，有时为了加强散热，可再加风扇冷却。

由于单相异步电动机体积、尺寸都较小，且往往与被拖动机械组成一体，因而其机械部分的结构有时可与三相异步电动机有较大的区别，例如有的单相异步电动机不用机座，而直接将定子铁心固定在前、后端盖中间，图 5-28 所示为电容运行台式电风扇。也有的采用立式结构，且转子在外圆，定子在内圆的外转子结构形式，图 5-29 所示为电容运行吊式电风扇。

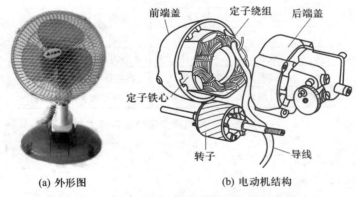

(a) 外形图　　　　　(b) 电动机结构

图 5-28　电容运行台式电风扇（外定子、内转子结构）

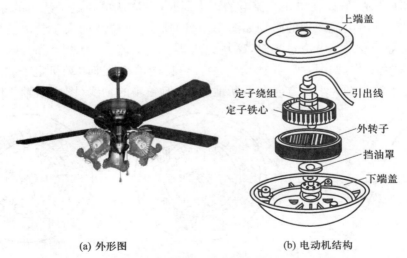

(a) 外形图　　　　　(b) 电动机结构

图 5-29　电容运行吊式电风扇（内定子、外转子结构）

2. 转子

转子部分由转子铁心、转子绕组、转轴等组成,其作用是导体切割旋转磁场,产生电磁转矩,拖动机械负载工作。

(1)转子铁心。转子铁心与定子铁心一样用厚 0.35 mm 以下硅钢片冲槽后叠压而成,槽内置放转子绕组,最后将铁心及绕组整体压入转轴。

(2)转子绕组。单相异步电动机的转子绕组均采用笼型结构,一般均用铝或铝合金压力铸造而成。

(3)转轴。用碳钢或合金钢加工而成,轴上压装转子铁心,两端压上轴承,常用的有滚动轴承和含油滑动轴承。

3. 单相异步电动机的铭牌

在单相异步电动机机座上均装有铭牌,如图 5-30 所示。供正确使用电动机时参考。

单相电容运行异步电动机			
型号	DO2-6314	电流	0.94 A
电压	220 V	转速	1 400 r/min
频率	50 Hz	工作方式	连续
功率	90 W	标准号	
编号、出厂日期××			×××电机厂

图 5-30   单相异步电动机铭牌

二、单相异步电动机的工作原理

1. 单相绕组的脉动磁场

首先来分析在单相定子绕组中通入单相交流电后产生磁场的情况。

如图 5-31 所示,假设在单相交流电的正半周时,电流从单相定子绕组的左半侧流入,从右半侧流出,则由电流产生的磁场如图 5-31(b)所示,该磁场的大小随电流的大小而变化,方向则保持不变。当电流过零时,磁场也为零。当电流变为负半周时,则产生的磁场方向也随之发生变化,如图 5-31(c)所示。由此可见向单相异步电动机定子绕组通入单相交流电后,产生的磁场大小及方向在不断地变化,但磁场的轴线(图中纵轴)却固定不变,

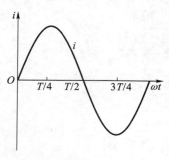

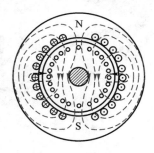

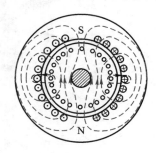

(a) 交流电流波形   (b) 电流正半周产生的磁场   (c) 电流负半周产生的磁场

图 5-31   单相绕组的脉动磁场

这种磁场称为脉动磁场。由于磁场只是脉动而不旋转,因此,单相异步电动机的转子若原来静止不动,则在脉动磁场的作用下,转子导体因与磁场之间没有相对运动,而不产生感应电动势和电流,也就不存在电磁力的作用,因此转子仍然静止不动,即单相异步电动机没有启动转矩,不能自行启动。这是单相异步电动机的一个主要缺点。如果用外力去拨动一下电动机的转子,则转子导体就切割定子脉动磁场,从而有电动势和电流产生,并将在磁场中受到力的作用,与三相异步电动机转动原理一样,转子将顺着拨动的方向转动起来。因此,要使单相异步电动机具有实际使用价值,就必须解决电动机的启动问题。

2. 两相绕组的旋转磁场

如图 5-32(a)所示,在单相异步电动机定子上放置在空间相差 90° 的两相定子绕组 U1U2 和 Z1Z2,向这两相定子绕组中通入在时间上相差约 90° 电角度的两相交流电流 i_Z 和 i_U,如图 5-32(b)所示,该交流电可由在一相绕组中串联电容 C 来获得。采用与分析三相异步电动机旋转磁场产生的方法一样进行分析,可知此时产生的也是旋转磁场。由此可以得出结论:向在空间相差 90° 的两相定子绕组中通入在时间上相差一定角度的两相交流电,则其合成磁场也是沿定子和转子空气隙旋转的旋转磁场。

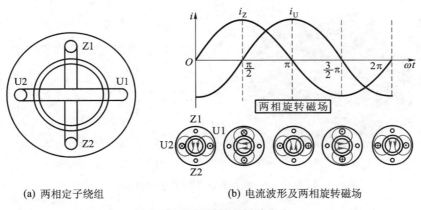

(a) 两相定子绕组　　　　　(b) 电流波形及两相旋转磁场

图 5-32　两相旋转磁场的产生

由此可知:要解决单相异步电动机的启动问题,实质上就是解决气隙中旋转磁场的产生问题。根据启动方法的不同,单相异步电动机一般可分为电容分相式、电阻分相式和罩极式,下面分别进行介绍。

课题五　常用单相异步电动机

1. 电容运行单相异步电动机

电容运行单相异步电动机其原理线路如图 5-33 所示。在电动机定子铁心上嵌放有两套绕组,即工作绕组 U1U2(又称主绕组)和启动绕组 Z1Z2(又称副绕组)。它们的结构相同或基本相同,但在空间的布置位置互差 90° 电角度。在启动绕组中串入电容 C 后再与工作绕组并联接在单相交流电源上,适当选择电容 C 的容量,使流过工作绕组中的电流 I_U 与流过启动绕组中的电流 I_Z 在时间上相差约 90°电角度,就满足了图 5-32(b)所示旋转磁场产生的条件,在定子转子及气隙间产生一个旋转磁场。单相异步电动机的笼型结构转子在该旋转磁场的作用下,获得启动转矩而旋转。

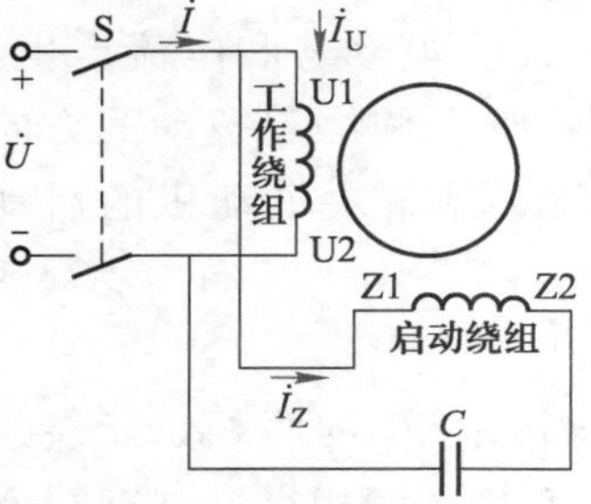

电容运行单相异步电动机结构简单,使用维护方便,只要任意改变启动绕组(或工作绕组)首端和末端与电源的接线,即可改变旋转磁场的转向,从而实现电动机的反转。电容运行单相异步电动机常用于电风扇、电冰箱、洗衣机、空调器、通风机、录音机、复印机、电子仪表仪器及医疗器械等各种空载或轻载启动的机械上。

电容运行单相异步电动机是应用最普遍的单相异步电动机。

图5-33 电容运行单相异步电动机

2. 电容启动单相异步电动机

这类电动机的启动绕组和电容只在电动机启动时起作用,当电动机启动即将结束时,利用开关 S 将启动绕组和电容从电路中切除,如图 5-34 所示。

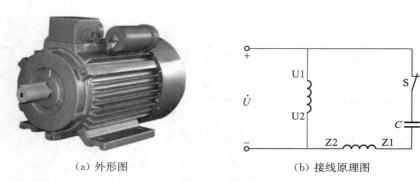

（a）外形图　　　　　　　　　　（b）接线原理图

图5-34 电容启动单相异步电动机

电容启动单相异步电动机比电容运行单相异步电动机的启动转矩要大,适用于小型空气压缩机、电冰箱、磨粉机、医疗机械、水泵等满载启动的机械上。

启动绕组的切除常用的有三种方法:

(1) 在电路中串联离心开关 S。离心开关结构如图 5-35 所示。该离心开关由旋转部分和静止部分组成,旋转部分安装于电动机转轴上,与电动机一起旋转。而静止部分则安装在端盖或机座上,静止部分由两个相互绝缘的半圆形铜环组成(与机座及端盖也互相绝缘),其中一个半圆环接电源,另一个半圆环接启动绕组。电动机静止时,安装在旋转部分上的三个指形铜触片在拉力弹簧的作用下,分别压在两个半圆形铜环的侧面,由于三个指形铜触片本身是连通的,这样就使启动绕组与电源接通,电动机开始启动。当电动机转速达到一定数值后,安装于旋转部分的指形铜触片由于离心力的作用而向外张开,使铜触片与半圆形铜环分离,即将启动绕组从电源上切除,电动机启动结束,投入正常运行。

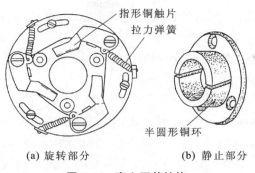

指形铜触片
拉力弹簧

半圆形铜环

(a) 旋转部分　　　　(b) 静止部分

图 5-35　离心开关结构

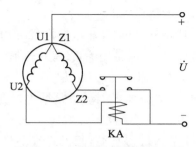

U1　Z1

$\dot{U}$

U2

Z2

KA

图 5-36　启动继电器启动原理图

（2）启动继电器启动。有些单相电动机用启动继电器来代替离心开关，如图 5-36 所示。继电器的吸引线圈 KA 串联在工作绕组回路中，启动时，工作绕组电流很大，衔铁动作，使串联在启动绕组回路中的动合触点闭合。于是启动绕组接通，电动机处于两相绕组运行状态。随着转子转速上升，工作绕组电流不断下降，吸引线圈的吸力下降。当到达一定的转速，电磁铁的吸力小于触点的反作用弹簧的拉力，触点被打开，启动绕组就脱离电源，电动机正常运行。

（3）PTC 启动器。最新式的启动元件是"PTC"元件，它是一种能"通"或"断"的热敏电阻。"PTC"元件串在启动绕组电路中，启动时元件阻值很低，启动绕组处于通路状态，电动机开始启动。随着时间的推移，PTC 元件的温度上升，电阻剧增，启动绕组电路相当于断开，电动机正常运行。

3. 电阻启动单相异步电动机

若将图 5-34 中的电容 C 换成电阻 R，则构成电阻分相单相异步电动机，如图 5-37 所示。电阻分相单相异步电动机的定子铁心上嵌放有两套绕组，即工作绕组 U1U2 和启动绕组 Z1Z2。在电动机运行过程中，工作绕组自始至终接在电路中，一般工作绕组占电阻总槽数的2/3，启动绕组占定子总槽数的1/3。启动绕组只在启动过程中接入电路，待电动机转速达到额定转速70％～80％时，离心开关 S 将启动绕组从电源上断开，电动机即进入正常运行。为了增加启动时流过工作绕组和启动绕组之间电流的相位差（希望为 90°电角度），通常可在启动绕组回路中串联电阻 R 或增加启动绕组本身的电阻（启动绕组用细导线绕制）。由于启动绕组导线细，故流过启动绕组导线的电流密度相应的比工作绕组中为大，因此，启动绕组只

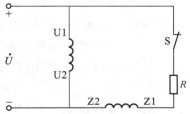

U1

U2

$\dot{U}$

S

R

Z2　　Z1

(a) 外形图　　　　　　(b) 接线原理图

图 5-37　电阻启动单相异步电动机

能短时工作,启动完毕必须立即从电源上切除,如超过较长时间仍未切断,就可能烧损启动绕组,导致整台电动机损坏。

电阻分相单相异步电动机具有构造简单、价格低廉、使用方便等优点,主要用于小型机床、鼓风机、电冰箱压缩机、医疗器械等设备中。

4. 单相罩极电动机

单相罩极异步电动机是结构最简单的一种单相异步电动机,它的定子铁心部分通常由 0.35 mm 厚的硅钢片叠压而成,按磁极形式的不同可分为凸极式和隐极式两种,其中凸极式结构最为常见,凸极式按励磁绕组布置的位置不同又可分为集中励磁和单独励磁两种。由于励磁绕组均放置在定子铁心内,故又称定子绕组。图 5-38 所示为集中励磁单相罩极异步电动机结构图。励磁绕组只有一个,均为两极电动机。而图 5-39 所示为单独励磁单相罩极异步电动机结构图。

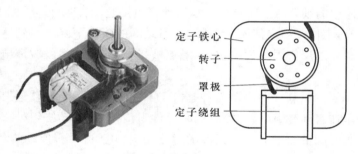

图 5-38　集中励磁单相罩极异步电动机结构图

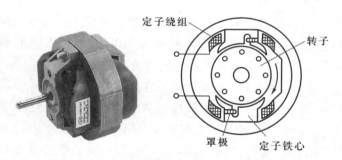

图 5-39　单独励磁单相罩极异步电动机结构图

在单相罩极电动机每个磁极面的 1/3～1/4 处开有小槽,在小槽的极面上套有铜制的短路环,就好像把这部分磁极罩起来一样,所以称单相罩极电动机。励磁绕组用具有绝缘层的铜线绕成,套装在磁极上,转子则采用笼型结构。给单相罩极电动机励磁绕组通入单相交流电时,在励磁绕组与短路铜环的共同作用下,磁极之间形成一个连续移动的磁场,好似旋转磁场一样,从而使笼型转子受力而旋转。旋转磁场的形成可用图 5-40 来说明。

(1)当流过励磁绕组中的电流由零开始增大时,由电流产生的磁通也随之增大,但在被铜环罩住的一部分磁极中,根据楞次定律,变化的磁通将在铜环中产生感应电动势和电流,力图阻止原磁通的增加,从而使被罩磁极中的磁通较疏,未罩磁极中的磁通较密,如图 5-40(a)所示。

(2) 当电流在最大值附近时,电流的变化率近似为零,这时铜环中基本上没有感应电流产生,因而磁极中的磁通均匀分布,如图 5-40(b)所示。

(3) 当励磁绕组中的电流下降时,铜环中又有感应电流产生,以阻止被罩部分磁极中磁通的减小,因而此时被罩部分的磁通分布较密,而未罩部分的磁通分布较疏,如图 5-40(c)所示。

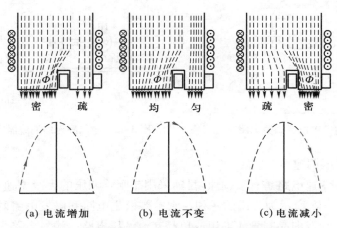

(a) 电流增加   (b) 电流不变   (c) 电流减小

图 5-40 单相罩极异步电动机中磁场的移动原理

综上分析可以看出单相罩极电动机磁极的磁通分布在空间是移动的,由磁极的未罩部分向被罩部分移动,即与旋转磁场一样,使笼型结构的转子获得启动转矩而旋转。

单相罩极电动机的主要优点是结构简单、制造方便、成本低、运行噪声小、维护方便。缺点是启动性能及运行性能较差,效率和功率因数都较低,主要用于小功率空载启动的场合,在台式电风扇、仪用电风扇、换气电风扇、录音机、电动工具及办公自动化设备上采用。

5. 单相异步电动机的调速及反转

单相异步电动机的调速原理与三相异步电动机一样,可以用改变电源频率(变频调速)、改变电源电压(调压调速)和改变绕组的磁极对数(变极调速)等多种方式,其中目前使用最普遍的是改变电源电压调速。调压调速有两个特点:一是电源电压只能从额定电压往下调,因此电动机的转速也只能从额定转速往低调;二是因为异步电动机的电磁转矩与电源电压平方成正比,因此电压降低时,电动机的转矩和转速都下降,所以这种调速方法只适用于转矩随转速下降而下降的负载(称为通风机负载),如电风扇、鼓风机等。调压调速又分为串电抗器调速、自耦变压器调速、串电容调速、晶闸管调速、绕组抽头法调速等多种,其中使用较多的是串电抗器调速和晶闸管调速。

(1) 串电抗器调速

电抗器为一个带抽头的铁心电感线圈,串联在单相电动机电路中起降压作用,通过调节抽头使电压降不同,从而使电动机获得不同的转速,如图 5-41 所示。当开关 S 在 1 挡时电动机转速最高,在 5 挡时转速最低。开关 S 有旋钮开关和琴键开关两种,这种调速方法接线方便、结构简单、维修方便,常用于简易的家用电器,如电风扇等。缺点是电抗器本身消耗一定的功率,且电动机在低速挡启动性能较差。

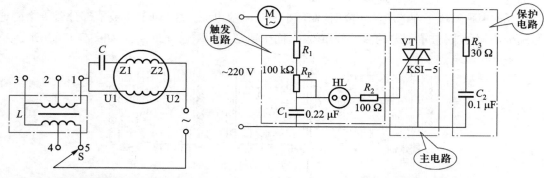

图 5-41　吊式电风扇串电抗器调速电路　　　　图 5-42　电风扇无级调速器电路

（2）晶闸管调压调速

串电抗器调压调速电路是有级调速,目前采用晶闸管调压的无级调速已越来越多,这类调速电路较多,图 5-42 所示为常用的一种。它主要由主电路和触发电路两部分组成。主电路由电风扇电动机和双向晶闸管 VT 组成单相交流调压电路。触发电路由氖管组成简易触发电路。在双向晶闸管两端并接的 RC 元件利用电容两端电压不能突变的原理,起到双向晶闸管关断过程中过电压保护的作用。调节触发电路中电位器 R_P 的阻值,即可改变晶闸管 VT 的导通角,也就改变了电风扇电动机两端的电压,因此实现了电风扇的调速。由于 R_P 的阻值是无级变化的,因此电风扇的转速也是无级变化的。晶闸管调压调速电路结构简单,调速效果好,目前已获得广泛的应用。

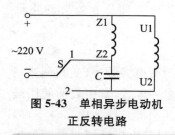

图 5-43　单相异步电动机
正反转电路

（3）单相异步电动机的反转

单相异步电动机的转向与旋转磁场的转向相同,因此要使单相异步电动机反转就必须改变旋转磁场的转向,其方法有两种:一种是把工作绕组（或启动绕组）的首端和末端与电源的接法对调;另一种是把电容器从一组绕组中改接到另一组绕组中（此法只适用于电容运行单相异步电动机）,如图 5-43 所示。

▶ 知识考核

一、判断题

1. 电动机是一种将电能转换成机械能,并输出机械转矩的动力设备。（　　）

2. 当三相异步电动机定子绕组中通以三相对称交流电时,在定子与转子的气隙中便产生旋转磁场。（　　）

3. 通入三相异步电动机定子绕组中的三相交流电的频率越高,电动机的转速就越快。（　　）

4. 通入三相异步电动机定子绕组中的三相交流电的电压越高,电动机的转速就越快。（　　）

5. 三相异步电动机的旋转方向总是与旋转磁场的转向一致。（　　）

6. 目前在国民经济各领域中获得广泛应用的电动机是三相笼型异步电动机。（ ）

7. 三相异步电动机定子绕组和转子绕组在电路上没有直接联系,但共处于同一磁路中。（ ）

8. 三相异步电动机定子及转子铁心均由表面具有绝缘层的硅钢片叠成,其目的是既能使磁路具有良好的导磁性能,又能有效地减小铁损耗。（ ）

9. 三相异步电动机的机座必须用导磁材料来制造。（ ）

10. 三相异步电动机中定子绕组和转子绕组的作用与变压器中的一次、二次绕组作用一样,即实现电能的传递。（ ）

11. 异步电动机的转子总是紧随着旋转磁场以低于旋转磁场的转速在旋转,因此称为异步电动机。（ ）

12. 转差率 s 是分析异步电动机运行性能的一个重要参数,电动机转速越快,则转差率 s 就越大。（ ）

13. 某台进口设备上的三相异步电动机额定电源频率为 60 Hz,现工作于 50 Hz 的交流电源上,此时电动机的转速将维持不变。（ ）

14. 三相异步电动机的主要结构是定子和转子两部分。（ ）

15. 三相异步电动机的额定功率是指电动机输入的电功率。（ ）

16. 三相异步电动机铭牌上标注的额定电压是指电动机定子绕组规定使用的线电压。（ ）

17. 三相异步电动机不论运行情况怎样,其转差率都在 0～1 之间。（ ）

18. 一台三相异步电动机,磁极数为 2,转子旋转一周为 360°电角度。（ ）

19. 三相异步电动机转子绕组根据结构不同分为笼型和绕线转子两种。（ ）

20. 三相定子绕组有 6 个出线端,可以按需要接成 Y 联结或△联结。（ ）

21. 三相定子绕组与电源最常用的连接方式是 Y 联结。（ ）

22. 三相异步电动机启动瞬间的转速为零,转差率也为零。（ ）

23. 三相定子绕组中的每相绕组必须结构完全一样。（ ）

24. 三相异步电动机的变极调速属于有级调速。（ ）

25. 变极调速只适用于笼型异步电动机。（ ）

26. 变频调速适用于笼型异步电动机,不用于绕线转子异步电动机。（ ）

27. 三相异步电动机的变频调速是无级调速,即电动机可在任一种转速下连续运转。（ ）

28. 从三相异步电动机型号中最后一位数字,就能估算出该电动机的转速。（ ）

29. 三相异步电动机接在 $U_1 = 380$ V 电源上工作,不论三相绕组是三角形联结还是星形联结,其输出功率均是相等的。（ ）

30. 在选择三相异步电动机时,总是希望能选择容量大一些的电动机,使电动机在工作时能轻载运行,以保护电动机不致损坏。（ ）

31. 输出功率相同的两台异步电动机,额定转速越高,输出转矩也相应越大。（ ）

32. 三相异步电动机短时过载,其绕组并不会烧坏,所以电动机在短时间内处于 T_L(负载转矩) $> T_m$(最大转矩)状态运行是允许的。（ ）

33. 三相异步电动机机械负载增加时,其转速将稍为降低。（ ）

34. 三相异步电动机适当增加转子电阻,其启动转矩将增加。（　　）

35. 单相异步电动机是指在单相交流电源上使用的电动机。（　　）

36. 电阻启动是单相异步电动机最常用的启动方法之一。（　　）

37. 单相电容运行异步电动机常用于电风扇、电冰箱、洗衣机、空调器等上面。（　　）

38. 改变单相异步电动机转向的方法是:将任意一个绕组的两个接线端与电源换接。（　　）

39. 单相电容启动异步电动机的离心开关启动前不闭合,则电动机不能启动,启动后断不开,则电动机会发热甚至冒烟。（　　）

40. 吊式电风扇最经济的调速方法是电抗器调速。（　　）

二、选择题

1. 在三相交流异步电动机定子上布置结构完全相同,在空间位置上互差 120°电角度的三相绕组,分别通入（　　）,则在定子与转子的空气隙间将会产生旋转磁场。

    A. 直流电　　　　　　　　　　　B. 交流电

    C. 脉动直流电　　　　　　　　　D. 三相对称交流电

2. 三相异步电动机旋转磁场的方向与（　　）有关。

    A. 磁极对数　　　　　　　　　　B. 绕组的接线方式

    C. 绕组的匝数　　　　　　　　　D. 电源的相序

3. 电源频率为 50 Hz 的 6 极三相异步电动机的同步转速应是（　　）r/min。

    A. 750　　　　　B. 1 000　　　　　C. 1 500　　　　　D. 3 000

4. 三相异步电动机额定转速（　　）。

    A. 小于同步转速　　B. 大于同步转速　　C. 等于同步转速　　D. 小于转差率

5. 三相异步电动机的旋转速度跟（　　）基本无关。

    A. 旋转磁场的转速　　B. 磁极数　　　　C. 电源频率　　　　D. 电源电压高低

6. 三相异步电动机额定运行时的转差率一般为（　　）。

    A. 0.01～0.07　　　B. 0.1～0.7　　　　C. 0.7～1.0　　　　D. 1.0～2.0

7. 三相异步电动机定子内有（　　）相绕组。

    A. 1　　　　　　　B. 2　　　　　　　C. 3　　　　　　　D. 4

8. 三相笼型异步电动机的定子是由（　　）部分组成的。

    A. 机座、定子铁心、定子绕组　　　　B. 机座、转子铁心、风扇

    C. 机座、端盖、风扇　　　　　　　　D. 机座、铁心、绕组

9. 三相笼型异步电动机的转子是由（　　）部分组成。

    A. 转轴、转子铁心、端盖　　　　　　B. 转子铁心、转轴、转子绕组

    C. 定子铁心、定子绕组、转轴　　　　D. 定子铁心、定子绕组、风扇

10. 电动机的额定功率是指（　　）。

    A. 输入的有功功率　　　　　　　　B. 输入的视在功率

    C. 轴上输出的机械功率　　　　　　D. 本身损耗的功率

11. 所有三相异步电动机引出线与电源的连接方法为（　　）联结。

    A. Y　　　　　　　B. YY　　　　　　C. △　　　　　　　D. △或 Y

12. 三相异步电动机启动转矩不大的主要原因是(　　)。

    A. 启动时电压低　　　　　　　　　　　B. 启动时电流不大

    C. 启动时磁通少　　　　　　　　　　　D. 启动时功率因数低

13. 三相异步电动机适当增大转子电阻,则其启动转矩(　　)。

    A. 增大　　　　　　B. 减小　　　　　　C. 不变　　　　　　D. 不一定

14. 三相笼型异步电动机的启动方法有直接启动和(　　)两大类。

    A. 降压启动　　　　B. 星三角启动　　　C. 变频启动　　　　D. 串电阻启动

15. 三相异步电动机采用星三角降压启动时,电动机正常运行必须是(　　)联结。

    A. Y 或△　　　　　B. YY　　　　　　　C. Y　　　　　　　D. △

16. 在要求一定范围内能进行平滑调速的设备中,目前广泛采用(　　)调速的三相笼型异步电动机。

    A. 串电阻　　　　　B. 变极　　　　　　C. 变频　　　　　　D. 变电压

17. 单相异步电动机的基本结构是由(　　)组成的。

    A. 定子　　　　　　B. 转子　　　　　　C. 定子和转子　　　D. 转子和机座

18. 单相电容启动异步电动机中的电容应(　　)。

    A. 并联在启动绕组两端　　　　　　　　B. 串联在启动绕组中

    C. 并联在工作绕组两端　　　　　　　　D. 串联在工作绕组中

19. 单相电容异步电动机的定子绕组由(　　)构成。

    A. 工作绕组和启动绕组　　　　　　　　B. 工作绕组

    C. 启动绕组　　　　　　　　　　　　　D. 笼型绕组

20. 目前国产吊式电风扇、洗衣机中使用的大多是(　　)。

    A. 单相电阻启动电动机　　　　　　　　B. 单相电容运行电动机

    C. 单相电容启动电动机　　　　　　　　D. 单相罩极电动机

21. 吊式电风扇用单相异步电动机最经济的调速方法是(　　)。

    A. 串电阻调速　　　B. 串电抗器调速　　C. 变频调速　　　　D. 晶闸管调速

22. 洗衣机用单相异步电动机最常用的反转方法是(　　)。

    A. 串电阻反转　　　　　　　　　　　　B. 串电抗器反转

    C. 改变频率反转　　　　　　　　　　　D. 将电容器从启动绕组改接至工作绕组

三、综合题

1. 一台 Y2-160M2-2 三相异步电动机的额定转速 $n = 2\,930\,\text{r/min}$,$f = 50\,\text{Hz}$,$2p = 2$,求转差率。

2. 一台 Y100L1-4 三相异步电动机额定输出功率 $P_2 = 2.2\,\text{kW}$,额定电压 $U = 380\,\text{V}$,额定转速 $n = 1\,420\,\text{r/min}$,功率因数 $\cos\varphi = 0.82$,效率 $= 81\%$,$f = 50\,\text{Hz}$,试计算额定电流 I、额定转差率 s 和额定转矩 T。

3. 一台 Y200L1-4 三相异步电动机,额定输出功率 $P_2 = 30\,\text{kW}$,额定电压 $U = 380\,\text{V}$,额定电流 $I = 56.8\,\text{A}$,效率 $\eta = 92.2\%$,额定转速 $n = 1\,470\,\text{r/min}$,$f = 50\,\text{Hz}$,求电动机

功率因数、额定转矩和转差率。

4. 一台 Y2-132M-4 三相异步电动机的额定功率为 7.5 kW,额定转速为 1 440 r/min,另一台 Y2-160L-8 三相异步电动机的额定功率为 7.5 kW,额定转速为 720 r/min,分别求它们的额定转矩。

文本:模块五
知识考核
参考答案

▶ 技能考核

单相吊风扇的检修

1. 设备、仪表、工具

单相吊式电风扇、指针式万用表、兆欧表、常用电工工具及材料。

2. 考核步骤

(1) 拆除吊式电风扇的电源接线。

(2) 用螺丝刀拆下扇叶。

(3) 取下吊式电风扇。

(4) 拆除电容器、接线端子及风扇电动机以外的其他附件。记录电容器的接线方法及电源接线方法。

(5) 测量风扇电动机工作绕组的直流电阻 R_U 和启动绕组直流电阻 R_Z 并记录如下:

R_U _____Ω, R_Z _____Ω。

(6) 测量风扇电动机工作绕组、启动绕组的绝缘电阻,并记录如下:

绕组间绝缘电阻:_____MΩ。

对地绝缘电阻:工作绕组对地_____MΩ,启动绕组对地_____MΩ。

(7) 风扇电动机的拆卸

① 拆除上下端盖之间的紧固螺钉。

② 取出上端盖。

③ 取出内定子铁心和定子绕组组件。

④ 使外转子与下端盖分离。

⑤ 取出滚动轴承,并清洗滚动轴承,加上适量轴承润滑脂。

⑥ 清洁风扇电动机各部件。

(8) 用万用表电阻挡检查电容器的好坏。

(9) 再测电动机工作绕组、启动绕组的直流电阻和绝缘电阻,并与初测值比较。

(10) 一切正常后,按与拆卸相反的顺序装配风扇电动机。并转动电动机,看能否轻快转动。

(11) 先不装风扇叶,将风扇电动机、电容器固定好,并接好电源线,在确认无误后,可通电试运转,观察电动机启动情况、转向、转速。如有调速器,可接入调速器,观察调速情况。

(12) 一切正常后将风扇叶装好,检修结束。由指导教师验收、评分。

考核评分

各部分的考核成绩记入表 5-5 中。

表 5-5　模块五考核评分表

评分_____

考 核 项 目	考 核 内 容	配分	每次考核得分	实得分
模块五知识考核	1. 掌握三相异步电动机的工作原理与结构 2. 掌握三相异步电动机的使用 3. 掌握单相异步电动机的工作原理、结构及应用	30 分		
项目 8 技能考核	掌握三相异步电动机的拆装及测试方法	30 分		
项目 9 技能考核	掌握单相异步电动机的使用、检修及拆装	15 分		
模块五技能考核	会正确检修吊式电风扇	15 分		
安全文明、团队合作	1. 严格遵守安全规程,操作规范,遵守纪律 2. 团队协作好,工作场地清洁、整理规范	10 分		

模块六　直流电动机的拆装、使用及控制电机

情境导入

目前人们使用的各类电机除三相异步电动机和单相异步电动机,还有直流电动机和各类特殊电机。虽然其基本工作原理还是基于电磁感应原理,但有着不同的结构和不同的性能和不同的用途。而且有不少品种其需求量还很大。这类电机往往功率不很大,其中不少品种不是作功率元件使用,而是用作信号控制或信号检测。

项目 10　直流电动机的拆装、使用

项目描述

直流电机是直流发电机与直流电动机的总称。直流电机具有可逆性,即既可作发电机运行,也可作电动机运行。作直流发电机运行时,将机械能转变成直流电能输出;作直流电动机运行时,则将直流电能转换成机械能输出。人们最早发明及使用的是直流电机,它具有调速性能好、启动转矩较大等优点,但由于直流电机结构较复杂,使用维护较麻烦,价格较贵,自 20 世纪 80 年代以来,由于大功率半导体整流器件的广泛应用,使交流电动机变频调速技术获得迅速发展,在许多领域中直流电动机已基本上被交流电动机所取代。

通过本项目的学习,掌握直流电动机基本结构及运行特性,会检修、拆装与使用直流电动机及相关仪器仪表。

学习目标

1. 了解直流电动机的基本结构与工作原理。
2. 了解直流电动机的基本性能及使用。
3. 学会直流电动机的拆卸及装配方法、所使用的工具、设备和工艺要求。
4. 熟悉万用表、单臂电桥、兆欧表、转速表的使用。

实训操作 10

器材、工具、材料

序　号	名　　称	规　　格	单　位	数　量	备　注
1	直流电动机	Z2-22　1.1 kW、220 V	台	1	
2	单臂电桥	QJ23 型	块	1	
3	万用表	500 型或 MF-30 型	块	1	
4	兆欧表	500 V	块	2	
5	拉具	2 爪或 3 爪	个	1	
6	启动变阻器	与直流电动机配套	块	1	
7	铜棒、手锤、木锤等		根	各 1	
8	活络扳手	200 mm	把	1	
9	机械式转速表	0～1 800 r/min	只	1	
10	直流电流表	10 A	只	1	
11	电工工具		套	1	

直流电动机的拆装

1. 直流电动机的拆卸

直流电动机的结构图如图 6-1 所示。

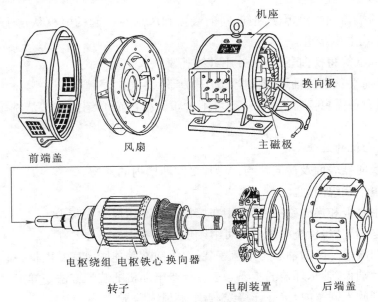

图 6-1　直流电动机的结构图

　　将需要进行检修的直流电动机从设备上拆下后,再进入电动机拆卸程序,具体操作步骤如下:

　　(1) 拆卸前应首先用万用表的 $R \times 1$ 挡分别测量电动机主极绕组、换向极绕组及电枢绕组的直流电阻值,并记录于表 6-1。

　　(2) 用兆欧表测量主极绕组与机座间的绝缘电阻值为_____MΩ,换向极绕组与机座间的绝缘电阻值为_____MΩ,电枢绕组与机座间的绝缘电阻值为_____MΩ,并记录于表 6-1。

表 6-1　直流电动机绕组的直流电阻和绝缘电阻

	直流电阻/Ω			对地绝缘电阻/MΩ		
	主极绕组	换向极绕组	电枢绕组	主极绕组对地	换向极绕组对地	电枢绕组对地
拆卸前						
装配后						

　　(3) 与拆卸三相异步电动机一样,先拆带轮或联轴器。

　　(4) 在前、后端盖与机座连接处做好明显的记号,以备装配时予以复原。

　　(5) 拆下后端盖(换向器侧的端盖)的端盖螺栓、轴承盖螺栓,并取下轴承外盖。

　　(6) 松开后端盖上通风窗的螺钉,取下通风窗盖板,从刷握中扳开刷握弹簧,取出电刷。拆下刷杆上接到接线盒中的连接线。

　　(7) 拆卸后端盖。拆卸时用铁锤通过铜棒或硬胶木板条沿端盖四周边缘均匀地敲击,逐步使端盖止口脱离机座及轴承外圈,取下后端盖及固定在其上的电刷装置。若有必要可以在后端盖上取下电刷装置。

　　(8) 拆下前端盖的端盖螺栓,把连同前端盖和风扇在一起的电枢从定子内小心地抽出来,注意不能碰伤电枢绕组。

　　(9) 用青壳纸等将换向器包好,并用纱线扎紧。

　　(10) 拆下前端盖上的轴承盖螺栓,取下轴承外盖。

　　(11) 轴承只在需更换时拆下,一般可不拆下。按前面介绍的方法清洗轴承,加轴承润滑脂。

　　2. 直流电动机的装配

　　(1) 清洁换向器表面及换向片与云母片之间凹槽内的异物。

　　(2) 清洁电枢绕组表面。

　　(3) 清洁主磁极和换向磁极表面,用布擦拭或用高压风吹去灰尘。

　　(4) 清洁电刷装置,检查电刷是否可继续使用。

　　(5) 先将前端盖一侧的轴承与轴承盖装好,将前端盖连同风扇和电枢一起放入定子内。

　　(6) 安装后端盖、轴承外盖的步骤与三相异步电动机的装配方法一样。

　　(7) 将电刷放入刷盒内,接好连接线,盖上通风窗盖板。

　　(8) 外观检查,检查各零部件安装是否合格,电动机转动是否灵活。

（9）装配后测量。

① 直流电阻的测定。分别测量电动机主极绕组直流电阻,换向极绕组直流电阻和电枢绕组的直流电阻,并记录于表 6-1。

② 绝缘电阻的测定。分别测量主极绕组与机座的绝缘电阻,换向极绕组与机座的绝缘电阻和电枢绕组与机座的绝缘电阻,并记录于表 6-1。

3. 注意事项

（1）能不拆下电刷架时尽量不要拆下电刷架。

（2）抽出电枢时要仔细,不要碰伤换向器及绕组。

（3）取出的电枢必须用纸或布包好放在木架上,避免污染、损坏换向器表面。

（4）装配时,拧紧端盖螺栓,必须按对角线上、下、左、右逐步拧紧,边紧边转动电枢,以保证转动灵活。

并励直流电动机的启动

（1）按图 6-2(b)所示接线图进行接线。

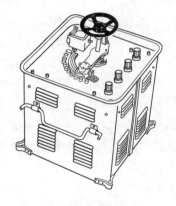
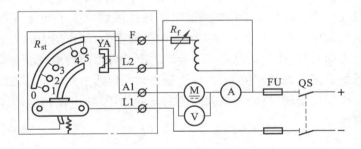

(a) 启动变阻器外形图　　　　　　　　(b) 并励电动机启动接线图

图 6-2　并励直流电动机的启动

（2）将启动变阻器手柄置于零位,合上电源开关 QS,首先将励磁回路串联的电阻器 R_f 短接,以保证启动时主磁场最强。

（3）当启动变阻器手柄接触变阻器 R_{st} 的 1 位时,在电枢绕组回路 A1 和 L1 两点间串入的 R_{st} 值最大,电动机开始启动;转动手柄至 2、3、4、5 位时,R_{st} 的阻值逐渐减小;当电阻全部切除时,手柄被电磁铁 YA 吸住不动,电动机正常运转。

（4）从电动机轴伸出端观察电动机旋转方向为_____。用转速表测量电动机转速为_____r/min,电源电压为_____V。

（5）停机时,断开电源开关 QS,启动变阻器手柄被弹簧拉回初始位置,为下次启动做好准备。

相关知识

课题一 直流电动机

一、直流电动机的工作原理

直流电动机是依据载流导体在磁场中受力而旋转的原理制造的。通常将磁场固定不动（该磁场可由永久磁铁产生，也可由带铁心的通电线圈产生），而导体做成可以在磁场内绕中心轴 OO' 旋转，如图 6-3 中的线圈 abcd（称为电枢绕组）所示。为了能把直流电源引入到旋转的线圈中去，采用了电刷与换向器的结构，即线圈的 ab 边和 cd 边分别与两个互相绝缘的半圆形铜环相连，而电刷 A 和 B 用弹簧压在铜环上。电刷 A、B 固定不动，并分别与外电源的正极和负极相接。对应于图 6-3(a)，导体 cd 通过铜环与电刷 B（－）接触，而导体 ab 则通过铜环与电刷 A（＋）接触。导体中的电流方向如图中的箭头所示，根据左手定则，可以判断出导体将受力的作用，而使整个线圈 abcd 绕轴 OO' 以逆时针方向旋转。当到达图 6-3(b) 位置时，电刷与两个换向片之间的绝缘垫片相接。在这个中性线位置上，线圈中没有电流流过，也没有力的作用，但是前 1/4 转动周期的惯性使线圈继续转动，越过中性线位置。当到达图 6-3(c) 位置时，导体 ab 处于 S 极下，而导体 cd 处于 N 极下（正好与 6-3(a) 相反），与导体 ab 相接的铜环与电刷 B（－）接触，与导体 cd 相连的铜环与电刷 A（＋）接触。对照 6-3(a) 及 (c) 可以看出，位于相同磁极下的导体虽然发生了变化，但由于电刷及铜环（通称换向器）的作用使磁极下导体中的电流方向保持不变，即作用力的方向不变，因此线圈将继续沿逆时针方向旋转，故电动机能连续运转。由此可以归纳出直流电动机的工作原理：直流电动机在外加直流电源的作用下，在可绕轴转动的导体中形成电流，载流导体在磁场中将受到电磁力的作用而旋转，借助于电刷和换向器的作用，使电动机能连续运转，从而将直流电能转换为机械能。

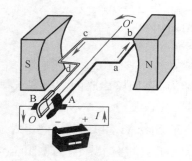
(a) 受电磁力，逆时针转动

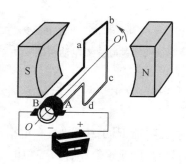
(b) 不受电磁力，惯性转动

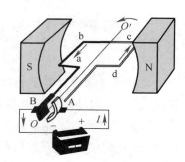
(c) 受电磁力，逆时针转动

图 6-3 直流电动机工作原理

直流电机的运行是可逆的，即一台直流电机既可作直流发电机运行，又可作直流电动机运行。当输入机械转矩，使电机旋转而产生感应电动势时，即是将机械能转变为直流电能输出,作直流发电机运行。反之,当输入直流电能,产生电磁转矩而使电机旋转时,则是将电能转变为机械能输出,此时即作直流电动机运行。

二、直流电动机的结构

图 6-4 所示分别为 Z2 及 Z4 系列直流电动机外形图,其中 Z4 系列直流电动机上部为给电动机进行冷却用的骑式鼓风机。就直流电动机而言,它也是由定子和转子两大部分组成。直流电动机各主要部件的结构与作用如下:

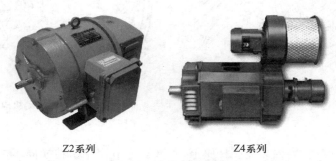

Z2系列　　　　　　Z4系列

图 6-4　直流电动机外形图

1. 定子

电动机中静止不动的部分称为定子。包括有机座、前端盖、后端盖、主磁极、换向极和电刷装置等部分,参看图 6-1。

(1) 机座及端盖

机座是作为电动机的磁路,机座内部用来安装主磁极和换向磁极,如图 6-5 所示。机座一般为铸钢件,小功率的直流电动机机座也可用无缝钢管加工而成。

端盖用来安装轴承和支承整个转子重量,一般为铸钢件。前后端盖利用螺钉固定在机座两侧。

(2) 主磁极

其作用是产生主磁场。永磁电动机的主磁极直接由不同极性的永久磁体组成。励磁电动机的主磁极则由主磁极铁心和主磁极绕组两部分组成。主磁极铁心作为电动机磁路的一部分。由于电枢在旋转时,电枢铁心上的槽与齿相对于主磁极铁心在不断地变化,即磁路的磁阻在不断变化,从而在主磁极铁心中将引起涡流损耗,为减小损耗,主磁极铁心一般用 1.0～1.5 mm 薄钢板叠成。主磁极绕组用来通入直流电流,产生励磁磁势,用绝缘铜线绕制而成,绕组绕好后,经过绝缘处理,安装于主磁极铁心上,最后用螺钉固定在机座上,参见图 6-5。

(3) 换向极

换向极由换向极铁心和换向极绕组所组成,换向极绕组套在换向极铁心外面,再用螺钉固定在机座上,见图 6-5。换向极绕组与电枢绕组串联,用来改善电动机的换向。

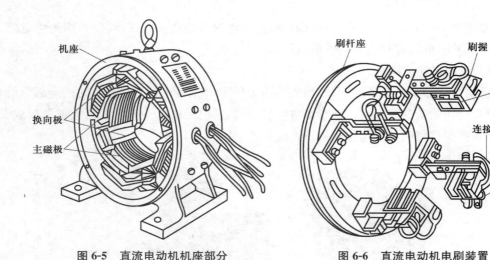

图 6-5　直流电动机机座部分　　　　图 6-6　直流电动机电刷装置

（4）电刷装置

电刷放置在刷握内，刷握装在刷杆座上，用弹簧把电刷压紧在换向器上，如图 6-6 所示。通过电刷与换向器表面之间的滑动接触，把电枢绕组中的电流引入或引出。对电刷的要求是既要有良好的导电性能，又要有好的耐磨性，电刷一般用石墨粉压制而成。

2. 转子

转子通称为电枢，是电动机的旋转部分。由电枢铁心、电枢绕组、换向器、转轴和风扇等部件组成，参看图 6-1。

（1）电枢铁心

作为磁通通路的一部分，与三相异步电动机转子铁心一样，用 0.30～0.50 mm 厚表面具有绝缘层的硅钢片叠压而成，在硅钢片的外圆冲有均匀分布的铁心槽，用以嵌放电枢绕组。如图 6-7 所示。

（2）电枢绕组

用来产生感应电动势和通过电流，实现机电能量的相互转换。电枢绕组通常都用圆形（用于小容量电动机）或矩形（用于大、中容量电动机）截面的导线绕制而成，再按一定的规律嵌放在电枢铁心槽内，如图 6-7 所示，绕组端头则按一定规则嵌放在换向器铜片的升高片槽内，并焊牢，成为一个完整的电枢，参看图 6-1。

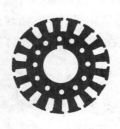

（a）电枢铁心冲片

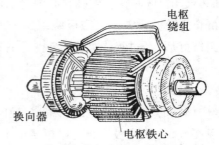

（b）电枢绕组在槽中的放置

图 6-7　电枢铁心和电枢绕组

（3）换向器

换向器是把外界供给的直流电流转变为绕组中的交变电流以使电动机旋转。换向器是由换向铜片拼成圆筒形套入钢套筒上，相邻换向铜片间以 0.6～1.2 mm 厚的云母片作为绝缘，最后用螺旋压圈压紧换向器固定在转轴的一端，如图 6-1 及图 6-7 所示。

（4）转轴和风扇

转轴用来传递转矩。为了使直流电动机能安全、可靠地运行，转轴一般用合金钢锻压加工而成。风扇则用来降低电动机在运行中的温升。

3. 铭牌与额定值

每台直流电动机的机座上都有一块铭牌，如图 6-8 所示，铭牌上标明的数据称为额定值，是正确使用直流电动机的依据。

直流电动机		
型号 Z4-200-21	功率 75 kW	电压 440 V
电流 188 A	额定转速 1 500 r/min	励磁方式　他励
励磁功率 1 170 W		
绝缘等级 F	定额 S1	重量 515 kg
产品编号　　　　　　　　　生产日期		
××电机厂		

图 6-8　直流电动机的铭牌

（1）型号

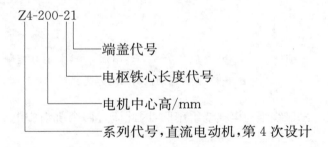

（2）额定功率 P_N

表示电机按规定方式额定工作时所能输出的功率。对电动机而言是指其轴上输出的机械功率（W 或 kW）。

（3）额定电压 U_N

指在正常工作时电机出线端的电压值。对电动机而言是指加在电动机上的电源电压（V）。

（4）额定电流 I_N

对应额定电压、额定功率时的电流值。对电动机而言是指轴上在额定负载时的输入电流（A）。

（5）额定转速 n_N

指电压、电流和输出功率为额定值时的转速（r/min）。

（6）励磁方式

励磁方式是指直流电动机主磁场产生的方式。直流电动机主磁场的获得通常有两类。一类是由永久磁铁产生；另一类是利用给主磁极绕组通入直流电产生，根据主磁极绕组与电枢绕组连接方式的不同，可分他励、并励、串励、复励电动机。分别简介如下：

① 永磁电动机。开始永磁电动机仅在功率很小的电动机上采用，20 世纪 80 年代起由于钕铁硼永磁材料的发现，使目前永磁电动机的功率已从毫瓦级发展至 100 kW 以上。目前制作永磁电动机的永磁材料主要有铝镍钴、铁氧体及稀土（如钕铁硼）等三类。用永磁材料制作的直流电动机又分有刷（有电刷）和无刷两类。永磁电动机由于其具有体积小、结构简单、重量轻；损耗低、效率高、节约能源；温升低、可靠性高、使用寿命长；适应性强等突出优点而使用越来越广泛。它在军事上的应用占绝对优势，几乎取代了绝大部分电磁电动机；其他方面的应用如汽车用永磁电动机、电动自行车用永磁电动机、直流变频空调用永磁电动机等。

② 他励电动机。励磁绕组（主磁极绕组）由单独的直流电源供电，如图 6-9（a）所示。

③ 并励电动机。励磁绕组与电枢绕组并联，因此加在这两个绕组上的电压相等，而流过电枢绕组的电流 I_a 和流过励磁绕组的电流 I_f 则不同，总电流 $I = I_a + I_f$，如图 6-9（b）所示。

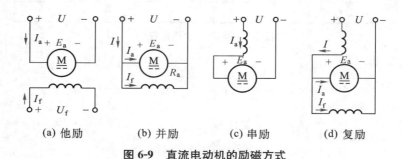

(a) 他励　　　(b) 并励　　　(c) 串励　　　(d) 复励

图 6-9　直流电动机的励磁方式

④ 串励电动机。励磁绕组与电枢绕组串联，因此流过两个绕组中电流相等，如图 6-9（c）所示。

⑤ 复励电动机。励磁绕组有两组，一组与电枢绕组串联，一组与电枢绕组并联，如图 6-9（d）所示。

三、直流电动机的使用

1. 直流电动机的启动

直流电动机由静止状态达到正常运转的过程称为启动，启动分直接启动和降压启动两种。

（1）直接启动

直接启动又称全压启动，即直流电动机在启动时，给电动机加额定电压 U 直接启动电动机，如图 6-10（a）所示，启动时合上开关 S1，建立主磁场，同时在电枢绕组上加额定电压，使电动机启动。直接启动所需启动设备最简单，操作方便，最大的缺点是启动电流大，约为额定电流的 10 倍，因此只能用于小容量的直流电动机上。

（2）降压启动

启动时降低加在电枢绕组上的电压，使电动机启动。再逐步升高电压一直到额定电压，电动机正常运行。目前常用的是采用晶闸管构成可控整流电路作为直流电动机的可调电压电源。有关该电路的工作原理及调压过程将在电子技术课程中介绍。用降低电源电压的方法启动并励电动机时必须注意：启动时并励电动机上必须加额定的励磁电压，使磁通保持额定值，否则电动机启动电流虽然比较大，但启动转矩却很小，电动机可能无法启动。以前曾用的降压启动方法是在电枢绕组回路中串电阻启动，如图 6-10（b）所示。在启动过程中，随着电动机转速 n 的升高，将启动电阻 R_{st} 逐渐减少，最后全部切除，电动机启动完毕。

电枢回路串电阻的启动方法所需设备较简单，但在启动过程中启动电阻上有能量损耗。而降低电源电压启动则所需设备较复杂，价格较贵，但在启动过程中基本上不损耗能量。

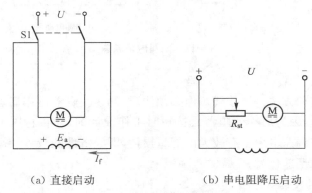

（a）直接启动　　　　　　　（b）串电阻降压启动

图 6-10　直流电动机的启动

2. 直流电动机的调速

直流电动机的调速是指用人为的办法来调节电动机的转速。由公式 $n = \dfrac{U - R_a I_a}{C_e \Phi}$ 可以看出，直流电动机的转速调节有以下几种方法：

（1）改变电源电压 U 调速

目前广泛采用晶闸管整流装置作为一个输出电压可调的直流电源，给直流电动机供电。对于并励电动机而言，可调直流电源只能加在电枢回路中，励磁回路用另外一个电压恒定的直流电源供电。这种调速方法的主要特点如下：

① 调速范围宽广，可以从低速一直调到额定转速，速度变化平滑，通常称为无级调速。

② 调速过程中没有能量损耗，且调速的稳定性较好。

③ 转速只能由额定转速往低调，不能超过额定转速（因端电压不能超过额定电压）。

④ 所需设备较复杂，成本较高。

随着电子技术的飞速发展，这种调速方法已被越来越广泛地采用。

（2）减小主磁通 Φ 调速

当直流电动机的电源电压不变时，如使主磁通 Φ 减小，则电动机的转速就相应地升高，故统称削弱磁场调速。并励电动机可在励磁回路中串联磁场调节电阻 R_{pf}，如图 6-11（a）所示；对串励电动机而言，可在励磁回路两端并联磁场分路电阻 R_{pf} 如图 6-11(b)所示，以减小流过励磁回路中的电流，使 Φ 降低，从而达到调速目的。这种调速方法的特点如下：

① 由于调速在励磁回路中进行，功率小，故能量损耗小，控制方便。

② 转速只能从额定转速向上调，且调速范围通常比较窄，只能作辅助调之用。

③ 所需设备较简单。

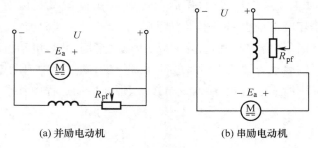

(a) 并励电动机　　　　　(b) 串励电动机

图 6-11　削弱磁场调速

(3) 在电枢回路中串入调速电阻调速

与串电阻降压启动方法一样接线。但必须注意，调速变阻器可作启动变阻器用，而启动变阻器不能用于调速，因为启动变阻器是按短时工作设计的，如将它用于调速，则很容易损坏。这种调速方法在调速电阻上有较大的能量损耗，即经济性能较差。因此，目前已基本被晶闸管可调直流电源调速代替。

3. 直流电动机的反转

直流电动机的旋转方向取决于磁场方向和电枢绕组中的电流方向。只要改变磁场方向或电枢绕组中的电流方向，电动机的转向也随之改变。因此改变直流电动机转向的方法有两种：一种是改变主磁场的方向，即将励磁绕组与直流电源的接线对调，称为励磁绕组反接法；另一种是改变电枢绕组中的电流方向，称为电枢绕组反接法，分别如图 6-12 所示。必须注意：如果同时改变主磁场的方向和电枢绕组中的电流方向，则电动机转向不变。

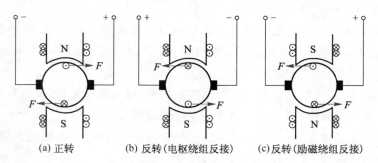

(a) 正转　　　　　(b) 反转（电枢绕组反接）　　　　　(c) 反转（励磁绕组反接）

图 6-12　直流电动机的反转

4. 直流电动机的应用知识

(1) 直流电动机的转速 n 和输出转矩 T 之间的关系称为直流电动机的机械特性，这是直流电动机最基本也是最重要的特性。并励电动机的转速基本上不随电动机拖动的负载变化而变化,其机械特性如图 6-13(a)所示,这一特性与三相异步电动机基本相同。但并励电动机调速比较方便,因此以前被较多地使用在需大范围内调速的生产机械中,如龙门刨床、大型机床和冶金机械等方面,但随着交流电机变频调速技术的飞速发展,并励电动机已逐步让位于三相异步电动机,工业化国家的做法是,除非有特殊情况,一般很少使用并励电动机。

(2)串励电动机由于其转速与电枢电流大致成反比,其机械特性如图 6-13(b)所示,当电动机转速低时,产生的转矩很大,因此曾在起重设备、城市轨道交通及电传动机车中广泛采用。但目前基本上已被变频调速交流电动机取代。

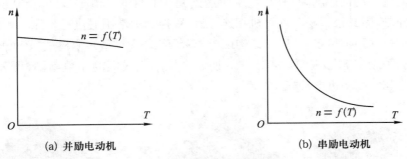

(a) 并励电动机　　　　　　　　　　(b) 串励电动机

图 6-13　直流电动机的机械特性

(3)串励电动机在空载或轻载时转速很高,对电动机本身及操作人员都不安全,因此串励电动机绝对不允许空载启动,不允许采用带传动或链传动。并励电动机在运行中如果主磁通 Φ 很小,也可能造成电动机转速过高而发生意外,因此,并励电动机的磁场绕组在运行中绝不允许开路。

课题二　控制电机简介

一、步进电动机

在机电一体化技术及自动控制系统中广泛采用伺服系统控制。伺服系统就是在控制指令的指挥下,控制驱动元件,使机械系统的运动部件按照指令要求进行运动。因此,伺服系统就是实现电信号到机械动作的转换装置或部件,其性能对机电一体化系统的动态性能、控制质量和功能具有决定性的作用,是机电一体化设备的核心,而步进电动机、伺服电动机、直线电动机和测速发电机等控制电机又是伺服系统中的核心部件。

伺服系统类型繁多,但其基本组成包含有控制器、功率放大器、执行机构和检测装置四大部分,如图 6-14 所示。

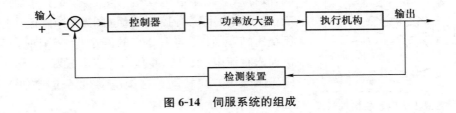

图 6-14　伺服系统的组成

　　图中执行机构主要由伺服电动机或步进电动机构成,检测装置可以用测速发电机。伺服系统又分开环伺服系统和闭环伺服系统。

　　1. 步进电动机概述

　　步进电动机又称脉冲电动机,是一种将电脉冲转化为角位移的执行机构,其功能是将脉冲电信号变换为相应的角位移或直线位移。通俗地说:当步进驱动器接收到一个脉冲信号,它就驱动步进电动机按设定的方向转动一个固定的角度(步进角)。可以通过控制脉冲个数来控制步进电动机的角位移量,从而达到准确定位的目的;同时也可以通过控制脉冲频率来控制步进电动机转动的速度和加速度,从而达到调速的目的。由于步进电动机可用数字信号直接进行控制,因此很容易与计算机相连,是位置控制中常用的执行元件。

　　步进电动机的种类很多,一般按结构区分,有反应式(VR 型)、永磁式(PM 型)和混合式(HB 型,又称永磁感应式)三种,如图 6-15 所示。按励磁线圈的相数不同,可分为二相、三相、四相、五相和六相步进电动机。

(a) 反应式步进电动机　　　(b) 永磁式步进电动机　　　(c) 永磁感应式步进电动机

图 6-15　步进电动机

从零件的加工过程看,工作机械对步进电动机的基本要求是:

(1) 调速范围宽,尽量提高最高转速,以提高劳动生产率。

(2) 动态性能好能迅速启动、正反转和停车。

(3) 加工精度高,即要求一个脉冲对应的位移量小、并要精确、均匀。这就要求步进电动机步距角小、步距精度高、不丢步或越步。

(4) 输出转矩大可直接带动负载。

　　2. 反应式(VR 型)步进电动机

　　(1) 结构

动画:步进
电动机结构

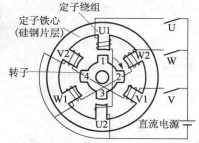

图6-16　反应式步进电动机结构原理

　　反应式步进电动机由定子绕组产生的反应电磁力吸引用硅钢片或其他软磁性材料制成的转子实现步进驱动,故称反应式步进电动机。定子和转子分别由铁心构成,定子磁极上绕有控制绕组,图 6-16 中定子上绕有三相绕组,转子具有均匀分布的四个齿。当向三相绕组依次通入直流电(或电脉冲)时,产生电磁吸力,转子朝定子间磁阻最小方向转动。这类电动机转子结构简单、转子直径小,有利于高速响应。

（2）工作原理

图 6-17 所示为反应式步进电动机工作原理图。当 U 相绕组通入直流电（或电脉冲）时，转子被定子磁场磁化，磁场力将转子轴线拉至与 U 相绕组轴线重合位置，如图 6-17（a）所示。此时若切换为 V 相绕组通电（或电脉冲），则转子在定子、转子间磁场力的作用下沿顺时针方向旋转 30°，称为步距角，如图 6-17（b）所示。每转动一步，转子可以准确自锁，不会因惯性而发生错位。上述步进电动机的"三相"不同于交流电的"三相"，它只表明定子圆周上有三套独立的控制绕组，但不能同时通电。在工程技术上，从一相通电切换到另一相通电称为一拍，而三相依次通电的运行方式称为三相单三拍运行方式。在使用中，为了减小步距角。还可 UV 两相同时通电，使转子轴线转至 UV 两相之间的轴线上。这类按 U-UV-V-VW-W-WU 的组合方式依次通电，称为三相六拍运行方式，其步距角 15°。

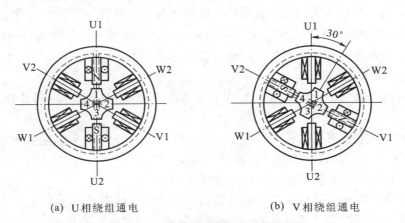

（a）U 相绕组通电　　　　　　（b）V 相绕组通电

图 6-17　反应式步进电动机工作原理图

为了进一步减小步距角，多采用图 6-18 所示的槽齿结构。在 U 相通电时，U 相磁极小齿与转子小齿一一对正，V 相磁极小齿与转子小齿错开 1/3 齿距，而 W 相定子、转子轴线间则错开 2/3 齿距。若切换为 V 相绕组通电时，转子将转过 1/3 齿距的角度，使 V 相磁极小齿与转子小齿一一对正。此时 W 相定、转子轴线间只错开 1/3 齿距。当 V 相断电，W 相通电时，转子又转过 1/3 齿距，使 W 相磁极小齿与转子小齿一一对正。由此可知，设转子齿数为 Z，步进电动机拍数为 N，则转子每转过一个齿距，相当于在空间转过了 $360°/Z$，而每一拍所转角度又为齿距的 $1/N$，所以步距角为

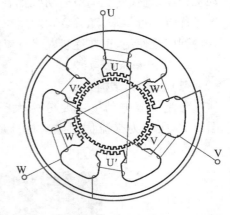

图 6-18　反应式步进电动机结构示意图
（槽齿结构）

$$\theta_s = \frac{360°}{ZN}$$

可以看出，步距角与步进电动机的转子齿数成反比，与拍数成反比。例如，对于 $Z = 40$ 的三相三拍步进电动机，其步距角为 $3°$。

3. 步进电动机的特点及应用

步进电动机具有结构简单、维护方便、精确度高、启动灵敏、停车准确等特点。不过步进电动机在控制的精度、速度变化范围、低速性能方面都不如伺服电动机。所以常用于精度不是需要特别高的开环伺服系统上，如作为普通数控机床进给伺服机构的驱动电动机。除了在数控机床上的应用，步进电动机也可以应用在其他的机械上，如作为自动送料机中的驱动装置，作为通用的软盘驱动器的驱动装置等。

二、伺服电动机

1. 伺服电动机概述

伺服电动机又称执行电动机。在机电一体化技术、自动控制系统中，伺服电动机是执行元件，它的作用是把接收到的电信号变为电动机的一定转速或角位移输出，使执行机构完成预定的操作。自动控制系统对伺服电动机的基本要求如下：

（1）有较大的调速范围。

（2）尽可能高的快速响应性能。要求转子的转动惯量小，使转速随着控制电压迅速变化。

（3）具有线性的机械特性和调节特性。转速随转矩的变化或转速随控制电压的变化为线性关系，以有利于提高自动控制系统的动态精度。

（4）无自转现象。当控制电压消失，电机能立即停转。

自动化设备中的伺服系统可分为直流伺服系统和交流伺服系统两大类。

从现在伺服电动机的应用情况看，因为直流伺服电动机发展最早，能在大范围内实现精密的速度和位置控制，所以要求系统性能高的场合仍然使用直流伺服系统。与直流伺服电动机相比，现代交流伺服电动机具有无刷、高可靠性、散热好、转动惯量小、能工作于高压状态等优点。近年来，随着变频调速技术、永磁材料的飞速发展，交流伺服系统逐渐受到重视并得到广泛使用，正在逐步取代直流伺服电动机。

2. 交流伺服电动机

（1）分类和结构

交流伺服电动机主要分两大类，即同步交流伺服电动机和异步交流伺服电动机。图 6-19 所示为交流伺服电动机外形图。

动画：伺服
电动机结构

图 6-19　交流伺服电动机外形图

永磁同步交流伺服电动机定子为三相绕组,转子为永久磁铁,它具有优良的低速性能和宽广的调速范围,应用十分广泛。

异步交流伺服电动机主要用于机床主轴和其他调速系统。它的定子的构造基本上与电容分相式单相异步电动机相似,即定子上装有两个绕组,位置互差90°,一个是励磁绕组 f,它始终接在交流电压上;另一个是控制绕组 c,连接控制信号电压 u_c,如图 6-20 所示。其转子结构有笼型和非磁性杯形两种。笼型转子结构与一般笼型异步电动机转子相同,只是转子导体用高电阻的青铜或铸铝做成。非磁性杯形转子是用高电阻率的硅锰青铜或锡锌青铜制成,形状如茶杯,薄壁,如图 6-21 所示。有时也将其称为两相伺服电动机。

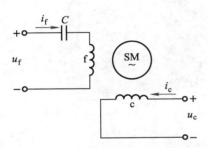

图 6-20 异步交流伺服电动机结构原理

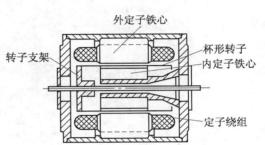

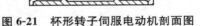

动画:伺服电动机定子结构

图 6-21 杯形转子伺服电动机剖面图

为了使两相伺服电动机对控制电压的变化快速响应,要求它有尽量小的转动惯量和尽量大的堵转转矩,并能在控制电压消除后,处于单相运行状态下的电机能迅速停转。

(2) 异步交流伺服电动机的工作原理及特点

由图 6-20 异步交流伺服电动机结构原理图可见,它与分相式单相异步电动机非常相似。在没有控制电压时,定子内只有励磁绕组产生的脉动磁场,转子静止不动。当有控制电压时,定子内便产生一个旋转磁场,转子沿旋转磁场的方向旋转,在负载恒定的情况下,电动机的转速随控制电压的大小而变化,当控制电压的相位相反时,伺服电动机将反转。当控制电压消失,由于转子绕组电阻很大,伺服电动机将立即停转。

异步交流伺服电动机与单相异步电动机相比,有三个显著特点:

① 启动转矩大。当定子一有控制电压,转子立即转动,即具有启动快、灵敏度高的特点。

② 运行范围较宽。转差率 s 在 0~1 的范围内伺服电动机都能稳定运转。

③ 无自转现象。正常运转的伺服电动机,只要失去控制电压,电动机立即停止运转。

(3) 交流伺服电动机的应用

目前同步交流伺服电动机的伺服系统多用于机床进给传动控制、工业机器人关节传动和其他运动和位置控制的场合。异步交流伺服电动机的伺服系统多用于机床主轴转速和其他调速系统中。

三、测速发电机

1. 概述

测速发电机是一种反映转速信号的电气元件,它的作用是将输入的机械转速变换成电压信号输出。测速发电机的外形如图 6-22 所示。在自动控制系统中测速发电机主要用作测速元件、阻尼元件(或校正元件)、解算元件和角加速度信号元件。自动控制系统对测速发电机的要求如下：

(1) 输出电压要与转速呈线性关系。

(2) 正、反转的特性一致。

(3) 输出特性的灵敏度高。

(4) 电机的转动惯量小，以保证反应迅速。

(a) 空心杯形转子交流测速发电机　　　　　　(b) 永磁式直流测速发电机

图 6-22　测速发电机的外形

测速发电机可分为直流测速发电机和交流测速发电机两类。近年来还出现了采用新原理、新结构研制成的霍尔效应测速发电机等。了解测速发电机的工作原理、性能特点、主要参数，对于正确使用自动控制系统具有十分重要的意义。

2. 直流测速发电机

直流测速发电机从原理上看与普通直流发电机相似。若按定子磁极的励磁方式来分，直流测速发电机可分为永磁式和电磁式两大类。如以电枢不同结构形式来分，又有有槽电枢、无槽电枢、空心杯电枢和印制绕组电枢等。永磁式测速发电机由于不需要另加励磁电源，也不存在因励磁绕组温度变化而引起的特性变化，因此在生产实际中应用较为广泛。

永磁式测速发电机的定子用永久磁铁制成，一般为凸极式。转子上有电枢绕组和换向器，用电刷与外电路相连。由于定子采用永久磁铁励磁，故永磁式测速发电机的气隙磁通总是保持恒定的。直流测速发电机的输出电压与转速成正比，因此，只要测出直流测速发电机的输出电压就可测得被测机械的转速。

直流测速发电机由于存在电刷和换向器的接触结构，所以存在对无线电有干扰、寿命短等缺点，使得其应用和发展受到限制。近年来，无刷测速发电机的发展，改善了它的性能，提高了可靠性，使直流测速发电机又获得了广泛的应用。

3. 交流测速发电机

交流测速发电机可分为交流同步测速发电机和交流异步测速发电机两大类。异步测速发电机又分为笼型转子和空心杯转子两种。空心杯转子异步测速发电机的性能精度比笼型的要高得多，在自动控制系统中有着广泛的应用。

知识考核

一、判断题

1. 直流电动机在旋转一周的过程中,某一电枢绕组元件中所通过的电流是交变电流。（　　）

2. 直流电机的电枢铁心由于在直流状态下工作,通过的磁通是不变的,因此完全可用整块的导磁材料制造,不必用硅钢片叠成。（　　）

3. 直流电机的运行是可逆的,即直流电机既可以作发电机运行,又可作电动机运行。（　　）

4. 直流电动机换向器的作用是把交流电变换成直流电。（　　）

5. 直流并励电动机的励磁绕组绝不允许开路。（　　）

6. 直流电动机由于启动电流很大,因此所有直流电动机都不允许直接启动。（　　）

7. 直流电动机的转速调节目前广泛使用的是在电枢回路中串电阻调速。（　　）

8. 直流电动机用减小主磁通调速,因调速范围小,通常用作辅助调速。（　　）

9. 步进电动机是把输入的电脉冲信号变换成角位移或线位移输出的控制电机。（　　）

10. 一台步进电动机如通电拍数增加 1 倍,则步距角也增加 1 倍,控制的精度将有所提高。（　　）

11. 步进电动机用于机电一体化技术开环伺服系统中。（　　）

12. 交流伺服电动机为了能实现控制快速、灵敏和无自转现象,必须尽量减小转子转动惯量和增大转子电阻。（　　）

13. 交流伺服电动机用于机电一体化技术闭环伺服系统中。（　　）

14. 在机电一体化系统中,伺服电动机控制精度要高于步进电动机控制。（　　）

15. 交流测速发电机的主要特点是其输出电压和转速成正比。（　　）

二、选择题

1. 直流电动机是利用（　　）的原理工作的。
   A. 导体切割磁感线　　　　　　　　B. 通电线圈产生磁场
   C. 通电导体在磁场中受力运动　　　D. 电磁感应

2. 直流电动机在旋转一周的过程中,某一个电枢绕组元件(线圈)中所通过的电流是（　　）。
   A. 直流电流　　　　　　　　　　　B. 交流电流
   C. 互相抵消正好为零　　　　　　　D. 脉动电流

3. 直流电动机换向器的作用是（　　）。
   A. 使电动机变换转向　　　　　　　B. 与绕线电动机的滑环作用相同
   C. 保证电动机产生的电磁转矩方向不变　D. 使电流能平滑的进入电枢绕组

4. 直流电动机的主磁极产生的磁场是（　　）。
   A. 变化磁场　　　B. 恒定磁场　　　C. 脉动磁场　　　　D. 旋转磁场

5. 直流电动机中的主磁通大小与外加电压大小无关的是（　　）。
   A. 串励电动机　　　　　　　　　　B. 并励电动机
   C. 复励电动机　　　　　　　　　　D. 永磁电动机

6. 串励电动机在使用时应注意(　　)。

    A. 不允许主磁场绕组开路　　　　　　　B. 不允许空载直接启动

    C. 不允许调节转速　　　　　　　　　　D. 不允许调节电源电压

7. 并励电动机在使用时应注意(　　)。

    A. 不允许主磁场绕组开路　　　　　　　B. 不允许空载直接启动

    C. 不允许调节转速　　　　　　　　　　D. 不允许调节电源电压

8. 交流伺服电动机的结构相似于(　　)。

    A. 电容运行单相异步电动机　　　　　　B. 电阻运行单相异步电动机

    C. 罩极异步电动机　　　　　　　　　　D. 电容启动单相异步电动机

9. 对于空心杯转子交流伺服电动机,若只给励磁绕组通入励磁电流,则产生的磁场为(　　)。

    A. 恒定磁场　　　　B. 脉动磁场　　　　C. 旋转磁场　　　　D. 无法判定

10. 交流伺服电动机和单相电容异步电动机的主要区别是交流伺服电动机(　　)。

    A. 无自转现象

    B. 无法改变电动机的转向

    C. 不能自行启动,必须靠其他动力带动才能运行

11. 在自动控制系统中,把输入的电信号转换成电机轴上的角位移或角速度的电磁装置是(　　)。

    A. 伺服电动机　　　　B. 测速发电机　　　　C. 步进电机

12. 交流伺服电动机的定子圆周上装有(　　)绕组。

    A. 一个　　　　　　　　　　　　　　　B. 两个互差 90°电角度的

    C. 两个互差 180°电角度的　　　　　　　D. 两个串联的

13. 交流伺服电动机在没有控制信号时,定子内(　　)。

    A. 没有磁场　　　　B. 只有旋转磁场　　　　C. 只有永久磁场　　　　D. 只有脉动磁场

14. 步进电动机输入的信号是(　　)。

    A. 直流电流　　　　B. 交流电流　　　　C. 脉冲信号　　　　D. 不受限制

15. 测速发电机在自动控制系统和计算装置中,常作为(　　)元件使用。

    A. 电源　　　　　　B. 负载　　　　　　C. 测速　　　　　　D. 拖动

文本:模块六
知识考核
参考答案

▶▶ 考核评分

各部分的考核成绩记入表 6-2 中。

表 6-2　模块六考核评分表　　　　　　　　评分_____

考核项目	考核内容	配分	每次考核得分	实得分
模块六知识考核	1. 了解直流电动机的工作原理 2. 掌握直流电动机的结构及使用 3. 了解常用控制电机的特点及应用	40 分		
项目 10 技能考核	1. 会进行直流电动机的拆装 2. 会对并励直流电动机进行启动操作	50 分		
安全文明、团队合作	1. 严格遵守安全规程,操作规范,遵守纪律 2. 团队协作好,工作场地清洁、整理规范	10 分		

模块七　常用低压电器的拆装维修及使用

情境导入

低压电器是指用于交流电压 1 200 V、直流电压 1 500 V 以下电路中的电器。低压电器常用于低压供配电系统和机电设备自动控制系统中,实现电路的保护、控制、检测和转换等,如各种刀开关、按钮、继电器、接触器、低压断路器等。在工业企业机电设备控制领域、日常生活服务领域中,低压电器是最主要的控制器件和保护器件。因此,作为一名电气工作人员,掌握低压电器的基本结构、应用及维修操作技能十分重要。

项目 11　低压开关类电器的使用与维修

项目描述

低压开关类电器主要指用手动(或机械碰触)控制的电器,如刀开关、转换开关、启动器、按钮、行程开关等,它们的特点是基本上不具备电路保护功能,由手动操控用于电路隔离,或对主电路进行不频繁的控制,或接通分断控制电路。通过本项目的学习,掌握低压开关类电器的结构、功能及使用方法与维修。

学习目标

1. 熟悉使用各类刀开关、组合开关,会正确安装及维修。
2. 会正确使用按钮、行程开关等各种主令电器。
3. 会正确使用万能转换开关。
4. 能进行学习资料的收集、整理与总结,培养良好的工作习惯,具有团队合作精神。

实训操作 11

器材、工具、材料

序　号	名　　称	规　　格	单　位	数　量	备　注
1	刀开关	二极及三极 HK1 系列	个	若干	
2	组合开关	HZ5、HZ10	个	若干	
3	按钮	LA10、LA20	个	若干	

续 表

序 号	名 称	规 格	单 位	数 量	备 注
4	行程开关	LX19-1、2、3	个	若干	
5	接近开关	各型号	个	若干	
6	万能转换开关	各型号	个	若干	
7	万用表		个	1	
8	兆欧表	500 V	个	1	
9	电工工具		套	1	

低压开关类电器的识别与检测

（1）低压开关类电器的识别 指导教师任取 2～3 个电器，由学生识别电器的名称，记录型号、规格，并予以解释，填入表 7-1。

表 7-1 电器识别

序 号	1	2	3	4	5
名 称					
型 号					
型号含意					
符 号					

（2）说明该电器结构及用途。

（3）操作该电器，并用仪表判断该电器的好坏。

组合开关的拆装

组合开关如图 7-1 所示。其拆卸及装配过程如下：

（a）外形图

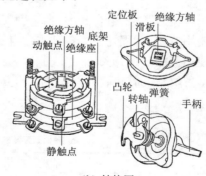

（b）结构图

图 7-1 组合开关

（1）拆下手柄上的紧固螺栓，取下手柄。

（2）拆下上顶盖两侧的紧固螺母，取出上顶盖、转轴弹簧和凸轮等操作机构的零件。

（3）抽出绝缘方轴，取出绝缘垫板上盖，拆下 3 对动触点、静触点。

（4）检查动、静触点有无烧损、发毛，视损坏程度进行修理或更换。

（5）检查转轴弹簧是否松脱，消弧垫磨损是否严重，视实际情况决定是否更换。

（6）检修完毕后按与拆卸相反的程序进行安装。

（7）装配完成后，用手旋动手柄，开关动作应正常，用万用表测试各对触点的通断情况应正常。

（8）用兆欧表测试各对触点间的绝缘电阻应正常。

行程开关的拆装

任意选择一个完好的行程开关，拆开所有的零部件，随后再复原，并观察其动作情况。

相关知识

课题一　常用低压开关

低压开关主要起接通、断开、隔离及转换电路的作用，主要用作电源开关、机床电路和局部照明电路的控制开关，有时也可用来直接控制小容量电动机的启动、停止和正反转。

低压开关一般为非自动切换类电器，常用低压开关主要有刀开关、组合开关、低压断路器等。由于低压断路器结构较复杂，保护功能较齐全，将在项目 14 中介绍。

一、刀开关

刀开关分开启式负荷开关和封闭式负荷开关两类。

1. 开启式负荷开关

开启式负荷开关也称为胶壳刀开关，是一种结构简单，应用广泛的手动电器，主要用做电源隔离开关和小容量电动机不频繁启动与停止的控制电器。

开启式负荷开关由手柄、熔体、静触点（触点座）、动触点（触刀片）、瓷底座和胶盖组成。胶盖使电弧不致飞出灼伤操作人员，防止极间电弧短路；熔体对电路起短路保护作用。

图 7-2 所示为开启式负荷开关。图 7-3 所示为三极刀开关图形和文字符号。

刀开关在选用时应注意刀开关的额定电压要大于或等于线路实际最高电压。刀开关的额定电流当作为隔离开关使用时，应选用开关的额定电流等于或稍大于线路实际的工作电流。当直接用其控制小容量（小于 5.5 kW）电动机的启动和停止时，则需要选择电流容量比电动机额定值大 3 倍的开关。

开启式负荷开关型号含义：

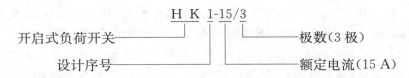

(a) 外形图(二极)

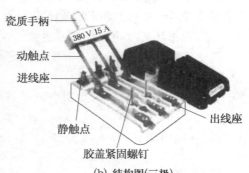

瓷质手柄
动触点
进线座
静触点
胶盖紧固螺钉
出线座

380 V 15 A

QS

(b) 结构图(三极)

图 7-2　开启式负荷开关　　　　　图 7-3　三极刀开关图形和文字符号

2. 封闭式负荷开关

封闭式负荷开关也称铁壳开关,主要用于配电电路作电源开关、隔离开关和应急开关之用;在控制电路中,也可用于不频繁启动的 28 kW 以下三相异步电动机。

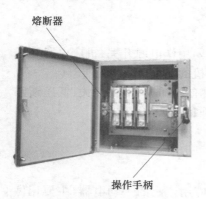

熔断器

操作手柄

图 7-4　封闭式负荷开关

封闭式负荷开关是将动触点(触刀)、静触点(夹座)、熔断器及灭弧机构等安装在封闭的铁板壳内,并由储能操作机构的手柄操控,如图 7-4 所示。封闭式负荷开关的操作机构有以下特点:一是采用储能合、分闸操作机构,当扳动操作手柄到一定位置时,弹簧储存的能量瞬间爆发出来,推动触点迅速合闸、分闸,因此触点动作的速度很快;二是具有机械联锁,当铁盖打开时,不能进行合闸操作,而合闸后不能打开铁盖。因此操作安全。

封闭式负荷开关常用的型号有:HH3、HH4、HH10、HH11 等系列。

封闭式负荷开关型号含义:

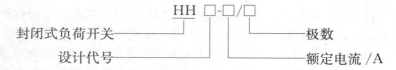

HH □-□/□

封闭式负荷开关
设计代号
极数
额定电流 /A

上述负荷开关结构较简单、价格较便宜,以前被广泛使用,但其保护性能不完善,目前已基本上被低压断路器所取代。

二、组合开关

1. 结构及用途

组合开关是刀开关的另一种结构形式,在设备自动控制系统中一般用做电源引入开关或电路功能切换开关,也可直接用于控制小容量交流电动机的不频繁操作。

常用的 HZ10 系列组合开关如图 7-1 所示。之所以称为组合开关是因为绝缘座层数可以根据需要自由组合,最多可达 6 层。组合开关采用储能合、分闸操作机构,因此,触点的动作速度与手柄速度无关。

组合开关的另一种结构形式是倒顺开关,它不但能接通和分断三相交流电源,而且能改变三相交流电源的相序,用来直接实现对小容量三相异步电动机的正、反转控制,外形如图 7-5 所示。

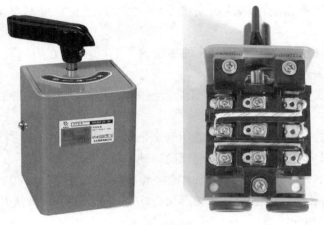

图 7-5　倒顺开关

2. 组合开关的选用

(1) 用于一般照明、电热电路时,其额定电流应大于或等于被控电路的负载电流总和。

(2) 当用做设备电源引入开关时,其额定电流稍大于或等于被控电路的负载电流总和。

(3) 当用于直接控制电动机时,其额定电流一般可取电动机额定电流的 2～3 倍。

常用的组合开关型号主要有 HZ5、HZ10 和 HZ15 等系列,而 3LB、3ST 等系列为引进国外产品。

3. 组合开关的型号含义

三、低压开关的安装及使用

1. 开启式负荷开关

(1) 安装时,手柄要向上,不得倒装或平装。倒装时,手柄有可能因为振动而自动下落造成误合闸,另外分闸时可能导致电弧灼手。

(2) 接线时,应将电源线接在上端(静触点),负载线接在下端(动触点)。这样,拉闸后胶壳刀开关与电源隔离,便于更换熔体。

(3) 熔体熔断故障排除后,应观察由于熔体熔化在电弧的作用下,绝缘瓷底座和胶盖内壁表面附有一层金属粉粒,这些金属粉粒将造成绝缘部分的绝缘性能下降,甚至不绝缘,致使在重新合闸送电的瞬间,造成开关本体相间短路。因此,要先用干燥的棉布或棉丝将金属粉粒擦净,再更换熔体。

（4）负荷较大时，为防止出现闸刀本体相间短路，可与熔断器配合使用。将熔断器装在刀闸负荷一侧，刀闸本体不再装熔体，在应装熔体的接点上装与线路导线截面相同的铜线。此时，开启式负荷开关只做开关使用，短路保护及过负荷保护由熔断器完成。

2. 封闭式负荷开关

（1）开关的金属外壳应可靠接地或接零（中性线），防止意外漏电使操作者发生触电事故。

（2）接线时，应将电源线接在静触座的接线端子上，负荷接在熔断器一端。如果接反了进行检修时将会不安全。

（3）检查封闭式负荷开关的机械联锁是否正常，速断弹簧有无锈蚀变形。

3. 组合开关

（1）组合开关的通断能力较低，不能用来分断故障电流。用于控制异步电动机的正反转时，必须在电动机完全停止转动后才能反向启动。

（2）组合开关不允许频繁操作，每小时的接通次数不能超过 15～20 次。

（3）倒顺开关接线时，应将开关两侧进出线中的一相互换，并看清开关接线端标记，切忌接错，以免造成两相间短路。

4. 低压开关常见故障及处理方法

低压开关常见故障及处理方法见表 7-2～表 7-4。

表 7-2　开启式负荷开关常见故障及处理方法

故 障 现 象	可 能 的 原 因	处 理 方 法
合闸后，开关一相或两相开路	（1）静触点弹性消失，开口过大，造成动、静触点接触不良 （2）熔体熔断或虚连 （3）动、静触点氧化或有尘污 （4）开关进线或出线线头接触不良	（1）修整或更换静触点 （2）更换熔体或紧固 （3）清洁触点 （4）重新连接
合闸后，熔体熔断	（1）外接负载短路 （2）熔体规格偏小	（1）排除负载短路故障 （2）按要求更换熔体
触点烧坏	（1）开关容量太小 （2）拉、合闸动作过慢，造成电弧过大，烧坏触点	（1）更换开关 （2）修整或更换触点，并改善操作方法

表 7-3　封闭式负荷开关常见故障及处理方法

故 障 现 象	可 能 的 原 因	处 理 方 法
操作手柄带电	（1）外壳未接地或接地线松脱 （2）电源进出线绝缘损坏碰壳	（1）检查后，加固接地导线 （2）更换导线或恢复绝缘
夹座（静触点）过热或烧坏	（1）夹座表面灼伤 （2）闸刀与夹座压力不足 （3）负载过大	（1）用细锉修整夹座 （2）调整夹座压力 （3）减轻负载或更换大容量开关

表 7-4 组合开关常见故障及处理方法

故 障 现 象	可 能 的 原 因	处 理 方 法
手柄转动后,内部触点未动	(1) 手柄上的轴孔磨损变形 (2) 绝缘杆变形(由方形磨为圆形) (3) 手柄与方轴,或轴与绝缘杆配合松动 (4) 操作机构损坏	(1) 调换手柄 (2) 更换绝缘杆 (3) 紧固松动部件 (4) 修理更换
手柄转动后,动、静触点不能按要求动作	(1) 组合开关型号选用不正确 (2) 触点角度装配不正确 (3) 触点失去弹性或接触不良	(1) 更换开关 (2) 重新装配 (3) 更换触点或清除氧化层或尘污
接线柱间短路	因铁屑或油污附着在接线柱间,形成导电层,将胶木烧焦,绝缘损坏而形成短路	更换开关

课题二 主 令 电 器

主令电器主要用于切换控制电路,用它来命令电动机及其他控制对象的启动、停止或工作状态的变换,因此,称这类发布命令的电器为主令电器。

主令电器的种类很多,常用的主令电器有控制按钮、行程开关、接近开关及万能转换开关等。

一、控制按钮

控制按钮在低压控制电路中用于手动发出控制信号及远距离控制,也称按钮。用于接通、分断 5 A 以下的小电流电路。按用途和触点结构的不同,分启动按钮、停止按钮和复合按钮。为了标明各按钮开关的作用,避免误操作,按钮帽常做成红、绿、黄、蓝、黑、白等颜色。有的按钮开关需用钥匙插入才能进行操作,有的按钮帽中还带指示灯。国产常用的控制按钮外形图如图 7-6(a)所示,其结构、图形和文字符号如图 7-6(b)、(c)所示。

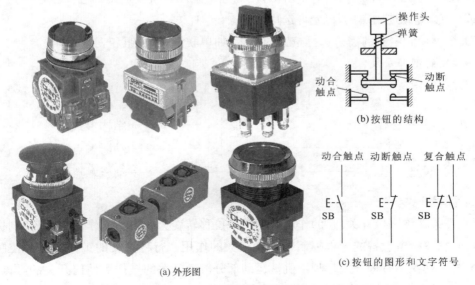

(a) 外形图

(b) 按钮的结构

(c) 按钮的图形和文字符号

图 7-6 控制按钮

1．按钮的结构

按钮一般由按钮帽、复位弹簧、桥式动触点、静触点、支柱连杆及外壳等组成。

按钮按不受外力作用时触点的分合状态，可分为动合按钮（启动按钮）、动断按钮（停止按钮）和复合按钮（动合、动断组合）。

2．按钮的动作原理

(1) 动合按钮。未按下时，触点是断开的；按下时触点闭合；当松开后，按钮自动复位。

(2) 动断按钮。与动合按钮相反，未按下时，触点是闭合的；按下时触点断开；当松开后，按钮自动复位。

(3) 复合按钮。将动合和动断按钮组合为一体。按下复合按钮时，其动断触点先断开，然后动合触点再闭合；而松开时，动合触点先断开，然后动断触点再闭合。

3．按钮的安装及选用

(1) 应根据控制线路的先后次序安装在控制面板上，从上到下或从左到右排列，布置整齐，排列合理，安装应牢固。

(2) 必须将安装按钮的金属板或金属盒与机床总接地母线相连接。

(3) 应保持触点的清洁，防止短路事故的发生。

(4) 带指示灯的按钮，因灯发热，长期使用易使塑料灯罩变形，应降低灯电压，延长使用寿命。如标称为 6.3 V 的灯，可用在实际供电电压约为 3.6 V 的场合。

(5) 根据使用场合和具体用途选择按钮的种类。例如，嵌装在操作面板上的按钮可选用开启式；需显示工作状态的选用光标式；在非常重要处，为防止无关人员误操作，宜用钥匙操作式；在有腐蚀性气体处，要用防腐式。

(6) 根据工作状态指示和工作情况要求，选择按钮或指示灯的颜色。例如，启动按钮可选用白灰或黑色，优先选用白色，也允许选用绿色。急停按钮应选用红色。停止按钮可选用黑、灰或白色，优先选用黑色，也允许选用红色。

(7) 根据控制电路的需要选择按钮的数量，如单联钮、双联钮和三联钮等。

4．按钮的型号含义

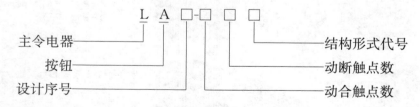

二、行程开关

行程开关又称限位开关，它的作用是将机械位移转变为触点的动作信号，以控制机械设备的运动，它在机电设备的行程控制中起到很大的作用。行程开关的工作原理与控制按钮相同，不同之处在于行程开关是利用机械运动部分碰撞开关的操作头而使开关的触点动作；按钮则是通过人力按动操作头而使其触点动作。

1. 行程开关的基本结构

行程开关的种类很多,但基本结构也与按钮相同,主要由 3 部分组成,即触点部分、操作部分和反力系统。根据操作部分运动特点的不同,行程开关可分为直动式、滚轮式、微动式以及能自动复位和不能自动复位等。图 7-7 所示为行程开关的外形图、图形和文字符号。

2. 行程开关的安装及选用

(1) 将挡块和传动杆及滚轮的安装距离调整在适当的位置上,且安装要牢固,否则达不到位置控制和限位的目的。

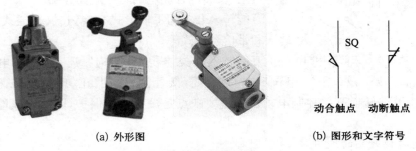

(a) 外形图

动画:行程
开关结构

(b) 图形和文字符号

图 7-7 行程开关

(2) 行程开关应紧固在安装板和机械设备上,滚轮或碰撞的方向不能装反。

(3) 根据应用场合及控制对象选择,如一般用途行程开关和起重设备用行程开关。

(4) 根据安装环境选择结构形式,如开启式、防护式等。

(5) 根据机械运动与行程开关相互间的传力与位移关系选择合适的操作头形式。

(6) 根据控制电路的电压与电流选择系列。

常用行程开关的型号有 LX5、LX10、LX19、LX23、LX29、LX33、LXW2 等系列。

3. 行程开关的型号

行程开关的型号表示及意义如下:

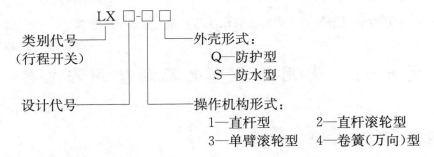

三、万能转换开关

万能转换开关主要用做控制电路的转换或功能切换、电气测量仪表的转换以及配电设备(高压油断路器、低压断路器等)的远距离控制,亦可用于控制伺服电动机和其他小容量电动机的启动、换向以及变速等。由于这种开关触点数量多,因而可同时控制多条控制电路,用途较广,故称万能转换开关。

1. 万能转换开关的基本结构

万能转换开关由触点系统、操作机构、转轴、手柄、定位机构等主要部件组成,并用螺栓组装成整体。图 7-8 所示为典型万能转换开关的结构图。

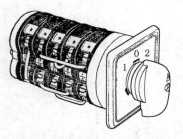

万能转换开关的触点组数可按需要进行不同的组合。用于电动机正、反转控制的 LW5 系列万能转换开关其手柄有 0 位、左转 45°及右转 45°三个位置。分别对应于电动机的停止、正转和反转三种运行状态。用万能转换开关控制电动机正、反转的控制电路将在后面介绍。

万能转换开关的手柄形式有旋钮式、普通式、带定位钥匙式和带信号灯式等。

图7-8 典型万能转换开关的结构图

万能转换开关体积小,结构紧凑,可用做电气控制电路的转换和 5.5 kW 及以下三相异步电动机的直接控制(启动、正、反转及多速电动机的变速)。使用万能转换开关控制电动机的主要缺点是没有过载保护,因此它只能用于小容量电动机。

2. 万能转换开关的选用

(1) 按额定电压和工作电流等选择合适的系列。

(2) 按操作需要选择手柄形式、面板形式及标志。

(3) 按控制要求确定触点数量与接线图编号。

3. 万能转换开关的型号

万能转换开关的型号表示及意义如下:

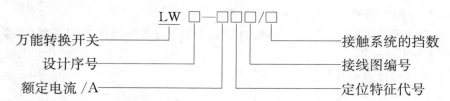

万能转换开关的常用型号有 LW5、LW6、LW8 和 LW15 等系列。

项目 12 常用保护类电器的使用与检修

> **项目描述**

保护类电器主要对电路实现过载及短路保护,以保证电路及电气设备的安全、正常运行。最常用的保护类电器有熔断器、电流与电压继电器、热继电器等。它们广泛应用于低压供配电系统和控制系统中。当电路发生短路、严重过载、过电压或欠电压时,保护类电器能自动动作,从而切断电路,起到保护作用。通过本项目的学习,掌握保护类电器的动作原理、结构及分类,具备选用、调节与检修的初步技能。

学习目标

1. 掌握常用熔断器的结构、特征及使用场合。
2. 会正确选用、安装及检修常用熔断器。
3. 了解电流与电压继电器的结构、特征及使用场合。
4. 掌握热继电器的结构、特征及使用场合。

实训操作 12

器材、工具、材料

序　号	名　　称	规　　格	单　位	数　量	备　注
1	半封闭插入式熔断器	RC1A 系列	个	若干	规格不一
2	螺旋式熔断器	RL1A 系列	个	若干	规格不一
3	管式熔断器	RM10、RT0 系列	个	若干	规格不一
4	快速熔断器	RLS、RS 系列	个	若干	
5	常用熔体	2~30 A	根	若干	规格不一
6	热继电器	JR16-20/3, 11 A	个	各1	
7	万用表		块	1	
8	交流电流表	0~20 A	块	1	
9	低压变压器	220 V/6 V, 100 V·A	个	1	
10	自耦调压器	220 V, 1 000 V·A	个	1	
11	信号灯	220 V	个	1	
12	开关	220 V	个	1	
13	电工工具		套	1	

熔断器的使用与检修训练

1. 元器件识别

(1) 各种熔断器类别、型号及规格的识别

由指导教师任选若干种类别、型号及规格不同的熔断器由学生加以识别。

(2) 各种熔丝规格及额定电流的判别

由指导教师任选若干种规格不同的熔丝由学生加以判别。

2. RL1A 系列螺旋式熔断器的检修及安装

（1）RL1A 系列螺旋式熔断器的检修

该熔断器的外形及结构如图 7-9 所示。其检修步骤如下：

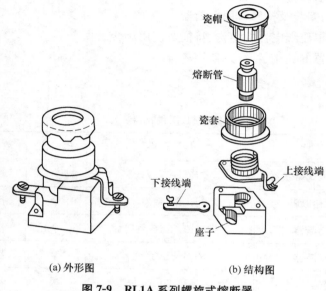

（a）外形图　　　　　　　　　　（b）结构图

图 7-9　RL1A 系列螺旋式熔断器

① 通过熔断器上端的观察窗检查熔体上的色点标志是否存在。若存在表明熔体完好，否则需更换熔体。

② 断开电源，用万用表检查熔体是否完好，若完好则电阻很小，若电阻很大，表示熔体熔断。在熔体完好的前提下，检查熔断器进出线两端的电阻，如电阻很大，则表明熔断器某处接触不良，将熔断器解体，逐处检查。解体步骤为：拧去瓷帽；取出熔体（熔管）；拧下瓷套；观察检查上接线端子和下接线端子，查找损坏处或接触不良处，修理更换后再重新装配好。最后用万用表检查通断情况。

（2）RL1A 系列螺旋式熔断器的安装

将 RL1A 系列螺旋式熔断器用螺钉安装在金属安装板或木质安装板上，并进行接线练习。

① 拧螺钉用力要适当，不要损坏瓷件部分。

② 电源进线接在瓷质底座下接线端子上，负载线接在与金属螺纹壳相连的上接线端子上。

热继电器的结构和动作电流的调整

1. JR16 系列热继电器的外形

具体构造及工作原理可参看本项目课题四，外形结构如图 7-10 所示。

2. JR16 系列热继电器动作电流的调整

（1）调节原理。为了减少发热元件的规格，以利于生产及使用，要求有一种规格（额定电流一定）的热继电器，其整定电流值可以在一定范围内调节，通常其调节范围：例如，JR16-20/3系列，当热元件额定电流为 11 A 时，其整定电流调节范围为 6.8 A～9.0 A～11.0 A。当热元件额定电流为 16 A 时，其整定电流调节范围为 10.0 A～13.0 A～16.0 A。热继电器整定电流的调整可通过旋动电流调节旋钮（图 7-10）来进行。旋动调节旋钮，使调节旋钮上面的整定电流刻度（如 10 或 13 或 16）对准刻度记号，即为对应的整定电流值。

（2）动作电流的测定。当流过热继电器发热元件中的电流超过其整定电流以后，经过一定时间热继电器将会动作，其所需时间的长短与超过整定电流的倍数有关，见表 7-5。

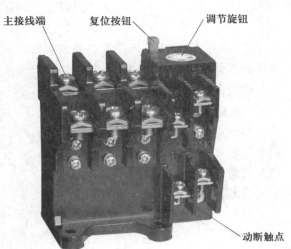

动画：热继
电器结构

主接线端　　　复位按钮　　　调节旋钮

动断触点

图 7-10　JR16 系列热继电器的外形结构

表 7-5　JR 系列热继电器保护特性

额定电流倍数	动 作 时 间	备　注
1.0	长期不动作	冷态开始
1.2	小于 20 min	热态开始
1.5	小于 2 min	热态开始
6.0	大于 5 s	冷态开始

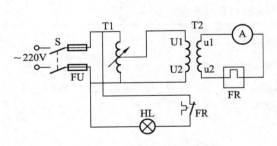

图 7-11　热继电器试验接线图

实际操作：用 JR16-20/3 系列，热元件额定电流为 11 A 的热继电器。按图 7-11 接线，电流表量程置于 20 A，将热继电器的一组发热元件接在低压变压器 T2 的低压侧，调节旋钮置于整定电流最小值（6.8 A）处，先检查自耦调压器 T1 手柄必须在零位，合上开关 S，再缓慢地、轻轻地转动自耦调压器 T1 手柄，使电流表读数约为 1.5×6.8 A＝10.2 A，观察当信号灯 HL 熄灭，记录热继电器动作的时间约为_____。

待热继电器冷却复位后，调节旋钮仍置于整定电流最小值（6.8 A）处，将自耦调压器 T1手柄退回零位，合上开关 S，再缓慢地、轻轻地转动自耦调压器 T1 手柄，使电流表读数约为16 A，观察并记录热继电器动作的时间约为_____。

相关知识

课题三 熔 断 器

熔断器广泛用于低压供配电系统和控制系统中。当电路发生短路或严重过载时,熔断器中的熔体将自动熔断,从而切断电路,起保护作用。

熔断器结构简单,体积小巧,价格低廉,工作可靠,维护方便,是电气设备重要的保护元件。

一、熔断器的种类及基本结构

熔断器的种类很多,按其结构可分为半封闭插入式熔断器、有填料螺旋式熔断器、有填料封闭管式熔断器、无填料封闭管式熔断器、有填料管式快速熔断器、半导体保护熔断器及自复式熔断器等。

熔断器的图形和文字符号如图 7-12 所示。

图 7-12 熔断器图形和文字符号

熔断器的种类尽管很多,使用场合也不尽相同,按照功能来区分,一般可分为熔座(支持件)和熔体两个组成部分。熔座用于安装和固定熔体,而熔体则串联在电路中。当电路发生短路或者严重过载时,过大的电流通过熔体,熔体以其自身产生的热量而熔断,从而切断电路,起保护作用,这也是熔断器的工作原理。

熔体是熔断器的核心部件,一般用铅、铅锡合金、锌、银、铝及铜等材料制成;熔体的形状有丝状、片状或网状等;熔体的熔点温度一般为 200～300 ℃。

二、熔断器的保护特性、型号及主要参数

1. 熔断器的保护特性

熔断器的保护特性又称安秒特性,它表示熔体熔断时间与流过熔体电流大小之间的关系特性,见表 7-6。可以看出,熔断器的熔断时间随着电流增大而减小。

表 7-6 熔断器的熔断电流与熔断时间的数值关系

熔断电流倍数	1.25～1.3	1.6	2	2.5	3	4	8
熔断时间	∞	1 h	40 s	8 s	4.5 s	2.5 s	1 s

由上表可知,熔断器对过载反应是很不灵敏的,当电气设备发生轻度过载时,熔断器将持续很长时间才熔断,因此,除在照明电路中外,熔断器一般不宜用作过载保护,主要用作短路保护。

2. 熔断器型号含义

熔断器的型号表达方法及意义如下:

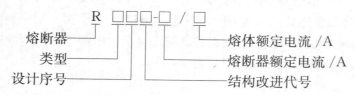

熔断器的类型：C——瓷插式熔断器；L——螺旋式熔断器；M——无填料封闭管式熔断器；T——有填料封闭管式熔断器；S——快速熔断器；Z——自复式熔断器。

3. 熔断器的主要数据

（1）额定电压 U_N。这是从灭弧角度出发规定熔断器所在电路工作电压的最高限额。如果电路的实际电压超过熔断器的额定电压，一旦熔体熔断，有可能发生电弧不能及时熄灭的现象。

（2）额定电流 I_N。I_N 实际上是指熔座的额定电流，这是由熔断器长期工作所允许的温升决定的电流值。配用的熔体的额定电流应小于或等于熔断器的额定电流。

（3）熔体的额定电流 I_N。是熔体长期通过此电流而不熔断的最大电流。生产厂家生产不同规格的熔体供用户选择使用。

（4）极限分断能力。极限分断能力指熔断器所能分断的最大短路电流值。分断能力的大小与熔断器的灭弧能力有关，而与熔体的额定电流值无关。

三、熔断器的应用

1. 常用熔断器简介

（1）半封闭插入式熔断器

半封闭插入式熔断器也称瓷插式熔断器，其结构如图 7-13 所示。它由瓷质底座和瓷插件两部分构成，熔体安装在瓷插件内。熔体通常用铅锡合金或铅锑合金等制成。有时也用铜丝作为熔体。部分常用熔体规格见表 7-7。

瓷插式熔断器结构简单，价格低廉，体积小，带电更换熔体方便，且具有较好的保护特性。它主要用于中、小容量的控制电路和小容量低压分支电路中。

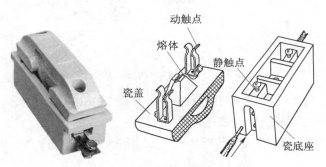

图 7-13　半封闭插入式熔断器结构

表 7-7　部分常用熔体规格

动画：瓷插熔断器结构

种　类	铅锑合金 （铅的质量分数≥98%，锑的质量分数 0.3%～1.5%）												
直径/mm	0.15	0.25	0.52	0.71	0.98	1.25	1.51	1.98	2.4	2.78	3.14	3.81	4.44
额定电流/A	0.5	0.9	2	3	5	7.5	10	15	20	25	30	40	50

常用型号有 RC1A 系列，其额定电压为 380 V，额定电流有 5 A、10 A、15 A、30 A、

60 A、100 A、200 A 等 7 个等级。

（2）螺旋式熔断器

螺旋式熔断器由瓷质底座、瓷帽、瓷套和熔体组成。熔体安装在熔体瓷质熔管内，熔管内部充满起灭弧作用的石英砂。熔体自身带有熔体熔断指示装置。螺旋式熔断器是一种有填料封闭管式熔断器，结构较瓷插式熔断器复杂。

螺旋式熔断器具有较好的抗振性能，灭弧效果与断流能力均优于瓷插式熔断器，被广泛用于机床电气控制设备中。

常用螺旋式熔断器的型号有 RL6、RL7（取代 RL1、RL2）、RLS2（取代 RLS1）。

（3）有填料封闭管式熔断器

有填料封闭管式熔断器的外形和结构如图 7-14 所示。它由瓷质底座、熔体两部分组成，熔体安放在瓷质熔管内，熔管内充满石英砂填料。这种填料在熔体熔化时能迅速吸收电弧能量，使电弧很快熄灭。

有填料封闭管式熔断器具有熔断迅速、分断能力强、无声光现象等良好性能，但结构复杂、价格昂贵，主要用于供电线路及要求分断能力较高的配电设备中。

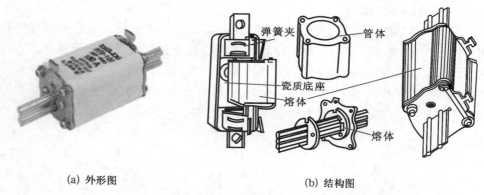

(a) 外形图　　　　　　　　　　　(b) 结构图

图 7-14　有填料封闭管式熔断器

常用有填料封闭管式熔断器的型号有 RT0、RT12、RT14、RT15、RT20 等系列。

（4）RM10 系列无填料封闭管式熔断器

RM10 系列无填料封闭管式熔断器如图 7-15 所示，它由熔断管、熔体、夹座及底座等部分组成。

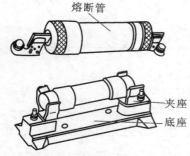

图 7-15　无填料封闭管式熔断器

RM10 系列有两个特点：一是采用钢纸管作熔管，当熔体熔断时，钢纸管内壁在电弧热量的作用下产生高压气体，使电弧迅速熄灭；二是采用变截面锌片作熔体，当电路发生短路故障时，锌片几处狭窄部位同时熔断形成空隙，因此灭弧容易。

（5）快速熔断器

快速熔断器主要用于半导体元件或整流装置的短路保护。由于半导体元件的过载能力很低，只能在极短的时间内承受较大的过载电流,因此要求短路保护器件具有快速熔断能力。快速熔断器的结构与有填料封闭管式熔断器基本相同,但熔体材料和形状不同。其熔体一般用银片冲成有 V 形深槽的变截面形状,如图 7-16 所示。

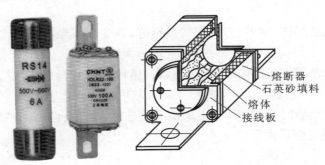

(a) 外形图　　　　(b) 结构图

图 7-16　快速熔断器

快速熔断器主要型号有 RS0、RS3、RLS1 和 RLS2 等系列。

2. 熔断器的选用

(1) 熔断器类型的选择

根据使用环境和负载性质选择适当类型的熔断器。例如,用于容量较小的照明线路,可选用 RC1A 系列插入式熔断器;在开关柜或配电屏中可选用 RM10 系列无填料封闭管式熔断器;对电流相当大或有易燃气体的地方,应选用 RT0 系列有填料封闭管式熔断器;在机床控制线路中,多选用 RL1 系列螺旋式熔断器;用于半导体功率元件及晶闸管保护时,则选用 RLS 或 RS 系列快速熔断器等。

(2) 熔断器额定电压和额定电流的选择

① 熔断器额定电压 U_N 应大于或等于线路的工作电压 U_L,即

$$U_N \geqslant U_L$$

② 熔断器额定电流 I_N 必须大于或等于所装熔体的额定电流 I_{RN},即

$$I_N \geqslant I_{RN}$$

(3) 熔体额定电流 I_{RN} 的选择

① 对于阻性负载的短路保护。$I_{RN} = 1.1 I_{LN}$,其中 I_{LN} 为负载额定电流。

② 对单台电动机的短路保护。$I_{RN} \geqslant (1.5 \sim 2.5) I_{LN}$,其中 I_{LN} 为电动机额定电流。轻载启动或启动时间短时系数可取得小些;相反若重载启动或启动时间长,系数可取得大些。

③ 对多台电动机的短路保护,$I_{RN} \geqslant (1.5 \sim 2.5) I_{LNM} + \sum I_{LN}$,其中 I_{LNM} 为容量最大一台电动机的额定电流;$\sum I_{LN}$ 为其余电动机的额定电流之和;系数的选取方法同前。

(4) 熔断器使用注意事项与维护

① 低压熔断器的额定电压应与线路的电压相吻合,不能低于线路电压。

② 熔体的额定电流不可大于熔管（支持件）的额定电流。

③ 熔断器的极限分断能力应高于被保护线路的最大短路电流。

④ 安装熔体时必须注意不要使其受机械损伤，较柔软的铅锡合金丝尤应如此，以免发生误动作。

⑤ 安装时应保证熔体、触刀、刀座间接触良好，以免因接触电阻过大使温度过高，发生误动作。

⑥ 当熔体已熔断需更换熔体时，要注意新换熔体规格与旧熔体规格相同，以保证动作的可靠性。

⑦ 更换熔体或熔管时必须在不带电的情况下进行，即使有些熔断器允许在带电情况下取下，也必须在电路切断后进行。

课题四　常用保护继电器

继电器是一种根据外界输入信号（电信号或非电信号）来控制电路接通或断开的一种自动电器，主要用于控制、线路保护或信号转换。

继电器的种类很多，分类方法也较多。按用途可分为控制继电器和保护继电器；按反映的信号可分为电压继电器、电流继电器、时间继电器、热继电器和速度继电器等；按动作原理可分为电磁式、电子式和电动式等。

保护继电器主要用来对电路与设备进行过电流、欠电流、过电压、欠电压保护。有热继电器、电流继电器、电压继电器等。最常用的为热继电器和电流继电器。

一、热继电器

热继电器是利用电流通过发热元件时所产生的热量使双金属片受热弯曲而推动触点动作的一种保护电器。它主要用于电动机的过载保护、断相保护以及电流不平衡运行保护，也可用于其他电气设备发热状态的控制。

按动作方式热继电器可分成双金属片式、热敏电阻式、易熔合金以及电子式等多种，图 7-17 所示为常用热继电器的外形图、图形和文字符号。使用最普遍的热继电器是双金属片式，它结构简单，成本较低，且具有良好的反时限特性（即电流越大动作时间越短，电流与动作时间成反比）。

（a）外形图　　　　　　　　　　　　　　　　　（b）图形和文字符号

图 7-17　热继电器

下面介绍最常用的双金属片式热继电器。

1. 热继电器的结构、工作原理

(1) 热继电器是利用电流的热效应使热元件发热而动作的电器。热元件由电阻丝和双金属片组成,双金属片由两种具有不同膨胀系数的金属片碾压而成。

(2) 热元件的电阻丝串联在电动机的主电路中,如图 7-18 所示。

(3) 热继电器的动断触点串联在电动机的控制电路中。

(4) 当主电路正常工作时,主电路中的电流在允许范围内,位于热元件内的双金属片变形弯曲较小,导板不动作。串联在控制电路中的动断触点闭合,控制电路接通,电动机正常工作。

(5) 当电动机过载运行时,过载电流流过热元件的电阻丝时,双金属片受热变形弯曲较大,推动导板向右边运动,通过推杆机构,将推力传给杠杆上的动断触点,使动断触点断开,如图中虚线位置所示,切断控制回路电源。接触器线圈 KM 断电,衔铁释放,主触点 KM 断开,电动机停转。

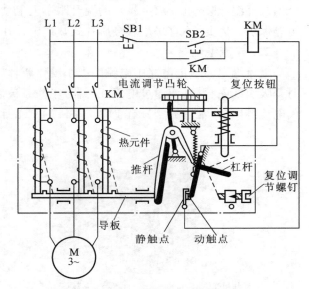

图 7-18 热继电器的接线原理示意图

(6) 当热元件冷却后,双金属片恢复原状,动断触点自动复位。

(7) 如用手动复位,则需按下复位按钮,借助动触点上的杠杆装置使触点复位闭合。

(8) 热继电器动作电流值的大小可用位于复位按钮旁边的旋钮进行调节。一种型号的热继电器可配有若干种不同规格的发热元件,并有一定的调节范围。应根据电动机的额定电流来选择发热元件,并用电流调节凸轮旋钮将其整定在电动机额定电流的 $0.95 \sim 1.05$ 倍,使用时再根据电动机的过载能力进行调节。

2. 热继电器的技术参数及选用

热继电器的主要产品型号有 JR20、JRS1、JRO、JR10、JR14 和 JR15 等系列;引进产品有 T 系列、3UA 系列和 LR1-D 系列等。其中,JR15 为两相结构,其余大多为三相结构,并可带断相保护装置;JR20 为更新换代产品,用来与 CJ20 型交流接触器配套使用。

(1) 额定电压。热继电器额定电压是指触点的电压值,选用时要求额定电压大于或等于触点所在线路的额定电压。

(2) 额定电流。热继电器的额定电流是指允许装入的发热元件的最大额定电流值。每一种额定电流的热继电器可以装入几种不同电流规格的发热元件。选用时要求额定电流大于或等于被保护电动机的额定电流。

(3) 热元件规格。热元件规格用电流值表示,它是指发热元件允许长时间通过的最大电流值。选用时一般要求其电流规格小于或等于热继电器的额定电流。

（4）热继电器的整定电流。整定电流是指长期通过发热元件又刚好使热继电器不动作的最大电流值。热继电器的整定电流要根据电动机的额定电流、工作方式等情况调整而定。一般情况下可按电动机额定电流值整定。

需要指出的是，对于重复短时工作制的电动机（如起重电动机等），由于电动机不断重复升温及降温，热继电器双金属片的温升跟不上电动机绕组的温升变化，因而电动机将得不到可靠保护。因此，不宜采用双金属片式热继电器作电动机的过载保护。

二、电流继电器

电流继电器根据电路中电流的大小动作或释放，用于电路的过电流或欠电流保护，使用时其吸引线圈直接（或通过电流互感器）串联在被控电路中。电流继电器分过电流继电器和欠电流继电器，常用的型号有 JT3、JT4、JL12、JL15 等，如图 7-19 所示。

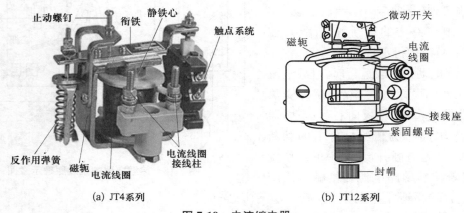

(a) JT4系列　　　　　　　　(b) JT12系列

图 7-19　电流继电器

过电流继电器在正常工作时，电流线圈中流过负载电流，衔铁不吸合；当通过线圈的电流超过某一整定值时，衔铁吸合，带动触点动作，切断电路，从而起到过载保护作用。显然过电流继电器是利用它的动断触点来完成这一任务的。通常交流过电流继电器的吸合电流调整为电路额定电流的 $110\%\sim400\%$；交流过电流继电器可用于桥式起重机上作过流保护。

欠电流继电器在电路正常时，衔铁处于吸合状态，当电路中的负载电流降低到某一整定值时，衔铁释放，从而利用其触点切断电路，起欠电流保护的作用。

电流继电器流的动作值与释放值可通过调整反力弹簧的方法来调整。旋紧弹簧，反作用力增大，吸合电流和释放电流都被提高；反之，旋松弹簧反作用力减小，吸合电流和释放电流都降低。另外还可用调节止动螺钉改变衔铁与静铁心之间的空气隙来加以调节。

项目 13　常用控制类电器的使用与检修

项目描述

控制类电器指直接对被控制对象的工作状态实行控制（如电动机的转动和停止），或者随着某一参量的变化(如时间、速度、压力等)间接地对被控制对象的工作状态实行控制。这类电器主要有接触器和控制类电器(如时间继电器、速度继电器、压力继电器等)。

学习目标

1. 掌握交流接触器的主要结构和工作原理。
2. 会正确使用交流接触器,会拆装及检修交流接触器。
3. 掌握时间继电器的主要结构和工作原理。
4. 学习拆装及检修空气阻尼式时间继电器。
5. 了解速度继电器、压力继电器的结构及工作原理。

实训操作 13

器材、工具、材料

序　号	名　　称	规　　格	单　位	数　量	备　注
1	交流接触器	CJ10-10/20/60	个	各1	规格不一
2	交流接触器	CJ20-10/25/63	个	各1	规格不一
3	交流接触器	CJX2 系列或 3TB 系列	个	若干	规格不一
4	时间继电器	空气阻尼式、电子式	个	各1	
5	万用表		块	1	
6	兆欧表	500 V	块	1	
7	电工工具		套	1	

交流接触器的使用与检修

1. 交流接触器的识别与检测

(1) 各种交流接触器类别、型号及规格的识别

由指导教师任选若干种类别、型号及规格不同的交流接触器由学生加以识别。

(2) 交流接触器的检测

由指导教师任选某一种交流接触器,由学生通过观察及测量,记录数据如下,并判别其好坏。

吸合时主触点电阻:L1 相＿＿＿＿Ω；L2 相＿＿＿＿Ω；L3 相＿＿＿＿Ω。

接触器线圈电阻＿＿＿＿Ω。

主触点间的绝缘电阻:U、V 相间＿＿＿＿MΩ；V、W 相间＿＿＿＿MΩ；W、U 相间＿＿＿＿MΩ。

2. CJ10-20 交流接触器的拆装

图 7-20 所示为常用 CJ10-20 交流接触器结构图。

交流接触器由触点系统、电磁系统和灭弧系统组成。

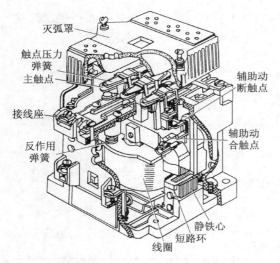

灭弧罩

触点压力
弹簧
主触点

接线座

反作用
弹簧

辅助动
断触点

辅助动
合触点

静铁心
短路环
线圈

图 7-20   交流接触器结构图

（1）拆卸过程

① 拆下灭弧罩上的螺钉，取下灭弧罩。

② 用手向上拉起压在触点弹簧上的拉杆，即可从侧面抽出主触点的动触桥，从而可以对主触点进行检修。

③ 拧出主触点与接线座铜条上的螺钉，即可将静主触点取下。

④ 将接触器倒置，底部朝上，拧下底部胶木盖板上的 4 个螺栓，将盖板取下。拧螺钉时必须用另一只手压住胶木盖板，以防缓冲弹簧的弹力将盖板弹出。

⑤ 取下由胶木盖板压住的静铁心、金属框架及缓冲弹簧。

⑥ 拆除电磁线圈与胶木座之间的接线即可取下电磁线圈。

⑦ 取出动铁心及上部的缓冲弹簧。

（2）交流接触器的装配

装配前先要对拆卸后的零件进行检查、清洁、修理，合格后才可装配，具体操作步骤如下：

① 拆卸后用干净的棉布蘸少许汽油擦去动、静铁心端面上的脏物。

② 检查主触点的烧损程度，烧损严重时应更换触点，若不需更换时应用细锉整修毛面。

③ 检查铁心端面接触是否平整、良好，有无变形、错位。

④ 检查灭弧罩有无破裂或烧损，清除灭弧罩内的金属飞溅物或颗粒。

⑤ 按与拆卸相反的步骤装配交流接触器。检查装配质量，线圈通电检查接触器动作情况。

⑥ 检查触点压力弹簧和反作用弹簧是否变形及弹簧压力是否适当。有条件时可用测量工具测量主触点压力，也可用纸条凭经验判断主触点压力是否合适，办法是：将一张厚约 0.1 mm 比触点稍宽的纸条夹在 CJ10-20/40 型交流接触器的主触点间，当主触点闭合后，用手拉动纸条，若主触点压力合适，稍用力即可拉出纸条，若纸条很容易被拉出，说明主触点压力不足，若纸条被拉断，说明主触点压力太大。可调整或更换触点压力弹簧。

3. 交流接触器的检修

（1）外观检查

① 清除灰尘，可用棉布沾少量汽油擦去油污，然后用布擦干。

② 拧紧所有压接导线的螺钉，防止松动脱落引起连接部分发热。

③ 对金属外壳或条架要检查接地螺钉是否紧固完好。

（2）灭弧罩检修

取下灭弧罩，用毛刷清除罩内脱落物及金属颗粒。如发现灭弧罩有裂损，应更换新品。对于栅片灭弧罩，应注意栅片是否完整或烧损变形、严重松脱位置变化等，若不易修复则应更换。

（3）触点系统检查

① 检查动、静触点是否对准，三相是否同时闭合，并调节触点弹簧使三相一致。

② 测量相间绝缘电阻值。使用 500 V 兆欧表进行测量，其绝缘电阻值不应低于 10 MΩ。

③ 触点磨损厚度超过 1 mm（可与新品比较）或严重烧损、开焊脱落时应更换新件。银基合金触点有轻微烧损或接触面发毛、变黑一般不影响使用，可不予清理。若影响接触时，可用小锉磨平打光，不能使用砂纸。

④ 维修接触器时一般不应随意增、减铁心底端下的衬垫。

⑤ 检查辅助触点动作是否灵活，静触点是否有松动或脱落现象；触点开距及行程要符合要求数值。可用万用表电阻挡测量接触情况，发现接触不良且不易修复时，应更换新触点。

（4）铁心的检修

① 用棉纱蘸汽油擦拭端面，除去油垢、灰尘等。

② 检查各缓冲件是否齐全，位置是否正确。

③ 短路环有无脱落或断裂，如有断裂会造成严重噪声，应更换短路环或铁心。

④ 检查电磁铁吸合是否良好，有无错位现象。

（5）线圈的检修

① 交流接触器的线圈在电源电压为线圈额定电压值的 85%～105%时，应能可靠工作，当电源电压低于线圈额定电压值的 40%时应能可靠释放。

② 检查线圈有无过热，线圈过热反映在外表层老化、变色，用半导体点温计测表面温度，若高于 65 ℃，说明线圈过热。不易修复时可更换新品。

③ 引线与插接件有无开焊或将断开的情况。

空气阻尼式时间继电器的拆装与检修

图 7-21 所示为 JS7-A 型空气阻尼式时间继电器。

动画：时间继电器结构

(a) 外形图　　　　(b) 拆下瞬动微动开关后的外形图

图 7-21　JS7-A 型空气阻尼式时间继电器

由于空气阻尼式时间继电器的微动开关触点允许通过的电流很小，在使用中触点比较容易受损，因此应先进行检修，步骤如下：

① 松开瞬动微动开关侧固定铁板上的紧固螺钉，取下微动开关，此时的外形如图 7-21(b) 所示。

② 松开延时微动开关的紧固螺钉,取下延时微动开关。

③ 用电工刀均匀慢慢地撬开并取下微动开关的盖板。

④ 小心地取下动触点及附件,要防止弹失小弹簧和垫片。

⑤ 修理动、静触点。修理时不允许用砂布研磨,应用细锉修平,清洁触点,修理后的动、静触点应接触良好。若无法修复,应调换新的微动开关。

⑥ 动、静铁心及线圈的拆卸比较容易,只需取下相关的紧固螺钉即可。没有特殊情况一般不要拆开空气阻尼器,如要对空气阻尼器进行检修必须特别仔细。

⑦ 按拆卸的逆顺序进行装配。

⑧ 手动检查微动开关的分合是否瞬时动作,动、静触点接触是否良好。

⑨ 用螺丝刀旋动时间继电器上端的延时动作时间的旋钮,并进行校正。

相关知识

课题五　交流接触器

接触器按通断电流的种类可分为交流接触器和直流接触器两大类,平时使用最多的是交流接触器。这是一种用途最为广泛的开关电器。它利用电磁、气动或液动原理,通过控制电路来实现主电路的通断。接触器具有通断电流能力强,动作迅速,操作安全,能频繁操作和远距离控制优点,但不能切断短路电流,因此接触器通常需与熔断器配合使用。交流接触器主要用于接通和分断电压 1 140 V、电流 630 A 以下的交流电路,可实现对电动机和其他电气设备的频繁操作和远距离控制。

一、交流接触器的主要结构和工作原理

1. 交流接触器的主要结构

常用交流接触器的外形图、图形和文字符号如图 7-22 所示。CJ10-20 型交流接触器结构如图 7-20 所示。

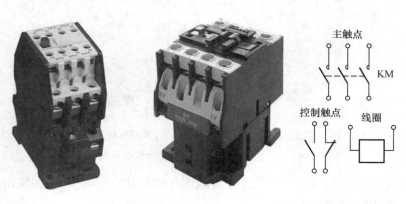

(a) 外形图　　　　　　　　　　(b) 图形和文字符号

图 7-22　交流接触器

交流接触器由电磁系统、触点系统和灭弧系统三部分组成。

（1）电磁系统

由线圈和动、静铁心（衔铁）、短路环组成。电磁系统的作用是产生电磁吸力带动触点系统动作。在静铁心的端面上嵌有短路环，用以消除电磁系统的振动和噪声。

（2）触点系统

包括 3 对主触点和数对辅助触点。主触点用来接通或分断主电路；辅助触点用以接通与分断控制电路，具有动合、动断各两对。触点的动合与动断是指电磁系统末通电动作前触点的原始状态。动合和动断的桥式动触点是一起动作的，当吸引线圈通电时，动断触点先分断，动合触点随即接通；线圈断电时，动合触点先恢复分断，随即动断触点恢复原来的接通状态。

（3）灭弧系统

交流接触器断开大电流电路时，在动、静触点之间会产生很强的电弧，电弧将灼伤触点，并使电路切断时间延迟。为此，10 A 以上的接触器都有灭弧装置，通常用陶土制作灭弧罩，或者用塑料加栅片制作灭弧罩。电弧在灭弧罩内被分割、冷却，从而迅速熄灭。

2. 交流接触器的工作原理

交流接触器是利用电磁吸力工作的。其工作原理如图 7-23 所示。

（1）交流接触器的 3 对主触点串联在主电路中，2 对辅助动合触点和 2 对辅助动断触点串联在控制电路中。辅助动合触点闭合时，动断触点分断。

（2）交流接触器的工作原理。电磁线圈接通电源→线圈建立磁场→铁心磁化→吸合动铁心（衔铁）→带动连杆运动→动触点与静触点闭合（主触点）→接通主电路。

断开电源时→线圈磁场消失→衔铁释放→连杆复位→动、静触点断开→断开主回路。

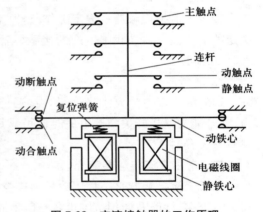

图 7-23　交流接触器的工作原理

交流接触器启动工作时，由于铁心气隙大，电抗小，所以通过线圈的启动电流往往达到工作电流的十几倍（工作电流是指衔铁吸合后的线圈电流），因此交流接触器不宜在启动过分频繁的场合使用。同时在安装调试和维护工作中，应注意衔铁是否灵活，有无卡滞现象，否则线圈通电后，衔铁吸不上，线圈会很快烧毁。

交流接触器的线圈电压在 85%～105% 额定电压时能可靠地工作。电压过高，交流接触器磁路趋于饱和，线圈电流将显著增大，将线圈烧毁；电压过低，电磁吸力不够，衔铁吸不上，线圈也可能烧毁。因此，使用时应注意交流接触器的额定电压，同时也绝不能把交流接触器的交流线圈误接到直流电源上。

交流接触器由于具有结构简单，运行安全可靠，维修简单，生产方便，成本低廉，用途广泛的特点，所以在各类低压电器当中它是生产量最大，使用面最广的产品，主要用于控制电动机、电热设备、电焊机等，是电力拖动自动控制的重要组成元件。

3. 交流接触器的型号及主要技术数据

交流接触器的型号及含义如下：

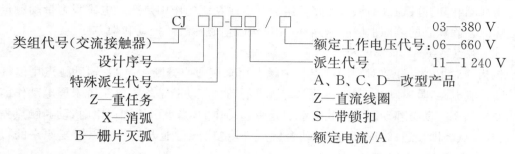

交流接触器的主要技术数据有额定工作电压、额定电流、通断能力、机械寿命与电气寿命等。

1. 额定工作电压

额定工作电压是指在规定条件下，能保证电器正常工作的电压值。它与接触器的灭弧能力有很大的关系。根据我国电压标准，接触器额定工作电压为交流 380 V、660 V、1 140 V 和直流 220 V、440 V 和 660 V 等。

2. 额定电流

额定电流指接触器在额定工作条件（额定电压、操作频率、使用类别、触点寿命等）下所决定的电流值。目前我国生产的接触器额定电流一般小于或等于 630 A。常用的在 10～200 A 之间。

3. 通断能力

通断能力以电流大小来衡量。接通能力是指开关闭合时电流不会造成触点熔焊的能力；断开能力是指开关断开电流时能可靠熄灭电弧的能力。交流接触器的主要技术数据可参看有关资料。

二、常用交流接触器简介

由于交流接触器是一种用途最为广泛的开关电器，因此在我国生产及使用的交流接触器型号繁多，性能及使用范围也各有所不同，现简介如下：

(1) CJ10 系列。这是我国 20 世纪 70 年代起设计生产的交流接触器，到目前为止仍是使用最多最广的一种系列。它分三种不同的结构形式，如图 7-24 所示。其中 CJ10-10 型为

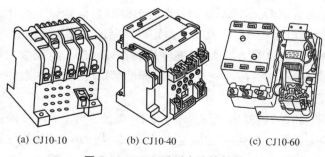

(a) CJ10-10　　　　(b) CJ10-40　　　　(c) CJ10-60

图 7-24　CJ10 系列交流接触器

立体布置,即触点系统在电磁系统的上方,两者互相联接,一起直动。由于其额定电流小(仅10 A),因此三组主触点间不专设灭弧装置,仅靠相间的胶木隔弧板隔弧。CJ10-20 及 CJ10-40 型的触点系统和电磁系统布置和 CJ10-10 型相同,也为立体布置且直动,但三组主触点部分装有半封闭式陶土制的灭弧罩来灭弧。而 CJ10-60 型及以上则采用平面布置,即触点系统位于电磁系统的左方,触点系统为直动式,而电磁系统为转动式。两者通过杠杆互相联接,主触点间也用陶土灭弧罩灭弧。

(2) CJ20 系列。20 世纪 90 年代重新设计生产的新系列。其基本结构及动作原理与CJ10 系列大体相仿,但其型号规格增多,主触点的额定电流增大,额定工作电压的等级加多,使该系列的适用性更广,同时机械寿命及电寿命也有所增加,如图 7-25 所示。本系列可取代 CJ10 系列。

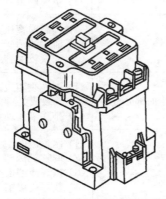 

图 7-25　CJ20 系列交流接触器　　　　　图 7-26　CJX 系列交流接触器

(3) CJX 系列。为我国引进德国西门子公司制造技术的产品,性能等同于 3TB、3TH,有 CJX1、CJX2、CJX3、CJX8 等型号,适宜于频繁启动和控制交流电动机,目前应用也越来越广,如图 7-26 所示。

三、交流接触器的使用

1. 交流接触器的安装

(1) 安装前应先检查交流接触器的状态:如外观是否完好,各接线端的螺钉,瓦形片是否完整无缺,表面应无灰尘、油污;按下触点架,动、静触点应对准,动作应灵活,三相同时闭合与断开;接触器线圈电压与控制电路电压应一致,额定电压及电流满足负载电压和电流的要求。

(2) 交流接触器安装后其底面与安装面垂直的倾斜度应小于 5°。

(3) 因交流接触器是不封闭的,安装时,避免小螺钉、垫片、线头等掉入接触器内,使接触器卡阻,甚至导致损坏接触器。

(4) 交流接触器主触点串接在主电路内,接线头必须压在瓦形片的下面用螺钉压紧。辅助触点串接在控制电路内,动合触点与动断触点应区分清楚并正确接线,接线头也必须压紧。

2. 交流接触器的常见故障及处理方法(表 7-8)

表 7-8　接触器的常见故障及处理方法

故 障 现 象	可 能 的 原 因	处 理 方 法
衔铁吸不上	(1) 线圈断线或烧毁 (2) 衔铁或机械可动部分被卡住 (3) 机械部分生锈或歪斜	(1) 修理或更换线圈 (2) 清除卡阻物 (3) 去锈或调换零件
断电时衔铁不释放	(1) 反作用弹簧弹力小 (2) 衔铁或机械部分被卡住 (3) 触点熔焊在一起 (4) 铁心寿命结束,剩磁增大	(1) 更换弹簧 (2) 清除卡阻物 (3) 更换触点并找出原因 (4) 更换铁心
触点熔焊	(1) 触点断开容量不够 (2) 触点开断次数过多	(1) 改换较大容量接触器 (2) 更换触点
触点过热或灼伤	(1) 触点弹簧压力过小 (2) 触点上有油污 (3) 触点断开容量不够大	(1) 调高弹簧压力 (2) 清除油污 (3) 改换较大容量接触器
线圈过热或烧毁	(1) 线圈额定电压与电源电压不符 (2) 线圈由于机械损伤或附有导电灰尘而部分短路 (3) 运动部分被卡住	(1) 更换线圈或调整电压 (2) 修复或更换线圈并保持清洁 (3) 排除卡住现象
有噪声	(1) 极面磨损过度而不平 (2) 电磁系统歪斜 (3) 短路环断裂(交流) (4) 衔铁与机械部分的连接销松脱	(1) 修正极面 (2) 调整机械部分 (3) 重焊或调换短路环 (4) 装好连接销

课题六　常用控制类继电器

控制类继电器是一种根据外界输入信号(电信号或非电信号)来控制电路接通或断开的一种自动电器,主要用于线路控制或信号转换。

控制类继电器的种类很多,按反映的信号可分为时间继电器、速度继电器、压力继电器、中间继电器等。

一、时间继电器

1. 时间继电器的结构和分类

时间继电器也称延时继电器,它在电路中起着使控制电路延时动作的作用,即当继电器的感测机构接收到外界动作信号后,要经过一段时间延时后触点才动作并输出信号去操纵控制电路。

时间继电器按动作原理可分为电磁式、空气阻尼式、电动式和电子式;按延时方式可分为通电延时和断电延时两种。

图 7-27 所示为时间继电器的外形图、图形和文字符号。通常时间继电器上有好几组辅助触点,所谓瞬动触点即是指当时间继电器的感测机构接收到外界动作信号后,该触点立即动

作(与接触器一样),而通电延时触点是指当接收输入信号(如线圈通电)后,要经过一定时间(延时时间)该触点才动作。断电延时触点则在线圈断电后要经过一定时间该触点才动作。

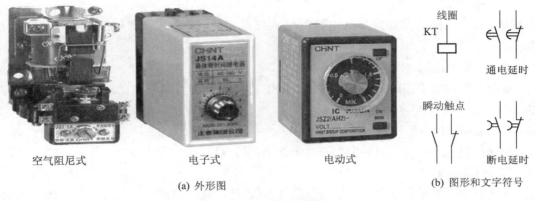

空气阻尼式   电子式   电动式
(a) 外形图   (b) 图形和文字符号

图 7-27 时间继电器

(1) 空气阻尼式时间继电器

空气阻尼式时间继电器也称为空气式时间继电器或气囊式时间继电器。

它的动作原理为:当电磁机构的线圈通电(或断电)后,依靠空气阻尼器的阻尼作用使它的触点延时动作。故空气阻尼式时间继电器根据触点延时的特点可分为通电延时动作与断电延时动作两种。当电磁线圈通电(或断电)后,则动铁心动作,依靠空气阻尼器的阻尼作用,使继电器上微动开关的延时触点延时动作,即达到了延时的目的。

空气阻尼式时间继电器的延时时间长,价格低廉,整定方便,主要用于延时精度要求不高的场合。主要型号有 JS7、JSK1 和 JS23 等系列。

(2) 电动式时间继电器

电动式时间继电器由同步电动机、传动机构、离合器、凸轮、调节旋钮和触点等组成。它的工作原理与钟表走动原理相仿。

电动式时间继电器的延时时间可在较大的范围内选择,从几秒至几十小时,另外它的延时精确度高,但价格较贵,因此在需要准确延时动作的控制系统中,可采用电动式时间继电器。

电动式时间继电器常用的型号有 JS11、JS-17、JS10 系列,7PR4040、4140 系列等。

(3) 电子式时间继电器

电子式时间继电器也称为晶体管式时间继电器或半导体式时间继电器,除了执行继电器外,均由电子元件组成,具有机械结构简单、延时范围广、精度高、返回时间短、消耗功率小、耐冲击、调节方便和寿命长等优点。

电子式时间继电器种类很多,常用的是阻容式时间继电器。它利用电容对电压变化的阻尼作用来实现延时。其代表产品为 JS14 和 JS20 系列。

JS20 系列电子式时间继电器产品品种齐全,具有延时时间长(用 $100~\mu F$ 的电容可获得 1 h 延时)、线路较简单、延时调节方便、性能较稳定、延时误差小、触点容量较大等优点。但也存在延时易受温度与电源波动的影响、抗干扰能力差、修理不便、价格高等缺点。

常用电子式时间继电器的型号有 JS20、JS13、JS14、JS14P 和 JS15 等系列。国外引进生产的产品有 ST、HH、AR 等。

2. 时间继电器的选用

（1）延时方式的选用

根据控制电路的需要选择通电延时型或断电延时型，瞬时动作触点的数目也要满足要求。

（2）类型的选用

延时精度要求不高时，可选用空气阻尼式；对延时精度要求较高的场合，一般可选用晶体管式。

（3）工作电压的选用

根据控制电路电压选择吸引线圈或工作电源的电压。

二、速度继电器

速度继电器主要用于电动机反接制动，所以也称反接制动继电器。电动机反接制动时，为防止电动机反转，必须在反接制动结束时或结束前及时切断电源。常用的速度继电器为JY1 系列和 JFZO 系列，其外形图、结构示意图、图形和文字符号如图 7-28 所示。

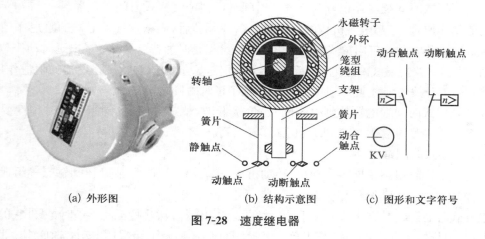

| (a) 外形图 | (b) 结构示意图 | (c) 图形和文字符号 |

图 7-28　速度继电器

1. 速度继电器的结构

速度继电器是靠电磁感应原理实现触点动作的。因此，从结构上看，与交流电动机相似，速度继电器主要由笼型绕组、转子、可动支架、触点系统和外壳等组成。外环由硅钢片叠成并装有笼型的短路绕组（与笼型电动机的转子绕组相似）；转子用一块永久磁铁制成。

2. 速度继电器的工作原理

速度继电器的外壳与电动机端盖固定在一起，转轴与电动机转轴相连。在速度继电器的转轴上固定着一个圆柱形的永久磁铁；磁铁的外面套有一个可以按正、反方向偏转一定角度的外环；在外环的圆周上嵌有笼型绕组。电动机转动时带动速度继电器的转子（磁极）转动，于是在气隙中形成一个旋转磁场，外环上的笼型绕组切割该磁场而产生感应电流，进而产生力矩，使外环随着电动机的旋转方向转过一个角度。这时固定在外环支架上的顶块推动簧片上的动触点，使其一组触点动作。若电动机反转，则顶块拨动另一组触点动作。当电动机的转速下降至 100 r/min 左右,由于笼型绕组的电磁力不足,支架返回,触点复位。因继电器的触点动作与否与电动机的转速有关,所以称为速度继电器,又因速度继电器用于电动机的反接制动,故也称之为反接制动继电器。

三、压力继电器

压力继电器是利用被控介质(如压力油)在橡皮膜或波纹管上产生的压力与弹簧的反作用力相互平衡的原理而工作的,用来测量(反映)被控介质的压力,如图 7-29 所示。当被控介质的压力升高时,使作用于橡皮膜或波纹管上的压力大于压缩弹簧的压力,从而使顶杆向上移动,推动微动开关动作,使微动开关的触点的状态发生改变,从而给控制电路发出一个动作信号,输出给被控主电路。因此,压力继电器的动作原理与按钮开关或行程开关相仿,只是开关的动力源不同而已。

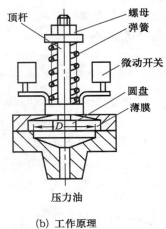

(a) 外形图　　　　　　　　　　　　　　　　　(b) 工作原理

图 7-29　压力继电器

四、中间继电器

中间继电器实际上是一种动作值与释放值不能调节的电压继电器,其基本构造与交流接触器相仿,只是取消了灭弧系统,如图 7-30 所示。主要用在控制电路中,用来传递控制过程中的中间信号,中间继电器的触点数量比较多,可以将一路控制信号转变为多路控制信号,以满足控制要求,常用的有 JZ7、JZ11、JDZ2、DZ100 等。

图 7-30　中间继电器

项目 14 低压断路器的结构、使用与检修

项目描述

低压断路器通常也称自动空气开关,主要用在交、直流低压电网中,既可手动又可电动分合电路,且可对电路或用电设备实现过载、短路和欠电压等保护,也可以用于不频繁启动电动机,是一种集控制和保护功能一体的新型电器。因为断路器都装有灭弧装置,因此可安全地带负荷合闸与分闸。

通过本项目的学习,掌握低压断路器的结构与工作原理,会选用、安装低压断路器及其一般故障处理。

学习目标

1. 掌握低压断路器的基本结构。
2. 掌握断路器的基本工作原理。
3. 具有正确选用断路器的基本知识。
4. 掌握 DZ47 微型断路器的使用。
5. 了解断路器的常见故障及处理方法。

实训操作 14

器材、工具、材料

序 号	名 称	规 格	单 位	数 量	备 注
1	低压断路器	DZ5-20 系列	个	1	
2	低压断路器	DZ10 系列	个	1	
3	低压断路器	DZ12 系列	个	1	
4	低压断路器	DZ20 系列	个	1	
5	漏电保护断路器	DZ12L 系列	个	1	
6	漏电保护断路器	DZ20L 系列	个	1	
7	微型断路器	DZ47 系列	个	1	
8	万用表		块	1	
9	兆欧表	500 V	块	1	
10	电工工具		套	1	

低压断路器的使用

1. 低压断路器的识别与检测

（1）低压断路器的识别。根据给出的低压断路器,说明其型号、名称、型号含意及使用场合。

（2）用万用表及兆欧表测量所给断路器的直流电阻及绝缘电阻值,分合闸及断开两种状态,从而判定该断路器的好坏。

2. 低压断路器的安装

（1）低压断路器必须垂直安装于配电板上,电源引入线应接在断路器上端接线柱上,负载线应从断路器下端接线柱接出。

（2）用作电源总开关或电动机的控制开关时,在电源进线侧必须加装刀开关或熔断器等,以形成明显的断开点。

（3）使用前应将脱扣器工作面的防锈油擦干净,各脱扣器动作值一经调整好,不允许随意变动,以免影响其动作值。

（4）低压断路器应保持清洁,并随时检查脱扣器的动作值。

（5）工作时不可将灭弧罩取下,灭弧罩应保持清洁完好。

相关知识

课题七 低压断路器

一、断路器的基本结构和工作原理

1. 断路器的分类和基本结构

（1）断路器的分类

断路器的种类很多,有多种分类方法。按结构形式来分,可分为框架式（也称万能式）和塑料外壳式（也称装置式）;按用途来分,可分为配电、电动机保护、照明、漏电保护断路器等。

在自动控制系统中,塑料外壳式和漏电保护断路器由于结构紧凑,体积小,重量轻,价格低,安装方便,使用较为安全,应用极为广泛。

（2）断路器的基本结构

① 触点系统用于接通和断开电路。触点的结构形式有对接式、桥式和插入式三种,一般采用银合金材料和铜合金材料制成。

② 灭弧系统有多种结构形式,常用的灭弧方式有窄缝灭弧和金属栅灭弧。

③ 操作机构用于实现断路器的闭合与断开,有手动操作机构、电动机操作机构、电磁铁操作机构等。

④ 脱扣器是断路器的感测元件,用来感测电路特定的信号（如过电压、过电流等）,电路

一旦出现非正常信号，相应的脱扣器就会动作，通过联动装置使断路器自动跳闸切断电路。脱扣器的种类很多，有电磁脱扣、热脱扣、自由脱扣、漏电脱扣等。电磁脱扣又分为过电流、欠电流、过电压、欠电压脱扣及分励脱扣等。

⑤ 外壳或框架是断路器的支持件，用来安装断路器的各个部分。

常用的框架式断路器有 DW10、DW16 两个系列，如图 7-31 所示。塑料外壳式有 DZ5、DZ15、DZ20 等系列，其中 DZ20 为统一设计的新产品，如图 7-32 所示。

图 7-31　DW16 系列框架式断路器

DZ5系列

DZ20系列

图 7-32　DZ 系列塑料外壳式断路器

漏电保护断路器的主要型号有 DZ5-20L、DZ15L、DZL-16、DZL18-20 等系列，其中 DZL18-20 型由于放大器采用了集成电路，其体积更小，动作更灵敏，工作更可靠。

2. 断路器的基本工作原理

通过手动或电动等操作机构可使断路器合闸，从而使电路接通。当电路发生故障（短路、过载、欠电压等）时，通过脱扣装置使断路器自动跳闸，达到故障保护的目的。

断路器工作原理以 DZ5 系列为例，如图 7-33 所示。图 7-34 所示为断路器的图形和文字符号。

动画：低压
断路器结构

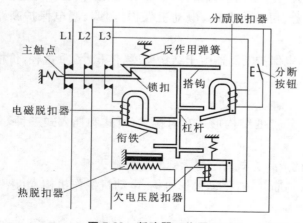

图 7-33　断路器工作原理

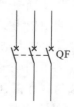

图 7-34　断路器的图形和文字符号

① 3 对主触点串联在被控制的三相主电路中。当按下合闸按钮时,通过操作机构由锁扣钩住搭钩,克服弹簧的反力使三相主触点保持闭合状态。

② 电路工作正常时,电磁脱扣器线圈所产生的电磁吸力不能将衔铁吸合,主触点保持闭合。

③ 电路发生短路故障,使通过电磁脱扣器线圈的电流增大,产生的电磁力增加,将衔铁吸合,并撞击杠杆将搭钩往上顶,使其与锁扣脱钩,在弹簧的作用下,将主触点断开,切断电源,起短路保护作用。

④ 电路中电压不足(小于额定电压 85％)或失去电压时,欠电压脱扣器的吸力减小或消失,衔铁被弹簧拉开撞击杠杆,使搭钩与锁扣松开,切断电路,起到欠压保护作用。

⑤ 电路中发生过载时,过载电流流过热脱扣器的热元件,使双金属片发热弯曲,将杠杆上顶,使搭钩与锁扣脱钩,在弹簧作用下,3 对主触点断开,切断电源,起过载保护作用。

⑥ 需手动分断电路时,按下分断按钮即可。

二、DZ47(C45N)系列微型低压断路器

近些年来,我国在建筑业中广泛采用了 DZ47-60 系列微型低压断路器作为大楼、民用住宅等的电源开关,它具有外形美观小巧、重量轻、性能优良可靠分断能力较高,脱扣迅速,导轨安装,壳体和部件采用高阻燃及耐冲击塑料,使用寿命长,安装及操作方便等优点。该系列断路器是从法国梅兰日兰公司引进技术生产的 C45N 系列的国产型号。使用于交流 50～60 Hz,电压为 415 V,电流为 63 A 以下电路中作为照明、动力设备和线路的过载及短路保护用,如图 7-35 所示。

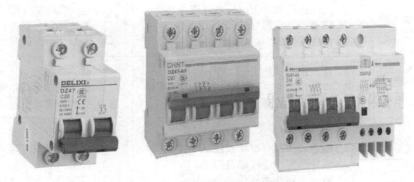

图 7-35　DZ47 系列微型低压断路器

DZ47 系列微型低压断路器由操作机构、触点系统、灭弧装置、过流脱扣器外壳组成。按极数可分单极、二极、三极、四极。二极至四极是在单极结构的基础上拼装而成,可保证各极接通和断开的一致性。

过流脱扣器由双金属片与电磁机构组成,脱扣器的整流电流值是一定的,不可自行调节。DZ47 系列微型低压断路器的额定电流为 60 A,脱扣器的整定电流可分 1 A、3 A、5 A、10 A、15 A、20 A、25 A、32 A、40 A、50 A、60 A 等,分别标示在塑料外壳上,如 C20 为整

定电流 20 A,可根据该断路器所控制的负载大小来选用。

负载电流与开关整定电流比值为 1.1 : 1 时,1 h(小时)内不跳闸;1.45 : 1 时,小于 1 h 跳闸;2.55 : 1 时,小于 60 s 跳闸;5 : 1 时,小于 5 s 跳闸;10 : 1 时,小于 0.1 s 跳闸。

该型断路器另有多种附件组合设计可具有漏电保护、欠压保护等功能,如常用的漏电保护为 DZ47E 系列。

三、断路器的使用、常见故障及处理

1. 断路器使用注意事项

(1) 断路器要按规定垂直安装,连接导线必须符合规定要求。

(2) 工作时不可将灭弧罩取下,灭弧罩损坏应及时更换,以免发生短路时电弧不能熄灭的事故。

(3) 脱扣器的整定值一经调好就不要随意变动,但应做定期检查,以免脱扣器误动作或不动作。

(4) 分断短路电流后应及时检查主触点,若发现弧烟痕迹,可用干布擦净;若发现触点灼伤应及时修复。

(5) 使用一定次数(一般为 1/4 机械寿命)后,应给操作机构添加润滑油。

(6) 应定期清除断路器的尘垢,以免影响操作和绝缘。

2. 断路器的常见故障及处理方法(表 7-9)

表 7-9　断路器的常见故障及处理方法

故 障 现 象	可 能 的 原 因	处 理 方 法
手动操作低压断路器不能闭合	(1) 欠电压脱扣器无电压或线圈损坏 (2) 储能弹簧变形导致闭合力减小 (3) 反作用弹簧力过大	(1) 检查线路施加电压或更换线圈 (2) 更换储能弹簧 (3) 重新调整弹簧反力
启动电动机时开关立即分断	(1) 过流脱扣器整定值太小 (2) 脱扣器某些零件损坏,如橡皮膜等损坏 (3) 脱扣器反力弹簧断裂或脱落	(1) 调整整定值 (2) 更换脱扣器或损坏零件 (3) 更换弹簧或重新装上
工作时,低压断路器温升太高	(1) 触点压力过低 (2) 触点表面过分磨损或接触不良 (3) 两导电零件连接螺钉松动 (4) 触点表面油污氧化	(1) 调整触点压力或更换弹簧 (2) 更换触点或清理接触面 (3) 拧紧 (4) 清除油污或氧化层
断路器闭合后经一定时间自行分断	(1) 过电流脱扣器延时整定值不对 (2) 热元件或延时电路元件变化	(1) 重新调整 (2) 更换
辅助触点不通	(1) 辅助触点的动触桥卡死或脱落 (2) 辅助触点的传动杆断裂或滚轮脱落 (3) 触点不接触或氧化	(1) 拨正或重新装好动触桥 (2) 更换传动杆或更换辅助触点 (3) 调整触点,清理氧化膜
低压断路器经常自行分断	(1) 漏电动作电流变化 (2) 线路漏电	(1) 送回厂家重新校正 (2) 排除漏电原因

四、漏电保护断路器

漏电保护断路器亦称漏电保护开关，是为了防止低压电网人身触电或因漏电造成火灾等事故而研制的一种新型电器。除了起断路器的作用外，漏电保护断路器还能在设备漏电或人身触电时迅速断开电路，保护人身和设备的安全，因而使用十分广泛。

漏电保护断路器的基本原理与结构如图 7-36 所示，它由零序电流互感器、放大器和主回路断路器（含跳闸脱扣器）3 个主要部件组成。当设备正常工作时，主电路电流的矢量和为零，零序电流互感器的铁心无磁通，其二次绕组没有感应电压输出，开关保持闭合状态。当被保护的电路中有漏电或有人触电时，漏电电流通过大地回到变压器中性点，从而使三相电流的矢量和不等于零，零序电流互感器的二次绕组中就产生感应电流。当该

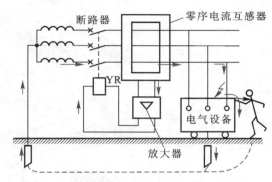

图 7-36 漏电保护断路器的基本原理与结构

电流达到一定值并经放大器放大后就可以使脱扣器动作，使断路器在很短的时间内动作而切断电路。

漏电保护断路器的主要技术参数有漏电动作电流和动作时间。若用于保护手持电动工具、各种移动电器和家用电器，应选用额定漏电动作电流不大于 30 mA，动作时间不大 0.1 s 的快速动作漏电保护断路器，如保护单台电动机时可选用额定漏电动作电流为 30～100 mA 的漏电保护断路器。

> **知识拓展**

开关类传感器

传感器是一种检测装置，它能感受各种非电量的信息，如压力、温度、位移等，并将它们按一定的规律转换成电信号或其他所需的信号输出，为各种自动控制提供依据。

在日常生活中，我们会接触到各种传感器。例如，一台汽车的电控系统中就安装有数十只乃至上百只传感器，如测量发动机温度、冷却水温度的温度传感器；发动机油压及制动器油压的压力传感器；汽车速度的转速传感器；汽车倒车系统的超声波传感器等等。下面简单介绍开关类传感器。

开关类传感器从工作原理上看可分为两大类，见表 7-10。

实际上前面介绍的行程开关即可看成开关类传感器，但它需施加机械力到开关的操作头上，开关才动作。而接近开关又称无触点行程开关，它能在一定距离（几毫米至几十毫米）内检测有无物体靠近。当物体接近其设定距离时，就发出动作信号。它是利用电磁、电感或电容原理进行检测的一类开关类传感器。而光电传感器、超声波传感器等由于其检测距离可达几米甚至几十米，因此列入电子开关系列。

表 7-10 开关类传感器

大 类	小 类	参 考 照 片	主要特点、应用场合
接近开关	电感式		利用电涡流原理制成的新型非接触式开关元件。能检测金属物体,但有效检测距离非常近
	电容式	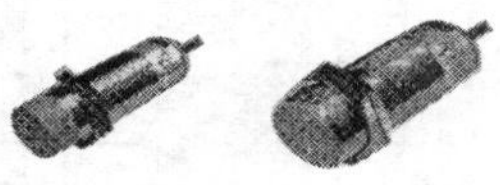	利用变介电常数电容传感器原理制成的非接触式开关元件。能检测固、液态物体,有效距离较电感式远
	霍尔式		根据霍尔效应原理制成的新型非接触式开关元件。具有灵敏度高,定位准确的特点,但只能检测强磁性物体
	干簧管式		又称舌簧管开关,利用电磁力吸引电极的原理制成的非接触式开关元件。能检测强磁性物体,有效检测距离较近,在液压、气压缸上用于检测活塞位置
电子开关	光电式		投光器发出的光线被物体阻断或反射,受光器根据是否能接收到光来判断是否有物体。光电开关应用最广泛,具有有效距离远,灵敏度高等优点。光纤式光电开关具有安装灵活,适宜复杂环境的优点,但在多灰尘环境要保持投光器和受光器的洁净
	超声波式		超声波发生器发出超声波,接收器根据接收到的声波情况判断物体是否存在;超声波开关检测距离远,受环境影响小,但对于近距离检测无效

开关类传感器的接线方式有交流二线制、直流二线制、直流三线制、直流四线制等。连接导线的颜色也有多种,可参照说明书使用。常用的交流二线制接线如图 7-37 所示。

动合   动断

图 7-37 交流二线制接近开关的接线示意图

1. 干簧管接近开关

(1) 干簧管的工作原理

干簧管的结构图如图 7-38 所示,该干簧管由一对磁性材料制造的弹性磁簧组成,磁簧密封于充有惰性气体的玻璃管中,磁簧端面互叠,但留有一条细间隙。磁簧端面触点镀有一层贵金属,使开关具有稳定的特性,并延长了使用寿命。

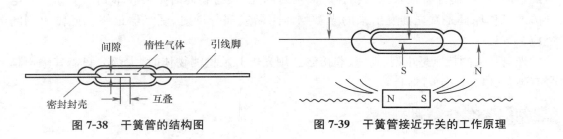

图 7-38　干簧管的结构图　　　　　　图 7-39　干簧管接近开关的工作原理

(2) 干簧管接近开关的工作原理

干簧管接近开关的工作原理如图 7-39 所示。由恒磁铁或线圈产生的磁场施加于干簧管开关上,使干簧管两个磁簧磁化,一个磁簧在触点位置上生成 N 极,另一个磁簧在触点位置上生成 S 极。若生成的磁场吸引力克服了磁簧的弹性阻力,磁簧由吸引力作用接触导通,即电路闭合。一旦磁场吸引力消除,磁簧因弹力作用又重新分开,即电路断开。

2. 光电开关简介

(1) 光电耦合器件

光电开关是将光能转换为电能的一种传感器件。光电开关的核心部件是光电耦合器件,它将发光器件(如发光二极管)和光电接收器件(光电二极管、光电晶体管或光电晶闸管)封装在一个外壳内,如图 7-40 所示。

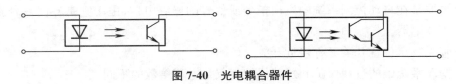

图 7-40　光电耦合器件

光电耦合器件实际上是一个电量隔离转换器,它具有抗干扰和单向传输的功能,广泛应用于电路隔离、电平转换、噪声抑制、无触点开关及固态继电器等。

(2) 光电开关

光电开关是一种利用感光器件对变化的入射光加以接收,并进行光电转换,同时加以某种形式的放大和控制,从而获得最终的控制输出开关信号的器件。

图 7-41 所示为典型的光电开关结构图。图 7-41(a)所示为一种透射式的光电开关,其发光器件和接收器件的光轴重合。当不透明的物体位于或经过它们之间时,会阻断光路,使接收器件收不到来

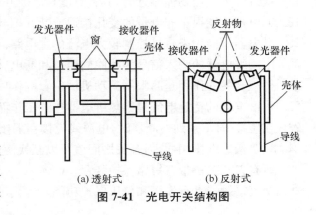

(a) 透射式　　　　(b) 反射式

图 7-41　光电开关结构图

自发光器件的光,从而起到检测作用。图 7-41(b)所示为一种反射式光电开关,其发光器件和接收器件的光轴在同一平面以某一角度相交,交点一般为待测物体所在位置。当有物体经过时,接收器件将接收到从物体表面反射的光,没有物体时则接收不到反射光。光电开关的工作原理是发光器发出来的光被物体阻断或部分反射,受光器最终据此做出判断反应。

光电开关的特点是小型、高速、非接触。用光电开关检测物体时,大部分只需其输出信号有高、低(**1**、**0**)之分即可。

知识考核

一、判断题

1. 低压开关可以用来直接控制任何容量的电动机启动、停止和正反转。(   )
2. HK 系列刀开关设有专门的灭弧装置。(   )
3. HK 系列刀开关不宜分断有负载的电路。(   )
4. 对 HK 系列刀开关的安装,除垂直安装外,也可以倒装或横装。(   )
5. HZ 系列组合开关可用来频繁地接通和断开电路,换接电源和负载。(   )
6. HZ 系列组合开关具有储能分合闸装置。(   )
7. DZ5-20 型低压断路器不设有专门的灭弧装置。(   )
8. 按钮开关也可作为一种低压开关使用,通过手动操作完成主电路的接通和分断。(   )
9. 动断按钮可作为停止按钮使用。(   )
10. 当按下动合按钮然后再松开时,按钮便自锁接通。(   )
11. 主令电器是在自动控制系统中发出指令或信号的操纵电器,由于它是专门发号施令的,故称主令电器。(   )
12. 晶体管无触点位置开关又称接近开关。(   )
13. 电力拖动系统中的过载保护和短路保护仅仅是电流倍数的不同。(   )
14. 接触器除通断电路外,还具有短路和过载的保护功能。(   )
15. 接触器线圈通电时,动断触点先断开,动合触点后闭合。(   )
16. 交流接触器线圈电压过高或过低都会造成线圈过热。(   )
17. 接近开关是当物体靠近时,其触点能自动断开或闭合的开关。(   )
18. 继电器不能根据非电量的变化接通或断开控制电路。(   )
19. 继电器不能用来直接控制较大电流的主电路。(   )
20. 中间继电器的输入信号为线圈的通电和断电。(   )
21. 行程开关的作用是起限制运动机械位置的作用。(   )
22. 热继电器的整定电流是指热继电器连续工作而动作的最小电流。(   )
23. 在装接 RL1 系列熔断器时,电源线应接在下接线座。(   )
24. 只要额定电压相同,刀开关之间就可以互换使用。(   )
25. 所有刀开关都带有短路保护装置。(   )
26. 交流接触器具有失压和欠压保护功能。(   )

27. 由于过载电流小于短路电流,所以热继电器既然能作过载保护,也能作短路保护。（　　）
28. 交流接触器触点发热程度与流过触点的电流有关,与触点间的接触电阻无关。（　　）
29. 触点间的接触面越光滑平整,其接触电阻越小。（　　）
30. 当热继电器动作不准确时,可用弯折双金属片的方法来调整。（　　）
31. 交流接触器启动瞬间,由于铁心气隙大,故启动电流比流过线圈的正常电流大很多。（　　）

二、选择题

1. 功率小于（　　）的电动机控制电路可用 HK 系列刀开关直接操作。
   A. 4 kW　　　　　　B. 5.5 kW　　　　　C. 7.5 kW　　　　　D. 15 kW
2. HZ10 系列组合开关的额定电流一般取电动机额定电流的（　　）。
   A. 1～1.5 倍　　　B. 1.5～2.5 倍　　　C. 2.0～3.0 倍　　D. 3.5～5 倍
3. 交流接触器的（　　）发热是主要的。
   A. 线圈　　　　　　B. 铁心　　　　　　C. 触点　　　　　　D. 短路铜环
4. 由 4.5 kW、5 kW、7 kW 三台三相笼型异步电动机组成的电气设备中,总熔断器选择额
   定电流（　　）的熔体。
   A. 30 A　　　　　　B. 50 A　　　　　　C. 70 A　　　　　　D. 15A
5. DZ5-20 型低压断路器的欠电压脱扣器的作用是（　　）。
   A. 过载保护　　　　B. 欠压保护　　　　C. 失压保护　　　　D. 短路保护
6. 交流接触器短路环的作用是（　　）。
   A. 短路保护　　　　B. 消除铁心振动　　C. 增大铁心磁通　　D. 减小铁心磁通
7. 常用低压保护电器为（　　）。
   A. 刀开关　　　　　B. 熔断器　　　　　C. 接触器　　　　　D. 热继电器
8. 手动切换电器为（　　）。
   A. 低压断路器　　　B. 继电器　　　　　C. 接触器　　　　　D. 组合开关
9. 热继电器在电动机控制电路中不能作（　　）。
   A. 短路保护　　　　　　　　　　　　　B. 过载保护
   C. 缺相保护　　　　　　　　　　　　　D. 过载保护和缺相保护
10. 低压开关一般为（　　）。
    A. 非自动切换电器　　　　　　　　　　B. 自动切换电器
    C. 半自动切换电器　　　　　　　　　　D. 无触点电器
11. HH 系列刀开关采用储能分合闸方式,主要是为了（　　）。
    A. 操作安全　　　　　　　　　　　　　B. 减少机械磨损
    C. 缩短通断时间　　　　　　　　　　　D. 减小劳动强度
12. 用于电动机直接启动时,可选用额定电流等于或大于电动机额定电流（　　）的三极刀
    开关。
    A. 1 倍　　　　　　B. 3 倍　　　　　　C. 5 倍　　　　　　D. 7 倍
13. HZ 系列组合开关的储能分合闸速度与手柄操作速度（　　）。
    A. 成正比　　　　　B. 成反比　　　　　C. 有关　　　　　　D. 无关

14. 按下复合按钮时,(　　)。

    A. 动合触点先闭合 　　　　　　　　　　B. 动断触点先断开

    C. 动合、动断触点同时动作 　　　　　　D. 无法确定

15. DZ5-20 型低压断路器的热脱扣器用于(　　)。

    A. 过载保护 　　　　B. 短路保护 　　　　C. 欠压保护 　　　　D. 失压保护

16. 按钮帽上的颜色用于(　　)。

    A. 注意安全 　　　　B. 引起警惕 　　　　C. 区分功能 　　　　D. 无意义

17. 熔体的熔断时间与(　　)。

    A. 电流成正比 　　　　　　　　　　　　B. 电流成反比

    C. 电流的平方成正比 　　　　　　　　　D. 电流的平方成反比

18. 半导体元件的短路或过载保护均采用(　　)熔断器。

    A. RL1 系列 　　　　B. RT0 系列 　　　　C. RLS 系列 　　　　D. RM10 系列

19. RL1 系列熔断器的熔管内充填石英砂是为(　　)。

    A. 绝缘 　　　　　　B. 防护 　　　　　　C. 灭弧 　　　　　　D. 散热

20. 交流接触器的线圈电压过高将导致(　　)。

    A. 线圈电流显著增加 　　　　　　　　　B. 线圈电流显著减少

    C. 触点电流显著增加 　　　　　　　　　D. 触点电流显著减少

21. CJ10-40 采用(　　)灭弧装置。

    A. 双断点电动力 　　B. 陶瓷灭弧罩 　　　C. 空气 　　　　　　D. 磁吹式

22. 交流接触器吸合后的线圈电流与未吸合时的电流之比(　　)。

    A. 大于 1 　　　　　B. 等于 1 　　　　　C. 小于 1 　　　　　D. 无法确定

23. 过电流继电器的线圈吸合电流应(　　)线圈的释放电流。

    A. 大于 　　　　　　B. 小于 　　　　　　C. 等于 　　　　　　D. 无法确定

24. 热继电器中双金属片的弯曲是由于(　　)造成的。

    A. 机械强度不同 　　B. 热膨胀系数不同 　C. 温度变化 　　　　D. 温差效应

25. 三相电动机的额定功率 5.5 kW,现用按钮、接触器控制,试选择下列元件:

    (1) 组合开关(　　)。

        A. HZ10-10/3 　　　　　　　　　　　B. HZ10-25/3

        C. HZ10-60/3 　　　　　　　　　　　D. HZ10-100/3

    (2) 主电路熔断器(　　)。

        A. RL1-60/20 　　　　　　　　　　　B. RL1-60/30

        C. RL1-60/40 　　　　　　　　　　　D. RL1-60/60

    (3) 控制电路熔断器(　　)。

        A. RL1-15/2 　　　　　　　　　　　B. RL1-15/6

        C. RL1-15/10 　　　　　　　　　　　D. RL1-15/15

    (4) 接触器(　　)。

        A. CJ10-10 　　　　　　　　　　　　B. CJ10-20

        C. CJ10-40 　　　　　　　　　　　　D. CJ10-60

（5）热继电器的整定电流范围（　　）。

  A．2.5～4.0 A   B．4.0～6.4 A

  C．6.4～10 A   D．10～16 A

26．在工业、企业、机关、公共建筑、住宅中目前广泛使用的控制和保护电器是（　　）。

  A．开启式负荷开关   B．接触器

  C．转换开关   D．断路器

27．热继电器作电动机的过载保护，适用于（　　）。

  A．重载间断工作的电动机   B．频繁启动与停止的电动机

  C．连续工作的电动机   D．任何工作制的电动机

28．速度继电器的作用是（　　）。

  A．限制运行速度用   B．测量运行速度用

  C．电动机反接制动用   D．控制电动机转向用

29．对交流接触器而言，若操作频率过高会导致（　　）。

  A．铁心过热   B．线圈过热   C．主触点过热   D．控制触点过热

30．交流接触器触点压力大小与接触电阻（　　）。

  A．成正比   B．成反比   C．无关   D．无法确定

31．所有断路器都具有（　　）。

  A．过载保护和漏电保护   B．短路保护和限位保护

  C．过载保护和短路保护   D．失压保护和断相保护

文本：模块七
知识考核
参考答案

▶ 考核评分

各部分的考核成绩记入表 7-11 中。

表 7-11　模块七考核评分表   评分_____

考核项目	考核内容	配分	每次考核得分	实得分
模块七知识考核	1. 掌握低压开关类电器的分类、结构及应用 2. 掌握熔断器的分类、结构及应用 3. 掌握交流接触器的分类、结构及应用 4. 掌握继电器的分类、结构及应用 5. 掌握断路器的分类、结构及应用	30分		
项目 11 技能考核	1. 会正确使用维修开关类电器 2. 会正确使用维修各种主令电器	15分		
项目 12 技能考核	1. 会正确选用维修熔断器 2. 会正确选用维修保护类继电器	15分		
项目 13 技能考核	1. 会正确使用维修各种交流接触器 2. 会正确选用维修控制类继电器	15分		
项目 14 技能考核	会正确使用低压断路器	15分		
安全文明、团队合作	1. 严格遵守安全规程、操作规范，遵守纪律 2. 团队协作好，工作场地清洁、整理规范	10分		

模块八　三相异步电动机电气控制电路的安装与维修

情境导入

　　三相异步电动机是目前电力拖动系统中使用最广泛的拖动机械,为了使电动机能够按照设备的要求运转,需要对电动机的运行进行控制。

　　电气控制系统是由电动机和各种控制电器组成的。为了表达电气控制系统的设计意图,分析系统的工作原理,方便安装、调试、检修以及技术人员之间的相互交流,通常用电气控制系统图来表达。电气控制系统图包括电气原理电路图、电气布置图及电气安装图。

　　其中电气原理电路图(简称电路图)是采用国家统一规定的电气图形符号和文字符号表示各个电器元件连接关系和工作原理。由于电气原理电路图结构简单,层次分明,适用于研究和分析电路的工作原理,因此得到了广泛的应用。

　　绘制电气原理电路图时应遵循以下一些主要原则:

　　(1)电气原理电路图中所有电器元件的图形、文字符号必须采用国家规定的统一标准。

　　(2)电器元件采用分离画法。同一电器元件的各部件可以不画在一起,但必须用统一的文字符号标注。若有多个同一种类电器元件,可在文字符号后加数字序号以示区别,如KM1,KM2等。

　　(3)所有按钮或触点均按没有外力作用或线圈未通电时的状态画出。

　　(4)电气原理电路按通过电流的大小分为主电路和控制电路、主电路包括从电源到电动机的电路。是大电流通过的部分,画在原理图的左边。控制电路通过的电流较小,由按钮、电器元件线圈、接触器辅助触点、继电器触点等组成,画在原理图的右边。

　　(5)动力电路的电源电路绘成水平线,主电路则应垂直电源电路画出。

　　(6)控制电路应垂直地绘在两条或几条水平电源线之间。耗能元件(如线圈、电磁铁、信号灯等)应直接接在下面的电源线一侧,而控制触点应接在另一电源线上。

　　(7)为方便阅图,在图中自左至右、从上而下表示动作顺序,并尽可能减少线条数量和避免线条交叉。

　　三相异步电动机最常见的电气控制电路主要有:正转控制电路、正反转控制电路、位置控制电路、顺序控制电路、多地控制电路、降压启动控制电路、调速控制电路及制动控制电路。每种电路均由继电器和接触器构成,由主电路和控制电路两部分组成。对于功率很小、要求不高的设备,有时也可用手动开关电器进行直接操控。

项目 15　三相异步电动机直接启动
控制电路的安装与检修

▷ 项目描述

　　三相异步电动机直接启动控制电路是三相异步电动机控制电路中结构最简单但又是使用最广泛的电路,包括有手动开关控制电路,接触器点动控制电路、接触器自锁控制电路等多种,对电气工作人员讲,必须熟练掌握三相异步电动机直接启动的控制线路,会识读控制电路图,正确接线及故障排除。

▷ 学习目标

　　1. 掌握用手动开关电器控制的三相异步电动机正转电路。
　　2. 掌握用按钮接触器控制的三相异步电动机正转电路的安装、接线及故障排除。
　　3. 熟练按钮接触器控制的三相异步电动机正反转电路的接线及试车。

▷ 实训操作 15

器材、工具、材料

序　号	名　　称	规　　格	单　位	数　量	备　注
1	三相异步电动机	Y2-100L1-4　2.2 kW	台	1	
2	木质配电板	450 mm×500 mm×15 mm	块	1	
3	开启式负荷开关	HK1-15/3	个	1	
4	交流接触器	CJ10-20　380 V	个	1	
5	按钮	LA10-2H	个	1	
6	热继电器	JR16-20	个	1	
7	熔断器	RL1-15	个	5	
8	万用表		块	1	
9	接线端子板	JX2-1015, 500 V、10 A	个	1	
10	电工工具		套	1	
11	钳形电流表	0～50 A	块	1	
12	白塑料套管		m	1	
13	导线	2.5 mm², 1 mm²	m	若干	
14	导线捆扎带		m	若干	
15	紫药水及书写工具				

三相异步电动机正转控制电路的安装接线

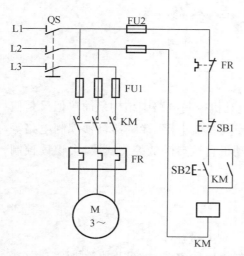

图 8-1　电动机正转控制电路电气原理图

1. 电气原理图

电动机正转控制电路电气原理图如图 8-1 所示。

2. 电气安装图

电气安装图用来表示电气控制系统中各电器元件的实际安装位置和接线情况,有电气布置图、电气安装接线图和电气互连图三部分,主要用于施工和检修。

(1) 电气布置图反映各电气元件的实际安装位置,各电气元件的位置根据元件布置合理,连接导线经济以及检修方便等原则安排。控制系统的各控制单元电气布置图应分别绘制。电气布置图中的电气元件用实线框表示,不必画出实际图形或图形代号。图中各电气元件的代号应与电气原理图和电气清单上所列元器件代号一致。在图中往往还留有一定备用面积空间及导线管(槽)位置空间,以供走线和改进设计时使用。有时图中还需标注必要的尺寸。图 8-2 所示即为对应于图 8-1 的电气布置图。电气元件一般均布置在柜(箱)内的铁板或绝缘板上。通常电源总开关一般位于左上方,其次是接触器、热继电器或变压器、互感器等。熔断器一般装在电源开关的近旁或右上侧;为便于操作,按钮一般装在右侧,而接线端子板应装在便于接线及更换的位置,通常以下部为多。电器元件间的排列应整齐、紧凑并便于接线。元件间的距离应考虑元件的更换、散热、安全和导线的固定排列。

(2) 电气安装接线图用来表明电气设备各控制单元内部元件之间的接线关系,是实际安装接线的依据,在具体施工和检修中能起到电气原理图所起不到的作用,主要用于生产现场。绘制电气安装接线图时应遵循以下原则:

① 各电气元件用规定的图形和文字符号绘制,同一电器元件的各部分必须画在一起,其图形、文字符号以及端子板的编号必须与原理图一致。各电气元件的位置必须与电气元件位置图中的布置对应。

② 不在同一控制柜、控制屏等控制单元的电气元件之间的电气连接必须通过端子板进行。

③ 电气安装接线图中走线方向相同的导线用线束表示,连接导线必要时应注明导线规格(数

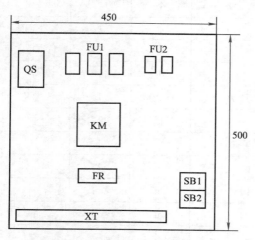

图 8-2　对应于图 8-1 的电气布置图

量、截面积等);若采用线管走线时,必须留有一定数量的备用导线。线管还应标明尺寸和材料。

④ 电气安装接线图中导线走向一般不表示实际走线途径,施工时由操作者根据实际情况选择最佳走线方式。

图 8-3 所示为三相异步电动机正转控制电路的电气安装接线图。

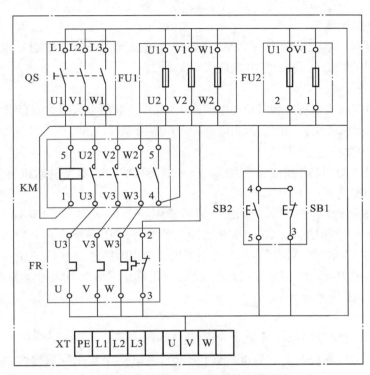

图 8-3 对应于图 8-1 的电气安装接线图

(3) 电气互连图反映电气控制设备各控制单元(控制屏、控制柜、操作按钮等)和用电动力装置(电动机等)之间的电气连接。它清楚地表明了电气控制设备各单元的相对位置及其电气连接。当电气控制系统较为简单时(例如本技能训练中的三相异步电动机正转控制电路),可将各控制单元的电气安装接线图和电气互连图合二为一,统称电气安装接线图;当电气控制系统较为复杂,控制电器、电源开关、按钮、电动机等分别安装在不同部位时(如后面介绍的各种机床电气控制系统),则需另行绘制电气互连图。

3. 电气元件的安装与固定

电气元件在安装与固定之前必须先进行一般性检测,对于新的电器元件可检查其外表是否完好,动作是否灵活,其参数是否与被控对象相符等。确认电气元件完好后再进入安装与固定工序。

(1) 划线定位

将安装面板置于平台上(可以用木板、绝缘板或金属板),把板上需安装的电气元件(断路器、接触器、继电器、熔断器、刀开关等)按电气位置图设计排列的位置、间隔、尺寸摆放在面板上,用划针进行划线定位,即划出底座的轮廓和安装螺孔的位置。

（2）开孔

电气元件所用的固定螺钉一般略小于电气元件上的固定孔。如安装面板为木板,可用木螺钉固定。如为绝缘板,则钻孔的孔径略大于固定螺钉的直径,用螺母加垫圈固定。如为金属板,则在板上钻孔、攻丝固定,可按钻孔、攻丝的有关知识进行加工。

（3）绝缘电阻检测

电气元件全部安装完毕后,应用 500 V 兆欧表测量元件正常工作时导电部分与绝缘部分及与面板之间的绝缘电阻,绝缘电阻应大于 2 MΩ。

4. 电气控制电路的布线

连接导线的截面积由所控制对象的电流来决定,若主电路电流很大,可用铜母带。一般的小型三相异步电动机或金属切削机床主电路则可用绝缘铜线。这里仅介绍绝缘铜线的布线。

（1）导线的下线

最常用的导线是铜芯聚氯乙烯绝缘电线,主电路导线截面积视电动机容量而定,控制电路导线截面积一般为单股 $1\sim2.5$ mm^2。

下线前要先准备好端子号管,成品端子号管常用的为 FH1 和 PGH 系列。自制端子号管在白色塑料套管上用医用紫药水按安装接线图上的编号标记,每组为两个相同编号的端子号,做好标记后在电炉上烘烤一段时间,即可永不褪色。使用时用剪刀剪下,一对一对地使用。

按安装接线图中导线的实际走线长度下线,再将端子号管分别套在下好线的导线两端,并将导线打弯,防止端子号管落下。

（2）接线

先接主电路,后接控制电路及辅助电路等。

按安装接线图从面板左上方的电气元件开始,将电路中所用到的接线端接上已备好相应编号的导线作为引出,另一端甩向应接的另一电气元件处。如此按照接线图自左至右、自上至下接线。并注意随时将相近元件的引出线按所去方向整理成束,遇到引出线的另一端电器元件接线端可随时整理妥当并接好(也可以整理好后暂不接,留待最后接),将连至端子板的导线接到端子板相应编号的端子,如此直到所用到的电气元件接线端接完为止。

每个接线端子用平垫圈与弹簧垫圈或瓦形片压接。导线剥除绝缘后可直接插入瓦形片下,用螺钉紧固即可。如用垫圈压接在接线螺钉处,则导线剥掉绝缘后需弯成顺时针的小圆环,直径略大于螺钉直径,用螺钉加弹簧垫圈和平垫圈一起拧紧。

一般导线从电器元件的接线端接出后拐弯至面板,并沿板面走竖直或水平直线到另一电气元件的接线端,一般不悬空走线。但如同一电气元件的接点之间连接,或相邻很近的元件之间的接点连接,则可悬空接线。整个导线布置应横平竖直,避免交叉,拐角处应为 90°并有一定的圆弧。

接线完毕后应对线束进行捆扎,捆扎部位主要是线束的拐角处和中间段,捆扎长度一般为 10～20 mm,捆扎材料通常为塑料带、尼龙小绳或专用的捆线带。

5. 电气控制电路的检查和试车

检查接线,并接通三相交流电源试车。

三相异步电动机正转控制电路的故障处理

1. 三相异步电动机控制电路故障的检查与分析方法

(1) 观察法。出现故障后一般先切断电源,通过观察法找出故障现象,主要是看有无由于故障引起的明显外观征兆,如有无线头松脱、冒烟、烧焦等;测量电气发热元件和电路各部分的温度是否正常等。

(2) 逻辑分析法。即根据电气控制电路工作原理、控制环节的动作程序以及它们之间的关系,结合故障现象做具体分析,以迅速缩小故障范围,判断故障所在。

(3) 测量法。用验电笔、电工仪表、校验灯对电路逐级进行带电或断电测量,以确定故障点。

检查和分析电路故障时,有时需要以上几种方法同时进行,才能迅速找出故障点,排除故障。现以三相异步电动机正转控制电路中电动机不能启动为例,介绍故障检查的一般方法。

电动机不能启动的故障原因既可能在主电路,也可能在控制电路,检修时一般应先判断故障可能的范围。参看图 8-4。合上电源开关 QS,按下 SB2,观察接触器是否动作。若动作,则原因可能在主电路;若不动作,则原因可能在控制电路。主电路的故障判断较容易,这里介绍控制电路的故障检查。

2. 用万用表检查

(1) 电压分阶测量法

① 将万用表转换开关置于交流 500 V 量程。

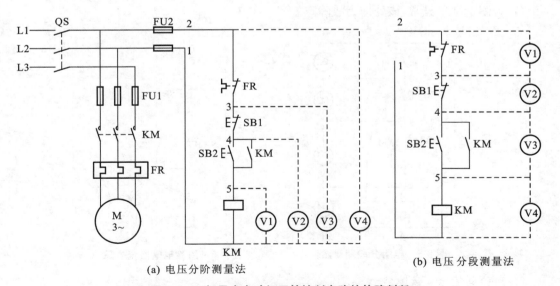

(a) 电压分阶测量法　　　　　(b) 电压分段测量法

图 8-4　三相异步电动机正转控制电路的故障判断

② 接通控制电路电源(注意先切断主电路,可以取下熔断器 FU1)。

③ 按图 8-4(a)所示方法从大范围到小范围逐级检查电路电压。将黑表笔接图中的 1 点

再用红表笔去测量点 2。若电路正常则应为 380 V,然后按住启动按钮 SB2,黑表笔仍接图中的 1 点,红表笔按点 3、4、5 依次测量,分别量得 3-1、4-1、5-1 各阶之间的电压。

④ 若电路正常,则 2-1、3-1、4-1、5-1 各阶的电压值均应为 380 V,若测到 3-1 阶无电压,则为热继电器 FR 的动断触点故障(断开);若测到 4-1 阶无电压,则停止按钮 SB1 故障(断开);若测到 5～1 阶无电压,则启动按钮 SB2 仍处于断开状态。

(2) 电压分段测量法

① 将万用表转换开关置于交流 500 V 量程。

② 接通控制电路电源(注意先切断主电路)。

③ 按图 8-4(b)所示方法逐段测量各点之间的电压。先用万用表测量 1-2 之间电压,若为 380 V 则说明电源电压正常。

④ 按下启动按钮 SB2,用万用表两表笔分别测量 2-3、3-4、4-5、5-1 间的电压。若电路正常,则除了 5-1 两点间电压为 380 V 外,其他任何相邻两点间的电压均为零。

⑤ 按下启动按钮 SB2 后,若接触器 KM 线圈不吸合,说明电路有故障。若测得 2-3 之间电压为 380 V,则为 FR 触点断开;若测得 3-4 间电压为 380 V,则 SB1 断开,其余类推。

(3) 电阻分段测量法

① 首先切断控制电路电源。确认电路无电后再进入下列顺序。

② 将万用表旋钮置于 $R \times 1$ 或 $R \times 10$ 挡。

③ 分别测量图 8-5 所示电路中 2-3、3-4、4-5、5-1 各点之间的电阻值。

④ 动断触点 2-3 及 3-4 的电阻应为零;动合触点 4-5 的电阻应为无穷大;线圈 KM 的电阻约为几十欧。

⑤ 若测量结果异常,该处即为故障点。

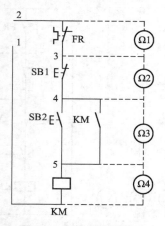

图 8-5　电阻分段测量法

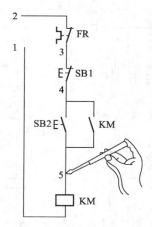

图 8-6　用验电笔检查故障

3. 用验电笔检查故障

① 接通控制电路电源(注意先切断主电路)。

② 用验电笔分别接触图 8-6 中 1、2、3、4、5 各点,若各点都亮,且亮度正常,则说明电路无故障。

③ 若 3 点不亮,说明 FR 触点断开;若 4 点不亮,说明 SB1 触点断开;若 5 点不亮,说明接触器 KM 线圈断路。

④ 用验电笔测试断路点时应注意:在一端接中线性的 220 V 电路中测量时,应从电源相线端开始依次测量,并注意观察验电笔的亮度,防止感应电(外部电场、泄漏电流)造成验电笔发亮,而产生误判断。

4. 三相异步电动机正转控制电路故障处理实训

(1) 人为设置故障(任选 1~2 处)

① 热继电器 FR 动断触点 FR(2-3)断开。

② 停止按钮 SB1 动断触点 SB1(3-4)断开。

③ 启动按钮 SB2 的触点 SB2(4-5)损坏,按下时无法接通。

④ 接触器 KM 的触点 KM(4-5)损坏,吸下时无法接通。

⑤ 接触器 KM 的线圈断路。

⑥ 熔断器 FU2 有一相熔断。

(2) 学生处理故障

① 利用万用表 450 V 交流电压挡,采用电压分阶测量法进行测量并记录数据于表 8-1 中,且将判断的故障填在表 8-1 中。

表 8-1　电压分阶测量法判别故障

故障现象	测试状态	U_{1-2}/V	U_{1-3}/V	U_{1-4}/V	U_{1-5}/V	故　障　原　因
按下 SB2,线圈 KM 不吸合	按下 SB2 不放					

② 利用万用表电阻挡,用电阻分段测量法进行测量。首先断开控制电路电源,采用万用表 $R\times1$ 或 $R\times10$ 挡,用电阻分段测量法分别测量 2-3、3-4、4-5、5-1 间各段电阻值,记录数据于表 8-2 中,并将判断的故障填在表 8-2 中。

表 8-2　电阻分段测量法判别故障

故障现象	R_{2-3}/Ω	R_{3-4}/Ω	R_{4-5}/Ω	R_{5-1}/Ω	故　障　原　因
按下 SB2,线圈 KM 不吸合					

③ 采用验电笔查找故障。在用电压法及电阻法检查故障的同时,用验电笔进行复核,比较两者的结论是否一致。用文字记录如下:

5. 注意事项

（1）采用电压测量法判断故障时，因电路电压高，首先应注意操作安全，防止人身触电事故及电路短路事故的发生。

（2）采用电阻测量法判断故障时，必须确认控制电路无电，绝对不允许带电测量。

（3）用验电笔测量时注意正确使用验电笔。

三相异步电动机正反转控制电路的接线与试车

（1）电气原理图（图 8-7 及图 8-8）。

由指导教师指定用接触器互锁的正转反转控制电路或者按钮和接触器双重互锁的正反转控制电路。在实训室内已安装固定好相关电器的配电板上进行。

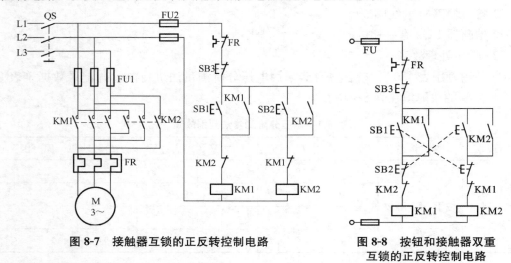

图 8-7　接触器互锁的正反转控制电路　　图 8-8　按钮和接触器双重互锁的正反转控制电路

（2）按图 8-7 或图 8-8 进行接线。

（3）通电试运行。

① 合上开启式负荷开关 QS，接通电源。

② 按下正转启动按钮 SB1，观察电动机的启动过程和旋转方向，用钳形电流表测量操作瞬间的启动电流和稳定（空载）电流，启动电流值应为电动机额定电流值的 5 倍，空载电流值应为电动机额定电流值的 1/2，记录于表 8-3。按下停止按钮 SB3，观察电动机停转过程。

③ 按下反转启动按钮 SB2，观察电动机的反向启动过程，用钳形电流表测量操作瞬间启动电流和稳定电流，并与正转时测得的数据进行比较，记录于表 8-3。停车时按下停止按钮 SB3。

表 8-3　三相异步电动机的电流测量值

实训内容	操作瞬间电流 I_{st}/A	稳定电流 I/A		
		U 相 I_U	V 相 I_V	W 相 I_W
正转（1）				
反转（2）				

相关知识

课题一 三相异步电动机直接启动控制电路

额定电压直接加到电动机定子绕组上而使电动机启动的过程称为直接启动或全压启动。三相异步电动机的直接启动是一种简单、经济的启动方法。其优点是电路简单,所需电气设备少;但电动机直接启动时启动瞬间的电流将达到额定电流的4~7倍,启动电流过大会造成电网电压显著下降,影响到在同一电网工作的其他电动机,甚至会导致它们停止转动或无法启动;而启动电流的大小又与电动机的额定功率成正比,故直接启动时电动机的容量应受到一定的限制,一般规定,功率小于11 kW的三相异步电动机可以采用直接启动。

一、电动机的连续运转(正转)控制电路

1. 手动操作正转控制电路

所谓手动操作是指用手动电器直接对电动机进行启动控制。可以使用的手动电器有刀开关、低压断路器和组合开关等。

图8-9所示为电动机的几种手动正转控制电路。

图8-9(a)所示为用刀开关控制电路。用开启式负荷开关控制时,电动机的功率最大不要超过5.5 kW。用刀开关控制电动机时,无法利用双金属片式热继电器进行过载保护,只能利用熔断器进行短路和过载保护,同时电路也无法实现失压和欠压保护,这一点使用时要注意。

图8-9(b)所示为用断路器控制电路,断路器除可手动操作外,还具有自动跳闸保护功能,可以对电路进行短路和过载保护。

图8-9(c)所示为用组合开关控制电路,组合开关体积较小,安装方便,常用于机械设备控制电路中对电动机进行启动控制,由于其触点无灭弧机构,因此,电动机功率最大不要超过5.5 kW。

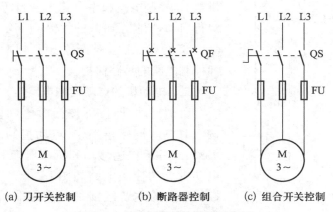

(a) 刀开关控制   (b) 断路器控制   (c) 组合开关控制

图8-9 电动机手动正转控制电路

用手动电器直接控制电动机启动时,操作人员是通过手动电器直接操作的,安全性能和保护性能较差,操作频率也受到限制,因此,当电动机容量较大(一般超过 11 kW)和操作频繁时就应该考虑采用接触器控制。

2. 接触器操作正转控制电路(简称正转控制电路)

接触器具有电流通断能力大,操作频率高以及可实现远距离控制等特点。在自动控制系统中,它主要承担接通和断开主电路的任务。

电动机用接触器操作的正转控制电路如图 8-1 所示。

(1) 主电路与控制电路

① 主电路。由电源开关 QS、熔断器 FU1、接触器 KM 的主触点、热继电器 FR 的热元件及电动机 M 组成。

② 控制电路。由熔断器 FU2、停止按钮 SB1、启动按钮 SB2、接触器 KM 的线圈及辅助触点组成。

(2) 工作原理

① 合上电源开关 QS,按下启动按钮 SB2,交流接触器 KM 的线圈得电,其动合主触点闭合,电动机 M 通电启动旋转。同时与启动按钮 SB2 并联的自锁触点 KM 也闭合。

② 松开启动按钮 SB2 后,SB2 复位断开,接触器 KM 的线圈通过其自锁触点继续保持通电,形成"自锁"控制,从而保证电动机 M 能连续长时间的运转。

③ 按下停止按钮 SB1,接触器 KM 线圈断电,其主触点和自锁触点都断开,电动机 M 断电停止运转。

(3) 电路的保护环节

① 过载保护。电动机在运行过程中,如果由于过载或其他原因使电流超过额定值,经过一定时间,串接在主电路中的热继电器 FR 的热元件因受热弯曲,使串在控制电路中的 FR 动断触点断开,切断控制电路,接触器 KM 的线圈断电,其主触点断开,电动机 M 便停止转动。

② 欠压和失压保护。当电源电压突然严重下降(欠压)或消失(失压)时,接触器 KM 线圈电磁吸力不足,动铁心(衔铁)在反作用弹簧的作用下释放,其主触点和自锁触点均断开,电动机停转。由于 KM 的自锁触点断开,所以在恢复供电时,控制电路和主电路不会自行接通,电动机不会自行启动,预防了事故的发生。

③ 短路保护。熔断器 FU1、FU2 分别实现主电路和控制电路的短路保护。

二、电动机的点动控制电路

所谓点动,即按下按钮时电动机启动工作,松开按钮时电动机停止工作、点动控制多用于机床刀架、横梁、立柱等快速移动和机床对刀等场台。最基本的电动机点动控制电路如图 8-10 所示。该电路与正转控制电路的主要区别是在控制电路中取消了接触器 KM 的自锁触点。

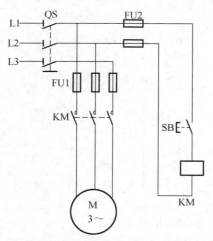

图 8-10　电动机点动控制电路

（1）合上电源开关 QS，按下点动按钮 SB，接触器 KM 的线圈通电，其动合主触点闭合，电动机 M 通电启动旋转。

（2）松开点动按钮 SB，接触器 KM 的线圈断电，KM 的主触点断开，电动机 M 断电停止转动。

三、电动机的正反转控制电路

由前面所学可知，若将接到电动机的三相电源进线中的任意两相对调，就可以改变电动机的旋转方向。常见的正反转控制电路有万能转换开关正反转控制电路，接触器互锁正反转控制电路，接触器、按钮双重互锁的正反转电路。

1. 万能转换开关正反转控制电路

图 8-11 所示为万能转换开关及控制三相异步电动机正反转电路。由触点闭合表可见，当万能转换开关手柄从中间零位右旋 45°后，触点 1-2、触点 3-4、触点 7-8 及触点 9-10 闭合。此时 L1 相电源接电动机 U 相绕组，L2 相电源接 V 相绕组，L3 相电源接电动机 W 相绕组，电动机正转。若万能转换开关手柄左旋 45°则触点 1-2 闭合、触点 3-4、触点 5-6 及触点 11-12 闭合，L1 相电源仍接 U 相绕组，而 L2 相电源改接 W 相绕组，L3 相电源改接 V 相绕组，因此电动机反转。

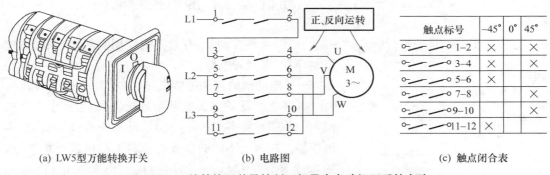

(a) LW5型万能转换开关　　　(b) 电路图　　　(c) 触点闭合表

图 8-11　万能转换开关及控制三相异步电动机正反转电路

2. 接触器互锁正反转控制电路

图 8-7 所示为接触器互锁的正反转控制电路。控制电路中用接触器 KM1 和 KM2 分别控制电动机的正转和反转。正转接触器 KM1 和反转接触器 KM2 接通的电源相序相反，所以当两个接触器分别工作时，可实现电动机正转和反转。正转接触器 KM1 和反转接触器 KM2 的主触点不允许同时接通，否则将形成电源短路，引起事故。为此，分别在正转和反转的控制电路中接入了对方接触器的动断辅助触点。从而保证一个电路工作时另一个电路不能工作。这种互相制约的控制关系称为"互锁"。其工作原理如下：

（1）合上开关 QS。

（2）按下正转启动按钮 SB1，接触器 KM1 线圈通电，其主触点闭合，自锁动合触点闭合。互锁动断触点断开（切断反转控制电路）。电动机 M 正转。

（3）按下停止按钮 SB3，接触器 KM1 线圈断电，其主触点断开，自锁动合触点断开，互锁动断触点闭合（为接通反转控制电路做好准备），电动机 M 停转。

（4）按下反转启动按钮 SB2，接触器 KM2 线圈接通，使主触点闭合，电动机反转。同时接触器 KM1 线圈电路中的 KM2 动断触点断开，这就保证了接触器 KM1 线圈不能同时通电。

该电路的特点是，电动机从正转到反转必须经过按停止按钮的环节。

3. 按钮和接触器双重互锁的正转反转控制电路

图 8-8 所示电路（主电路与图 8-7 一样）在接触器互锁的基础上增加了按钮互锁构成双重互锁控制电路。使电路的可靠性和安全性增加，同时又保留了正反向直接操作的优点，因而使用广泛。

（1）合上电源开关 QS。

（2）按下正转按钮 SB1，其动断触点先切断接触器 KM2 反转控制电路，随后动合触点接通 KM1 正转控制电路，电动机正转。

（3）若按下反转按钮 SB2，其动断触点先切断接触器 KM1 正转控制电路，KM1 主触点断开，电动机断电，然后其动合触点接通反转控制电路，电动机反转。

（4）按下停止按钮 SB3，电动机脱离电源停车。

课题二　三相异步电动机运行的常用控制电路

三相异步电动机的运行除点动控制、正转、反转控制外，有时还需要用到两地控制、位置控制、顺序控制等电路。

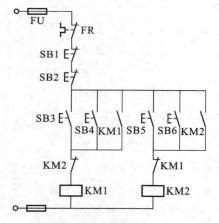

图 8-12　两地控制正反转控制电路

一、电动机的两地控制电路

有些生产设备如 X62W 型万能铣床，为操作方便在机床的不同位置各安装了一套启动和停机按钮，称为两地控制。在两个不同的位置均可对电动机进行控制，如图 8-12 所示。接线时，作用相同的启动按钮（图中的 SB3 和 SB4、SB5 和 SB6）互相并联，停止按钮互相串联（图中的 SB1 和 SB2）。

二、电动机正反转自动往返控制电路

有些生产设备的驱动电动机一旦启动后要求能进行正转、反转自动换接（如机械传动的自动往返工作台等）。实现电动机正转、反转自动换接的方法很多，其中用行程开关发出换接信号的控制电路最为常见，这种控制方法称为按行程原则控制，如图 8-13 所示。

（1）合上 QS。

（2）按下启动按钮 SB1，接触器 KM1 通电吸合并自锁，电动机正转带动机床运动部件左移。

（3）当运动部件移至左端，碰到并压下行程开关 SQ1，其动断触点断开，切断接触器 KM1 线圈电路，电动机停转；同时，行程开关 SQ1 动合触点闭合，接通接触器 KM2 线圈电路，KM2 通电吸合并自锁，此时电动机由正转变为反转，带动机床运动部件右移，上述过程依次循环下去。

（4）工作特点。工作台的往返行程可通过移动撞铁在工作台上的位置来调节，撞铁间的距离增大，行程就缩短；反之，行程就变长。图中，SQ3、SQ4 为超限位保护行程开关，用以防止因 SQ1 和 SQ2 失灵使工作台超出极限位置而发生事故。

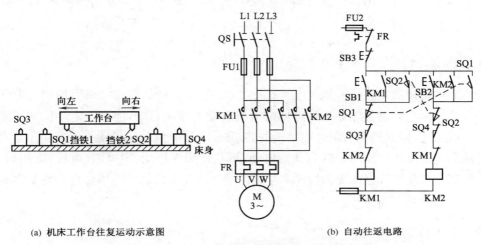

(a) 机床工作台往复运动示意图   (b) 自动往返电路

图 8-13 电动机正反转自动往返控制电路

三、电动机的顺序控制电路

当生产机械由两台电动机 M1 和 M2 进行控制时，往往对两台电动机 M1 和 M2 的动作顺序提出一定的要求，这就需要采用三相异步电动机的顺序控制电路。

1. 顺序控制电路（一）

图 8-14(a) 为主电路，图 8-14(b)、(c) 为控制电路，通过控制电路保证电动机 M2 必须在电动机 M1 启动后才能启动，但停机方式各不相同。

(b)图为 M1 和 M2 同时停机；(c)图为必须 M2 停机后，M1 才能停机。电路的具体动作过程，读者可自行分析。

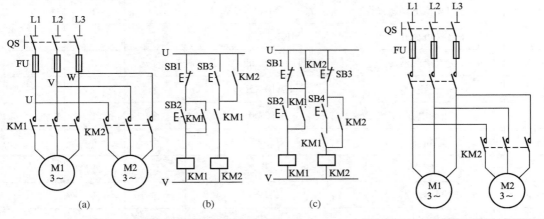

(a)   (b)   (c)

图 8-14 电动机的顺序控制电路（一）   图 8-15 电动机顺序控制电路（二）

2. 顺序控制电路(二)

如图 8-15 所示,在主电路中保证电动机 M2 必须在电动机 M1 启动后才能启动。

项目 16　三相异步电动机降压启动控制电路的接线

▶ 项目描述

降压启动是指启动时降低加在电动机定子绕组上的电压,启动结束后加额定电压运行的启动方式。降压启动虽然能起到降低电动机启动电流的目的,但由于电动机的转矩与电压的平方成正比,因此降压启动时电动机的转矩减小较多,故降压启动一般适用于电动机空载或轻载启动。降压启动可分软启动器启动、星三角降压启动、串电阻(电抗)降压启动、自耦变压器降压启动等。目前大力推广和使用的是软启动器启动。应熟练地完成星三角降压启动控制电路的接线与检修。

▶ 学习目标

1. 掌握电动机星三角降压启动控制电路的工作原理。

2. 熟练进行星三角降压启动控制电路的接线及检修。

3. 理解电动机软启动器启动、串电阻(电抗)降压启动、自耦变压器降压启动的工作原理及性能比较。

▶ 实训操作 16

器材、工具、材料

序　号	名　　　称	规　　　格	单　位	数　量	备　注
1	三相异步电动机	Y2-112M-4　4 kW	台	1	
2	开启式负荷开关	HK1-15/3	个	1	
3	交流接触器	CJ10-20　380 V	个	3	
4	按钮	LA10-2H	个	1	
5	热继电器	JR16-20	个	1	
6	熔断器	RL1-15	个	5	
7	万用表		块	1	
8	时间继电器	JS7-A	个	1	
9	电工工具		套	1	

三相异步电动机星三角降压启动控制电路的接线与试车

在实训室内接线板上进行实作接线训练。操作步骤如下：

（1）先打开电动机接线盒，将电动机定子绕组的 6 个出线端连接片拆开。

（2）检查实训所用的元器件与电动机铭牌参数是否与实训内容要求相符，并利用所学知识核实所用各元器件的技术数据是否与电动机技术参数匹配。

（3）调整好时间继电器的延时时间。若空载启动，由于电动机功率小，启动时间很短，延时时间调整到 1～3 s 即可；若带负载启动，则延时时间根据负载大小适当延长。

（4）按图 8-16 所示电路接线，经指导教师检查无误后，方可进行实训操作。具体步骤如下：

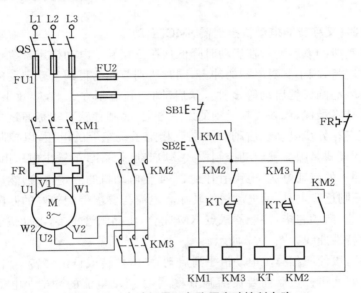

图 8-16　电动机星三角降压启动控制电路

① 合上负荷开关 QS，接通电源。

② 按下启动按钮 SB2，观察电动机降压启动过程，注意电动机换接时的情况；同时，用钳形电流表测量启动瞬间的电流和换接瞬间的电流值。启动结束后，按下停止按钮 SB1，电动机停转。

③ 适当缩短时间继电器延时时间，重复步骤②。

④ 将要求测量的数据填入表 8-4 中。

表 8-4　三相异步电动机星三角降压启动

启动瞬间电流 I_{st}/A		换接瞬间电流 I/A	
较长时间	较短时间	较长时间	较短时间

注意事项：

（1）实训前注意检查实训用电动机及控制用电气元件是否完好，参数是否符合要求。

（2）认真阅读，了解实训内容和要求测量的数据，并分析测量这些数据的用意。

（3）不要带电接线操作。

（4）接线完成后，可在断开主电路的情况下，先对控制电路进行操作测试，并注意观察动作是否正常。

> **相关知识**

课题三　三相异步电动机降压启动控制电路

一、软启动器（又称智能电动机控制器 SMC）启动

三相异步电动机的软启动旨在启动时降低加在三相异步电动机定子绕组上的电压以限制电动机的启动电流，减小其对电网的冲击，同时达到节能的目的。软启动的方式有液阻软启动、磁阻软启动、晶闸管软启动等多种。从启动时间、控制方式、节能效果等多方面比较，以晶闸管软启动技术最优，代表了软启动的发展方向，晶闸管软启动是通过控制双向晶闸管的导通角来改变三相异步电动机启动时加在三相定子绕组上的电压，以控制电动机的启动特性，常用的控制模式是限流软启动控制模式，软启动时 SMC 的输出电压由零迅速增加，使输出电流（即电动机的启动电流）很快上升到 3～4 倍电动机的额定电流，然后保持输出电流基本不变，而电压则逐步上升，使电动机的转矩和电流与要求得到较好的匹配。最后使电动机加速到额定转速，启动完毕，接触器触点 KM 闭合，将晶闸管短接，电动机全压运行。其电路原理图及启动特性曲线如图 8-17 所示。

软启动设备可以使三相异步电动机平滑启动，平滑停转或自由停转。启动电流、启动转矩和启动或软停时间可按负载需要灵活调节，减小了启动电流的冲击。电子软启动设备性能稳定，操作方便简单，显示直观，体积小且保护功能齐全。

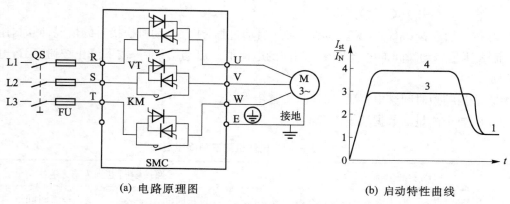

（a）电路原理图　　　　　　　　　　（b）启动特性曲线

图 8-17　软启动器启动的电路原理图及启动特性曲线

软启动设备分为高压软启动设备和低压软启动设备两种,且有多种型号可供选择,控制的三相异步电动机的功率可从几百瓦至几百千瓦,目前已广泛应用于冶金、机械、石化、矿山等各工业领域中。图 8-18 所示为低压软启动器外形图。

图 8-18　低压软启动器外形图

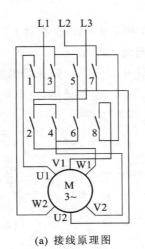

触点标号	手柄位置		
	启动 Y	停止 0	运行 △
1	×		×
2	×		×
3			×
4			×
5	×		
6	×		
7			×
8	×		×

注:×为接通

(a) 接线原理图　　(b) 触点闭合表

图 8-19　手动星三角启动器

二、星三角降压启动

星三角降压启动的基本原理是利用电动机定子绕组连接方法的改变来达到降压启动的目的:若三相异步电动机在正常运行时定子绕组为三角形联结,则可以在启动时先将定子绕组接成星形,此时加在每相定子绕组上的电压为相电压 220 V,待启动完毕时再接回三角形,此时加在每相定子绕组上的电压变为线电压 380 V,即达到了降压启动的目的。常用的有手动星三角启动器控制和自动星三角启动器控制两种方法。

1. 手动星三角启动器

手动星三角启动器的接线原理图和触点闭合表如图 8-19 所示。启动器的手柄有 Y(启动)、△(运行)和 0(停机)3 个位置。启动时,将手柄扳到 Y 位置,图中触点 1、2、5、6、8 闭合,电动机定子绕组星形联结启动。启动完毕后,将手柄扳到三角形联结位置,图中触点 5、6 断开,而 1、2、3、4、7、8 闭合,电动机定子绕组成为三角形联结全压运行。要停机时,将启动器手柄扳回 0 位置,全部触点断开,电动机停机。手动星三角启动器不带任何保护,所以要与低压断路器、熔断器等配合使用。其产品有 QX1 和 QX2 两个系列。

手动控制星三角降压启动器具有结构简单、操作方便、价格低等优点,当电动机容量较小时,应优先考虑采用。

2. 自动星三角启动器

前面实训的图 8-16 即为用 3 个接触器控制的星三角降压启动电路。而星形与三角形联结的转换由时间继电器自动完成。电路工作原理如下:

(1) 合上电源开关 QS,按下启动按钮 SB2,接触器 KM1 线圈有电,接触器 KM3 和时间继电器 KT 的线圈同时通电,闭合各自的动合触点,此时电动机星形联结启动。

(2) 随着转速的提高,时间继电器 KT 延时动断触点断开,接触器 KM3 线圈失电,断开星形联结;KT 延时动合触点闭合,接触器 KM2 线圈通电闭合并自锁,电动机接成三角形联结运行。

(3) 需停止时,按下停止按钮 SB1,接触器 KM1、KM2 断电,电动机 M 停止运行。

三、定子串电阻降压启动

利用启动时在定子绕组中串启动电阻来降低加在电动机定子绕组上电压的方法来启动电动机。启动完毕后再将启动电阻短接掉,电动机全压运行。

图 8-20 所示为用时间继电器按时间原则自动切除电阻的控制电路,电路的工作原理如下:

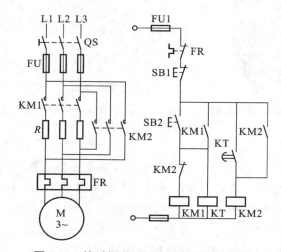

图 8-20 按时间原则切除电阻的控制电路

合上电源开关 QS,按下启动按钮 SB2→线圈 KM1、KT 同时通电→KM1 辅助触点自锁,主触点接通电源,电动机串电阻开始启动→时间继电器 KT 延时结束→延时闭合动合触点闭合→接触器 KM2 线圈通电→KM2 动合触点自锁,动断触点切断 KM1 线圈,同时主触点闭合切除启动电阻器 R,电动机转入正常运行。

时间继电器的延时时间由电动机启动时间的长短决定。串电阻启动时,启动转矩下降的幅度很大,仅适用空载或轻载启动,另外电阻上的能量消耗大。因此,目前已很少使用。

四、自耦变压器降压启动

采用自耦变压器降压启动时,由于用于电动机启动的自耦变压器通常有 3 个不同的中间抽头(匝数比一般为 65%、73% 和 85%),使用不同的中间抽头,可以获得不同的限流效果和启动转矩等级,因此有较大的选择余地。

自耦变压器降压启动控制电路已经形成定型产品,称为自耦减压启动器(或称补偿器)。自耦减压启动器有手动式和自动式两种。

图 8-21 所示为自动自耦降压启动器的控制电路。电路的操作过程和工作原理简单分析如下：合上电源开关 QS，按下启动按钮 SB2→线圈 KM2、KM3 通电并通过 KM2、KM3 辅助触点构成自锁→电动机带自耦降压器开始启动，同时时间继电器 KT 通电并自锁，延时开始→KT 延时结束，延时触点动作，KM2、KM3 线圈断电，KM1 线圈通电→电动机转入正常运行。KM1 的动断触点切断 KT 线圈电路。自耦变压器降压启动方法常用于大容量电动机上。

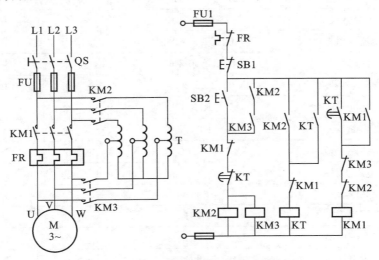

图 8-21 自动自耦降压启动器的控制电路

项目 17 三相异步电动机制动控制电路的接线

项目描述

三相异步电动机除了运行于电动机状态外，还时常运行于制动状态。所谓电动机的制动是指在电动机的轴上加一个与其旋转方向相反的转矩，使电动机减速或停止，对位能性负载（起重机下放重物），制动运行可获得稳定的下降速度。

根据制动转矩产生的方法不同，可分机械制动和电气制动两类。机械制动通常是靠摩擦方法产生制动转矩，如电磁抱闸制动。而电气制动是使电动机所产生的电磁转矩与电动机的旋转方向相反。三相异步电动机的电气制动有反接制动、能耗制动和再生制动三种。应掌握速度继电器的结构及其控制三相异步电动机反接制动电路的安装。

学习目标

1. 掌握三相异步电动机反接制动的工作原理。
2. 掌握三相异步电动机反接制动电路的安装接线。
3. 理解三相异步电动机机械制动、能耗制动的工作原理及电路。

实训操作 17

器材、工具、材料

序 号	名 称	规 格	单 位	数 量	备 注
1	三相异步电动机	Y2-100L1-4 2.2 kW	台	1	
2	木质配电板	500 mm×600 mm×20 mm	块	1	
3	组合开关	HZ10-25/3	个	1	外接
4	交流接触器	CJ10-20 380 V	个	1	
5	按钮	LA10-3H	个	1	
6	热继电器	JR16-20/3	个	1	
7	熔断器	RL1-15	个	2	
8	熔断器	RL1-30	个	3	
9	接线端子板	JX2-1015，500 V、10 A	个	1	
10	电工工具		套	1	
11	兆欧表	500 V	块	1	
12	万用表	低压	块	1	
13	速度继电器	JY1	个	1	
14	验电笔	低压	支	1	
15	导线	2.5 mm²、1 mm²、0.75 mm²	m	若干	

三相异步电动机反接制动控制电路安装、接线与试车

三相异步电动机反接制动控制电路如图 8-22 所示。

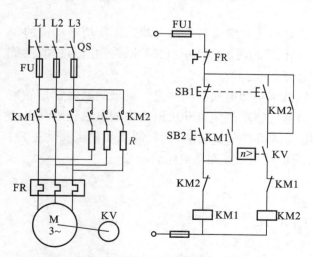

图 8-22　三相异步电动机反接制动控制电路

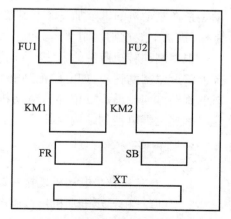

图 8-23　图 8-22 的电气布置图

1. 电气元件的安装与固定

(1) 按图 8-23 反接制动电气布置图布置元器件(组合开关 QS 外接)。由于电动机的容量较小,图 8-22 中的限流电阻器 R 可以不接。

(2) 安装速度继电器之前先要弄清速度继电器的结构,打开外罩,如图 8-24 所示,区分出动合触点的接线端,正确接线。

图 8-24　速度继电器的结构

图 8-25　速度继电器与三相异步电动机的连接安装

(3) 速度继电器与三相异步电动机的连接安装可参见图 8-25。安装时可采用速度继电器的连接头与电动机的转轴直接连接的方法,并使两轴的中心线重合,也可采用联轴器将速度继电器与电动机的轴相互连接,并应将速度继电器的金属外壳可靠接地。

2. 布线

按图 8-22 三相异步电动机反接制动控制电路完成电气控制线路的布线。

3. 通电试运行

(1) 检查三相线路的绝缘电阻是否正常,应无接地故障。

(2) 检查热继电器的整定值是否与所保护的三相异步电动机配套。

(3) 检查速度继电器与三相异步电动机的安装连接是否完好,速度继电器触点接线是否正确。

(4) 检查整个线路的接线是否正确。

(5) 合上组合开关 QS,接通电源。

(6) 按下启动按钮 SB2,电动机应直接启动,并进入正常运转。

(7) 观察或测量速度继电器动合触点 KV 应闭合。

(8) 按下停止按钮 SB1,观察电动机应能迅速停转。

4. 注意事项

(1) 通电试车时,若制动不正常,可检查速度继电器的动作值调整是否合适,若需调整速度继电器的动作值时,必须先切断电源,再拧动调整螺钉进行调整,以防出现对地短路事故。

(2) 速度继电器的动作值和返回值的调整,应先由指导教师示范,再由学生操作。

(3) 制动操作不宜过于频繁。

▶ 相关知识

课题四　三相异步电动机制动控制电路

一、三相异步电动机的机械制动

　　机械制动最常用的装置是电磁抱闸,它主要有制动电磁铁和闸瓦制动器两大部分组成。制动电磁铁包括铁心、电磁线圈和衔铁,闸瓦制动器则包括闸轮、闸瓦、杠杆和弹簧等,如图 8-26 所示。断电制动型电磁抱闸的基本原理是:制动电磁铁的电磁线圈(有单相和三相)与三相异步电动机的定子绕组相并联,制动轮(闸轮)的转轴与电动机的转轴相连。当电动机通电运行时,制动器的电磁线圈也通电,产生电磁力通过杠杆将闸瓦拉开,使电动机

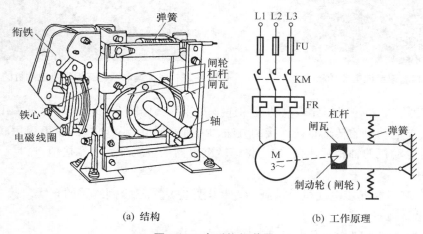

(a) 结构　　　　　　　　　　　　(b) 工作原理

图 8-26　电磁抱闸装置

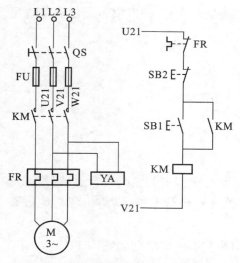

图 8-27　电磁抱闸断电制动控制电路

的转轴可自由转动。当电动机断电停转时,制动器的电磁线圈与电动机同步断电,电磁吸力消失,在弹簧的作用下闸瓦将电动机的转轴紧紧抱住,因此称为断电制动电磁抱闸。

　　起重机械经常使用电磁抱闸,如桥式起重机、提升机、电梯等,当电动机断电停转时立即制停,保证定位准确,并避免重物自行下坠而造成事故。

　　电磁抱闸断电制动控制电路如图 8-27 所示,电磁抱闸装置中的电磁线圈 YA 与三相定子绕组一起并接在三相交流电源上,其工作原理如下:

　　(1) 合上电源开关 QS。

　　(2) 按下启动按钮 SB1,接触器 KM 通电吸合,抱闸电磁线圈 YA 通电,使抱闸的闸瓦与闸轮

分开,电动机启动。

（3）需制动时,按下停止按钮 SB2,接触器 KM 线圈断电,电动机的电源被切断,抱闸电磁线圈 YA 断电,在弹簧的作用下,闸瓦与闸轮紧紧抱住,电动机被迅速制动而停转。

二、三相异步电动机电源反接制动

电源反接制动是通过改变电动机电源的相序,使定子产生的旋转磁场的方向与转子的旋转方向相反,从而产生制动力矩的一种制动方法。应当注意的是,当电动机的转速接近于零时必须及时切断电源,否则会导致电动机反转。

电源反接制动主要采用速度继电器来控制,这种利用速度继电器发出工作状态改变命令的控制方式,称为按速度原则控制。

电源反接制动时,电动机的电流很大,超过直接启动时的电流,因此,当电动机容量较大时(一般是大于 4 kW),要在定子回路中串入反接制动电阻以限制制动时的电流。

三相异步电动机反接制动控制电路参见图 8-22。电路的操作过程和工作原理如下:

合上电源开关 QS,按下启动按钮 SB2→主接触器 KM1 线圈通电并自锁→KM1 主触点接通电源→电动机直接启动并转入正常运行,同时速度继电器 KV 动合触点闭合,为电源反接制动停车作好了准备。

停车时按下停车按钮 SB1→复合按钮 SB1 先切断 KM1 线圈,再接通 KM2 线圈并自锁→KM2 主触点闭合,电动机改变相序进入反接制动状态,当电动机转速下降到速度继电器的释放值(约 90 r/min)时→速度继电器 KV 触点释放,切断 KM2 线圈→电动机结束反接制动。

速度继电器的动作值一般调整到 120 r/min,释放值则调整到 90 r/min。释放值调得太大时,反接制动不充分,自由停车时间过长;调得过小时则可能会出现不能及时断开电源而造成电动机短时间反转现象。

三、三相异步电动机能耗制动

能耗制动的方法是电动机脱离三相交流电源后,给定子绕组加一直流电源,以产生静止的磁场,当电动机旋转时,转子导体切割该静止磁场时产生与其旋转方向相反的力矩,从而达到制动的目的。

能耗制动通常有两种控制方法,即按时间原则控制和按速度原则控制。

按时间原则控制是指用时间继电器来控制制动时间,制动结束时时间继电器发出信号,通过控制电路切断直流电源的控制方法,其控制电路如图 8-28 所示。电路的工作原理简单分析如下:

电动机正常运行后,需要停车时按下停止按钮 SB1→KM1 线圈断电,KM1 主触点断开,电动机脱离三相交流电源,KM2、KT 线圈通电并自锁,同时接通直流电源,能耗制动开始→当时间继电器 KT 延时一定时间后,KT 动断触点打开,使 KM2 线圈断电,KM2 主触点断开→电动机脱离直流电源,能耗制动结束。

电路中,时间继电器的动合触点与 KM2 动合触点串联后构成自锁,是为了防止可能因时间继电器故障不能动作时,造成无法切除直流电源的事故。

时间继电器的整定时间由制动所需用时间确定,为使整个停车过程都具有制动,整定时间可稍长些。

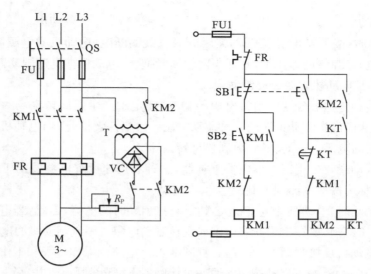

图 8-28　按时间原则控制电动机能耗制动控制电路

　　能耗制动具有制动平稳、能量损耗较反接制动小等优点,但制动效果较反接制动差,特别是在低速时。能耗制动主要用于容量较大的电动机或制动较频繁的场合,但不适合于紧急制动停车。

▶ 知识考核

一、判断题

1. 接触器联锁正反转控制电路中,正转、反转接触器有时可以同时闭合。(　　)
2. 为保证三相异步电动机实现反转,正转及反转接触器的主触点必须按相同的相序并接后串接在主电路中。(　　)
3. 接触器联锁的正反转电路的缺点是易产生电源两相短路故障。(　　)
4. 自动往返控制电路需要对电动机实现自动转换的正反转控制才能达到要求。(　　)
5. 能在两地或多地控制同一台电动机的控制方式称为电动机的多地控制。(　　)
6. 多地控制电路,只要把各地的启动按钮、停止按钮串接就可以实现。(　　)
7. 三相异步电动机直接启动时,启动电流一般为额定电流的 4～7 倍。(　　)
8. 降压启动的目的就是为了减小启动电压。(　　)
9. 降压启动时电动机的启动转矩降低较多,所以降压启动只用于在空载或轻载下启动。(　　)
10. 若将启动按钮和接触器动合触点串联在控制电路中,则该电路无法对电动机实行起停控制。(　　)
11. 关于交流接触器有如下说法,判断其正误:
    (1) 具有短路保护功能。(　　)
    (2) 具有过载保护功能。(　　)
    (3) 具有失压和欠压保护功能。(　　)

12. 星三角降压启动只适用于正常工作时定子绕组三角形联结的电动机。（　　）

13. 自耦变压器降压启动是指电动机启动时利用自耦变压器来降低加在电动机定子绕组上的启动电压。（　　）

14. 电磁抱闸制动器分为断电制动型和通电制动型。（　　）

15. 7.5 kW 以下的三相异步电动机都可以直接启动。（　　）

16. 在电动机控制电路中电器的作用相当于负载。（　　）

17. 大中型异步电动机全压启动时，会产生很大的启动电流，可能使电动机绕组烧损。（　　）

18. 在起重机提升重物的绕线转子或笼型异步电动机上一般都采用电磁抱闸装置，这样可避免在提升或下放重物时因突然断电重物下坠而造成事故。（　　）

19. 三相异步电动机反接制动时，由于转差率大于1，故制动电流比启动电流还要大。（　　）

20. 反接制动时，制动转矩随电动机转速的减小而减小。（　　）

21. 反接制动是依靠改变电动机定子绕组的电源相序来产生制动力矩。（　　）

22. 在异步电动机的反接制动中，当电动机转速快降到零时，必须立即断开电源，否则电动机将反向转动。（　　）

23. 能耗制动可以将电动机迅速制停。（　　）

二、选择题

1. 能够充分表达电气设备和电气元件的用途以及电路工作原理的是（　　）。
   A. 安装图　　　　　B. 接线图　　　　　C. 电路图　　　　　D. 布置图

2. 具有过载保护的接触器自锁控制电路中，实现短路保护的电气元件是（　　）。
   A. 熔断器　　　　　B. 热继电器　　　　C. 接触器　　　　　D. 电源开关

3. 具有过载保护的接触器自锁控制电路中，实现欠压和失压保护的电气元件是（　　）。
   A. 熔断器　　　　　B. 热继电器　　　　C. 接触器　　　　　D. 电源开关

4. 为避免正转、反转接触器同时得电动作，电路采取（　　）。
   A. 位置控制　　　　B. 顺序控制　　　　C. 自锁控制　　　　D. 联锁控制

5. 操作接触器联锁正反转控制电路，要使电动机从正转变为反转，正确的方法是（　　）。
   A. 直接按下反转启动按钮　　　　　　B. 直接按下正转启动按钮
   C. 先按下停止按钮，再按反转启动按钮　D. 先按下反转启动按钮，再按停止按钮

6. 在接触器联锁的正反转控制电路中，其联锁触点应是对方接触器的（　　）。
   A. 主触点　　　　　　　　　　　　　B. 主触点或辅助触点
   C. 动合辅助触点　　　　　　　　　　D. 动断辅助触点

7. 刀开关可用于控制额定电流、功率分别为（　　）以下的三相异步电动机。
   A. 6 A、3 kW　　　　　　　　　　　B. 11 A、5.5 kW
   C. 16 A、7.5 kW　　　　　　　　　　D. 20 A、10 kW

8. 行程开关是一种将（　　），以控制运动部件位置或行程的自动控制器件。
   A. 电信号转换为机械信号　　　　　　B. 机械信号转换为电信号
   C. 磁信号转换为电信号　　　　　　　D. 电信号转换为磁信号

9. 正反转控制电路,在实际工作中最常用最可靠的是( )控制。

    A. 倒顺开关   B. 接触器联锁

    C. 按钮联锁   D. 按钮、接触器双重联锁

10. 要使生产机械的运动部件在一定行程内自动往返运动,必须依靠行程开关对电动机实行( )正反转控制电路。

    A. 手动转换   B. 自动转换

    C. 半自动转换   D. 手动转换或自动转换

11. 位置控制是指利用行程开关对生产机械运动部件进行( )的自动控制。

    A. 上升或下降   B. 向前或向后   C. 向左或向右   D. 位置或行程

12. 多地控制电路中,各地的启动按钮和停止按钮分别是( )。

    A. 串联、串联   B. 并联、并联   C. 并联、串联   D. 串联、并联

13. 要求几台电动机的启动或停止必须按一定的先后次序来完成的控制方式称为( )。

    A. 行程控制   B. 多地控制   C. 顺序控制   D. 连续控制

14. 自耦减压启动器是利用( )来进行降压的启动装置。

    A. 定子绕组串电阻 B. 定子绕组串电抗 C. 星三角降压启动 D. 自耦变压器

15. 电动机降压启动的目的是( )。

    A. 减小启动电流   B. 减小启动电压   C. 增大启动电流   D. 增大启动电压

16. 定子绕组串接电阻降压启动是指在电动机启动时,把电阻串接在电动机定子绕组与电源之间,通过电阻分压作用降低加在定子绕组上的( )。

    A. 启动电流   B. 启动电压   C. 工作电流   D. 工作电压

17. 自耦变压器降压启动的优点是( )可以调节。

    A. 启动电压和启动电流   B. 启动电压和启动转矩

    C. 启动电流和功率   D. 启动转矩和启动电流

18. 星三角降压启动适用于电动机正常运行时,定子绕组作( )联结。

    A. Y 或△   B. Y   C. Y 和△   D. △

19. 星三角降压启动方法只适于( )下启动。

    A. 满载   B. 过载   C. 轻载或空载   D. 任意条件

20. 手动控制星三角降压启动电路采用( )手动控制星三角降压启动。

    A. 双投开启式负荷开关   B. 组合开关

    C. 万能转换开关   D. 低压断路器

21. 在图 8-16 所示按钮接触器控制星三角降压启动电路中,接触器 KM1 的作用是( )。

    A. 启动   B. 引入电源   C. 运行   D. 启动或运行

22. 异步电动机采用自耦降压启动器启动时,其三相定子绕组的接法( )。

    A. 只能采用三角形联结   B. 只能采用星形联结

    C. 只能采用星形/三角形联结   D. 三角形联结及星形联结都可以

23. ( )属于机械制动。

    A. 电磁抱闸制动器 B. 反接制动   C. 能耗制动   D. 电容制动

24. 电磁抱闸制动器断电制动在（　　）上被广泛采用。
   A. 车床　　　　　B. 铣床　　　　　C. 磨床　　　　　D. 起重机械
25. 反接制动是依靠改变电动机定子绕组的（　　）来产生制动力矩。
   A. 串接电阻　　　B. 电源相序　　　C. 串接电容　　　D. 电流大小
26. 反接制动常利用（　　）在制动结束时自动切断电源。
   A. 时间继电器　　B. 速度继电器　　C. 压力继电器　　D. 中间继电器
27. 能耗制动是当电动机断电后，立即在定子绕组的任意两相中通入（　　）迫使电动机迅速停转的方法。
   A. 直流电　　　　B. 交流电　　　　C. 直流电和交流电　D. 脉冲直流电

文本：模块八
知识考核
参考答案

考核评分

各部分的考核成绩记入表 8-5 中。

表 8-5　模块八考核评分表　　　　　　　　　评分 _____

考 核 项 目	考 核 内 容	配分	每次考核得分	实得分
模块八知识考核	1. 掌握三相异步电动机直接启动控制电路 2. 掌握三相异步电动机降压启动控制电路 3. 掌握三相异步电动机运行常用的控制电路 4. 掌握三相异步电动机制动控制电路	30分		
项目 15 技能考核	1. 会安装三相异步电动机正转电路 2. 会排除三相异步电动机正转电路的故障 3. 会完成三相异步电动机正反转电路接线	20分		
项目 16 技能考核	1. 熟悉三相异步电动机星→三角启动电路接线 2. 会对上述电路进行试运行	20分		
项目 17 技能考核	1. 会安装三相异步电动机反接制动电路 2. 会对上述电路正确接线及试运行	20分		
安全文明、团队合作	1. 严格遵守安全规程，操作规范，遵守纪律 2. 团队协作好，工作场地清洁、整理规范	10分		

模块九   PLC控制与交流电动机的变频调速系统

可编程控制器(PLC)是一种工业控制计算机,是集计算机、自动控制技术和通信技术为一体的一种新型自动装置。它具有抗干扰能力强、可靠性强、编程简单、维护方便等特点,因此PLC已在工业控制的各个领域中被广泛地应用。

变频调速已被公认是交流电动机最理想、最有发展前景的调速方式之一,变频调速就是改变输入到定子三相绕组的交流电的频率来实现对电动机的调速。变频调速具有调速精度高、调速性能优良、节能、转矩脉动小以及功率因数较高等优点,目前已成为调速领域的主流。

基于PLC与变频器构成的调速系统具有自动控制的特点,能够根据生产工艺要求在PLC中编写程序实现对电动机转速的自动控制。采用基于PLC控制的变频调速系统能够提高劳动生产率、改善产品质量、提高设备自动化程度;同时还能有效地节约能源、降低生产成本。

本模块分为用PLC实现三相异步电动机正反转控制、三相异步电动机的变频调速控制、基于PLC控制的变频调速系统三个项目。

项目18   用PLC实现三相异步电动机正反转控制

项目描述

在工农业生产和日常生活中经常需要根据工艺要求改变三相异步电动机的运行状态。模块八介绍了传统的接触器与继电器构成的控制系统,但这种控制方法维护工作量大且难以实现自动控制。本项目以正反转控制为实例介绍用PLC技术来实现对电动机运行状态的控制,应掌握PLC的基本原理、常用基本指令和梯形图编程方法。

学习目标

1. 掌握PLC的工作原理与基本构造。
2. 熟悉PLC的常用基本指令。
3. 会根据控制要求,利用PLC的基本指令编写程序。

4. 掌握 PLC 的梯形图编程方法，能操作 SWOPC-FXGP/WIN-C 以及 GXDEVELOP-ER8.X 编程软件。

5. 具有根据控制要求设计简单 PLC 控制系统的能力。

实训操作 18

器材、工具、材料

序　号	名　称	规　格	单　位	数　量	备　注
1	三菱 PLC	FX2N-32MR	台	1	
2	万用表	500 型或 MF-30 型	块	1	
3	三相异步电动机	Y90S-4/1 kW	台	1	
4	计算机	带编程软件	台	1	
5	交流接触器	CJ20-10 A/220 V	个	2	
6	热继电器	JR16-20/3D	个	1	

用 PLC 实现三相异步电动机正反转控制

1. PLC 程序编写

利用 SWOPC-FXGP/WIN-C 编程软件，编写正反转控制 PLC 梯形图程序，如图 9-1 所示。

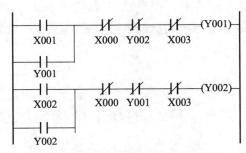

图 9-1　电动机正反转控制梯形图程序

根据梯形图，具体 I/O 端口分配见表 9-1。

表 9-1　三相异步电动机正反转 PLC 控制 I/O 端口分配表

输　入	输入点	输　出	输出点
停止按钮 SB1	X0	220 V 正转接触器 KM1	Y1
正转按钮 SB2	X1	220 V 反转接触器 KM2	Y2
反转按钮 SB3	X2		
热继电器触点 FR1	X3		

2. 主电路与 PLC 控制电路接线(图 9-2 和图 9-3)

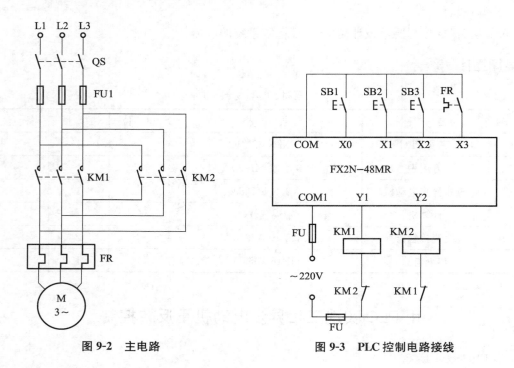

图 9-2　主电路　　　　　　　　　图 9-3　PLC 控制电路接线

3. 电动机的正反转运行操作

按图 9-2 与图 9-3 接线。按下 SB2,电动机正转,按下 SB1,电动机停止。按下 SB3,电动机反转,按下 SB1,电动机停止。当电动机过载时,热继电器 FR 动断触点断开,电动机停止。

▶ 相关知识

课题一　PLC 的基本结构与原理

一、PLC 的基本结构

1. PLC 的硬件结构

PLC 型号品种繁多,但实质上都是一种工业控制计算机。与通用计算机相比,PLC 不仅具有与工业过程直接相连的接口,而且有更适用于工业控制的编程语言。PLC 的编程主要由中央处理单元(CPU)、存储器、输入输出单元(I/O)、电源和编程器等组成,其结构框图如图 9-4 所示。

(1) 中央处理器(CPU)

CPU 是 PLC 的核心部件,起着控制和运算的作用,执行程序规定的各种操作,处理输入信号,发送输出信号等。PLC 的整个工作过程都是在 CPU 的统一指挥和协调下进行的。

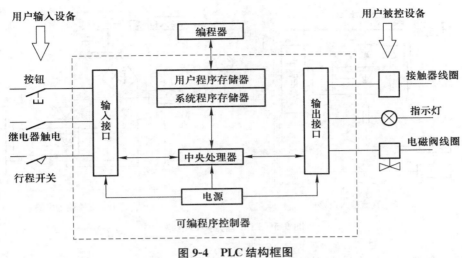

图 9-4 PLC 结构框图

（2）存储器

存储器存放系统监控运行程序、用户程序、逻辑及数学运算的过程变量及其他所有信息。

（3）电源

电源包括系统电源、备用电源及记忆电源。PLC 大多使用 220 V 交流电源，PLC 内部的直流稳压单元用于为 PLC 的内部电路提供稳定直流电压，某些 PLC 还能够对外提供 DC 24 V 的稳定电压，为外部传感器供电。PLC 一般还带有后备电池，为防止因外部电源发生故障而造成 PLC 内部主要信息意外丢失。

（4）输入/输出单元

输入/输出单元又称 I/O 接口电路，是 PLC 与外部被控对象联系的纽带与桥梁。根据输入/输出信号的不同，I/O 接口电路有开关量和模拟量两种 I/O 接口电路。输入单元用来进行输入信号的隔离滤波及电平转换；输出单元用来对 PLC 的输出进行放大及电平转换，驱动控制对象。

输入单元接口是用于接收和采集现场设备及生产过程的各类输入数据输出信息（如从各类开关、操作按钮等送来的开关量，或由电位器、传感器提供的模拟量），并将其转换成 CPU 所能接受和处理的数据；输出接口则用于将 CPU 的控制信息转换成外设所需要的控制信号，并送至有关设备或现场（如接触器、指示灯等）。

输入接口电路由输入数据寄存器、选通脉冲电路及中断请求逻辑电路组成。当 PLC 扫描在允许输入阶段时，发出允许中断请求信号，选通电路选中对应输入数据寄存器，在允许输入后通过数据总线把输入数据寄存器的数据成批输入至输入映像存储区，供 CPU 进行逻辑运算用。通常，输入接口电路有直流（12～24 V）输入、交流输入、交直流输入三种，如图 9-5 所示。I/O 接口电路大多采用光电耦合器来传递 I/O 信号，并实现电平转换。这可以使生产现场的电路与 PLC 的内部电路隔离，既能有效地避免因外电路的故障而损坏 PLC，同时又能抑制外部干扰信号侵入 PLC，从而提高 PLC 的工作可靠性。

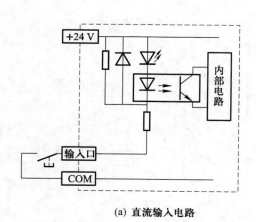

(a) 直流输入电路

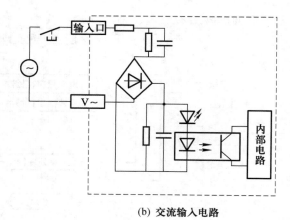

(b) 交流输入电路

图 9-5 PLC 输入接口电路

PLC 通过输出接口电路向现场控制对象输出控制信号。输出接口电路由输出锁存器、电平转换电路及输出功率放大电路组成。PLC 功率输出电路有三种形式:继电器输出、晶体管输出和晶闸管输出,如图 9-6 所示。

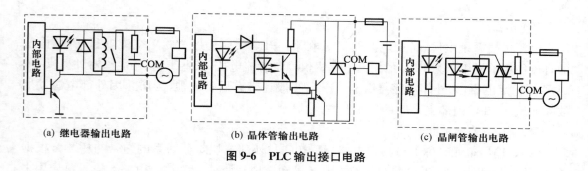

(a) 继电器输出电路　　　　(b) 晶体管输出电路　　　　(c) 晶闸管输出电路

图 9-6 PLC 输出接口电路

继电器输出:负载电流大于 2 A,响应时间为 8~10 ms,机械寿命大于 10^6 次。根据负载需要可接交流或直流电源。

晶体管输出:负载电流约为 0.5 A,响应时间小于 1 ms,电流小于 100 μA,最大浪涌电流约为 3 A。负载只能选择 36 V 以下的直流电源。

晶闸管输出:一般采用三端双向晶闸管输出,其耐压较高,带负载能力强,响应时间小于 1 ms。晶闸管输出应用较少。

(5) 编程器

编程器主要供用户进行输入、检查、调试和编辑用户程序。用户还可以通过其键盘和显示器去调用和显示 PLC 内部的一些状态和参数,实现监控功能。一般有三种。

① 手编程器:手编程器具有编辑、检索和修改程序、进行系统设置、内存监控等功能,使用时与 PLC 主机相连,编程完毕就可以拔下,不但使用方便,而且一台手编程器可供多台主机使用。缺点是屏幕太小,只能采用助记符语言编程。手编程器适用于小型机。

② 专用编程器:PLC 的专用编程器实际上是一台专用的计算机,可在屏幕上用梯形图

编程,而且可以脱机编程。它的功能比较完善,能够监控整个程序的运行,还可以对挂在 PLC 网络上的各个分站进行监控和管理。但其价格较昂贵,且要有专门的机房,一般适用于大、中型机。

③ 计算机辅助编程:许多 PLC 生产厂家都开发了专用的编程软件,将 PLC 与计算机通过 RS232 通信接口相连接(若 PLC 用的是 RS422 通信接口,则须另加适配器),就可以在计算机上采用各种编程语言编程并实现各种功能。

2. PLC 的软件结构

PLC 的软件包括系统软件和应用软件。系统软件主要是系统的管理程序和用户指令的解释程序,已固化在系统程序存储器中,用户不能更改。应用软件即用户程序,是由用户根据控制要求,按照 PLC 编程语言自行编制的程序。1994 年,国际电工委员会(IEC)在 PLC 的标准中推荐了 5 种编程语言,即梯形图、指令表、流程图、功能图块和结构文本。

(1) 梯形图语言

PLC 的梯形图是从继电器控制电路图演变过来的,作为一种图形语言,它不仅形象直观,还简化了符号,通过丰富的指令系统可实现许多继电器电路难以实现的功能,充分体现了微机控制的特点,而且逻辑关系清晰直观,编程容易,可读性强,容易掌握,所以很受用户欢迎,是目前使用最多的 PLC 编程语言。

梯形图与继电控制电路原理图区别。继电器控制电路图和 PLC 梯形图对照如图 9-7 所示,由图可见,两种图的表达思想是相同的,但具体的表达方式及其内涵则有所区别:

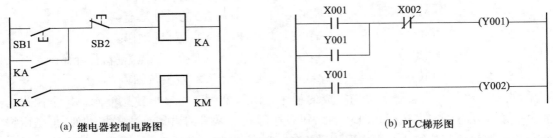

(a) 继电器控制电路图　　　　(b) PLC梯形图

图 9-7　继电器控制电路图与 PLC 梯形图

① 在继电器控制电路图中,每个电气符号代表一个实际的电气元件或电气部件,电气符号之间的连线表示电气部件间的连接线,因此继电器控制电路图表示一个实际的电路;而梯形图表示的不是一个实际的电路而是一个程序,图中的继电器并不是物理实体,可称为"软继电器",它实质上是 PLC 的内部寄存器,其间的连线表示的是它们之间的逻辑关系。

② 继电器控制电路图中的每一个电器的触点都是有限的,其使用寿命也是有限的;而 PLC 梯形图中的每个符号对应的是一个内部存储单元,其状态可在整个程序中多次反复地读取,因此可认为 PLC 内部的"软继电器"有无数个动合和动断触点供用户编程使用(且无使用寿命的限制),这就给设计控制程序提供了极大方便。

③ 在继电器控制电路中,若要改变控制功能或增减电器及其触点,就必须改变电路,即重新安装电气元件和接线;而对于 PLC 梯形图而言,改变控制功能只需要改变控制程序。

梯形图构成的基本规则。

① 梯形图中表示 PLC"软继电器"触点的基本符号有两种：一种是动合触点，另一种是动断触点，每个触点都有一个标号如 X001、X002，以示区别。同一标号的触点可以反复多次使用。

② 梯形图中的输出"线圈"也用符号表示，其标号如 Y001、Y002 表示输出继电器，同一标号的输出继电器作为输出变量只能够使用一次。

③ 梯形图按由左至右、由上至下的顺序画出，因为 CPU 是按此顺序执行程序的。最左边的是起始母线，每一逻辑行必须从起始母线开始画起，左侧先画开关并注意要把并联触点多的画在最左端，串联触点多的画在最上端；最右侧是输出变量，输出变量可以并联但不能串联，在输出变量的右侧也不能有输入开关，最右边为结束母线。

（2）指令表语言

这种编程语言是一种与计算机汇编语言相类似的助记符编程方式，是用一系列操作指令组成的语句表控制流程描述出来，并通过编程器送到 PLC 中去。需要指出的是不同厂家的 PLC 指令语句表使用的助记符并不相同，因此，一个相同功能的梯形图，书写的语句表并不相同。

图 9-7 中所示电路如用三菱公司 FX 型 PLC 语句表如下：

步序	操作码（助记符）	操作数（参数）	说　明
0	LD	X001	逻辑行开始，输入 X1 动合触点
1	OR	Y001	并联 Y1 的自锁触点
2	ANI	X002	串联 X2 的动断触点
3	OUT	Y001	输出 Y1，逻辑行结束
4	LD	Y001	输入 Y1 动合触点，逻辑行开始
5	OUT	Y002	输出 Y2，逻辑行结束

可见，指令表语句是由若干条语句组成的程序。语句是程序的最小独立单元。每个操作功能由一条或几条语句来执行。PLC 的语句表达形式与微机的语句表达式相类似，也是由操作码和操作数两部分组成。操作码用助记符 LD、ST 表示取，OR 表示或符，用来执行要执行的功能，告诉 CPU 该进行什么操作，例如，逻辑运算的**与**、**或**、**非**；算术运算的加、减、乘、除，时间或条件控制中的计数、计时、移位等功能。操作数一般由标识符号和参数组成，标识符表示操作数的类别，例如，表明是输入继电器、输出继电器、定时器、计数器、数据寄存器等；参数表明操作数的地址或一个预先设定值。同一厂家的 PLC 产品，其助记符语言与梯形图是相互对应的，可以互相转换。

（3）功能图编程语言

这是一种较新的编程方法，采用了半导体逻辑电路的逻辑框图来表达。控制逻辑常用**"与"、"或"、"非"**三种逻辑功能来表示。

（4）高级语言

在大型 PLC 中为了完成比较复杂的控制有的也采用计算机高级语言，这样 PLC 的功能就更强。

二、PLC 的工作原理及 PLC 的特点

1. PLC 的工作原理

传统的继电器控制系统由输入、逻辑控制和输出三个基本部分组成，其逻辑控制部分是由各种继电器（包括接触器、时间继电器等）及其触点，按一定的逻辑关系用导线连接而成的电路。若需要改变系统的逻辑控制功能，必须改变继电器控制电路。

PLC 控制系统也是由输入、逻辑控制和输出三个基本部分组成，但其逻辑控制部分采用 PLC 代替继电器电路。因此，可以将 PLC 等效为一个由许多个各种可编程继电器（如输入继电器、输出继电器、定时器等）组成的整体。PLC 内的这些可编程元件，由于在使用上与真实元件有很大的差异，因此亦称"软"继电器。

PLC 控制系统利用 CPU 和存储器及其存储的用户程序所实现的各种"软"继电器及其"软"触点和"软"接线，来实现逻辑控制。它可以通过改变用户程序，灵活地改变其逻辑控制功能。因此，PLC 控制的适应性很强。

PLC 采用循环扫描工作方式，在 PLC 中用户程序按先后顺序存放，CPU 从第一条指令开始执行程序，直到遇到结束符后又返回第一条，如此周而复始不断循环，这种方式是在系统软件控制下，顺次扫描各输入点的状态，按用户程序运算处理，然后顺序向输出点发出相应的控制信号。整个过程可分为五个阶段：自诊断、与编程器计算机等通信、输入采用（读入现场信号）、用户程序执行，输出刷新（输出结果）。

2. PLC 的特点

（1）PLC 编程容易。PLC 是面向用户的设备，采用梯形图来编程，这种编程方法形象直观，无需专业的计算机知识和语言，其电路图形符号和表达方式与继电器电路原理图相似，所以熟悉继电器电路图的电气技术人员可以在很短的时间里熟悉梯形图语言，并用来编制用户程序。

（2）功能强，性价比高。一台小型 PLC 内有成百上千个可供用户使用的编程组件，有很强的功能，可以实现非常复杂的控制功能。与相同功能的继电器系统相比，具有很高的性能价格比，PLC 可以通过通信联网，实现分散控制，集中管理。

（3）控制系统简单，适应性强，施工周期短。PLC 产品已经实现标准化、系列化、模块化，并配备品种齐全的各种硬件装置供用户选用，用户能灵活方便地进行系统配置，组成不同功能、不同规模的系统。PLC 及外围模块品种多，可灵活组合完成各种要求的控制系统。

（4）系统维护容易。PLC 具有完善的监控及自诊断功能，内部各种软元件的工作状态可用编程软件进行监控，配合程序针对性编程及内部特有的诊断功能，可以快速、准确地找到故障点并及时排除故障。还可配合触摸屏显示故障部位或故障属性，因而大大缩短了维修时间。

（5）可靠性高，抗干扰能力强。传统的继电器控制系统中使用大量的接触器、继电器。其触点容易出现故障。PLC 用软件代替大量的接触器、继电器，仅剩下与 I/O 有关的少量硬件，接线可减少到继电器控制的 1/100～1/10，因触点接触不良造成的故障大为减少。PLC 采取了一系列硬件和软件抗干扰措施，具有很强的抗干扰能力，平均无故障时间达到数万小时以上，可以直接应用于有强烈干扰的工业生产现场，PLC 已被广大用户公认为最可靠的工

业控制设备之一。

（6）体积小，能耗低。对于复杂的控制系统，使用 PLC 后，可以减少大量的中间继电器和时间继电器，小型 PLC 的体积仅相当于几个继电器的大小，因此可将开关柜的体积缩小到原来的 $1/10\sim1/12$。PLC 的配线比继电器控制系统的配线少得多，故可省下大量的配线和附件，减少大量的安装接线工时，加上开关柜体积的缩小，可以节省大量的费用。

课题二　FX2N PLC 的基本指令

FX2N 系列 PLC 的基本指令分为触点连接指令、输出指令和其他指令三大类：

（1）逻辑取及驱动线圈指令 LD/LDI/OUT。逻辑取及驱动线圈指令见表 9-2。

表 9-2　逻辑取及驱动线圈指令表

符号名称	功　能 触点类型，用法	电路表示和目标文件
LD 取	动合，接左母线或分支回路起始处用	X、Y、M、S、T、C(注)
LDI 取反	动断，接左母线或分支回路起始处用	X、Y、M、S、T、C
OUT 输出	线圈驱动指令，驱动输出继电器、辅助继电器、定时器、计数器	Y、M、S、T、C

注：其中 X、Y、M、S、T、C 表示这些触点为可用输入继电器 X、输出继电器 Y、中间继电器 M、状态继电器 S、定时器 T、计数器 C 的触点来连接。

（2）触点串、并联指令 AND/ANI/OR/ORI。触点串、并联指令见表 9-3。

表 9-3　触点串、并联指令表

符号名称	功　能 触点类型，用法	电路表示和目标文件
AND 与	动合，触点串联	X、Y、M、S、T、C
ANI 与非	动断，触点串联	X、Y、M、S、T、C
OR 或	动合，触点并联	X、Y、M、S、T、C
ORI 或非	动断，触点并联	X、Y、M、S、T、C

用法示例如图 9-8 所示。

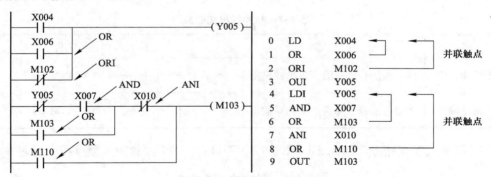

图 9-8 触点串、并联指令用法示例

（3）电路块连接指令 ORB/ANB。电路块连接见表 9-4。

表 9-4 电路块连接指令表

符号名称	功　能 触点类型，用法	电路表示和目标文件
ORB 电路块或	串联电路块（组）的并联	X、Y、M、S、T、C
ANB 电路块与	并联电路块（组）的串联	X、Y、M、S、T、C

（4）多重输出电路指令 MPS/MRD/MPP。多重输出电路指令见表 9-5。

表 9-5 多重输出电路指令表

符号名称	功　能	电路表示和目标文件
MPS 进栈	无操作器件指令、运算存储入栈	MPS
MRD 读栈	无操作器件指令，读出存储读栈	MRD
MPP 出栈	无操作器件指令，读出存储或复位出栈	MPP　无操作数元件

（5）置位与复位指令 SET/RST。置位与复位指令见表 9-6。

表 9-6 置位与复位指令表

符号名称	功　能	电路表示和目标文件
SET 置位	对目标文件 Y、M、S 置位，使动作保持	SET　Y、M、S
RST 复位	对定时器、计数器、数据寄存器、变址寄存器等继电器的内容清零	RST　Y、M、S、T、C、D

（6）脉冲输出指令 PLS/PLF。脉冲输出指令见表 9-7。

表 9-7　脉冲输出指令表

符号名称	功　　能	电路表示和目标文件
PLS 脉冲输出	在输入信号上升沿产生脉冲输出	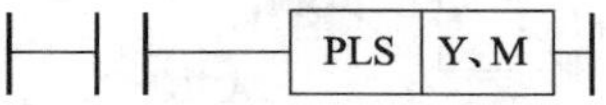 ⊣├─┤├─[PLS｜Y、M]─
PLF 脉冲输出	在输入信号下降沿产生脉冲输出	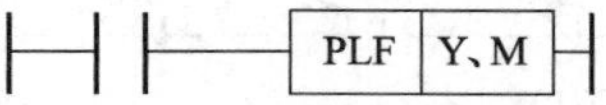 ⊣├─┤├─[PLF｜Y、M]─

（7）脉冲式触点指令 LDP/LDF/ANP/ANF/ORP/ORF。脉冲式触点指令见表 9-8。

表 9-8　脉冲式触点指令表

符号名称	功　　能	电路表示和目标文件
LDP 取脉冲	上升沿检测运算开始	 X、Y、M、S、T、C
LDF 取脉冲（下）	下降沿检测运算开始	 X、Y、M、S、T、C
ANP 与脉冲	上升沿检测串行连接	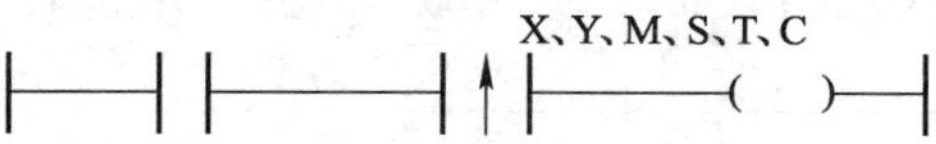 X、Y、M、S、T、C
ANF 与脉冲（下）	下降沿检测串行连接	 X、Y、M、S、T、C
ORP 或脉冲	上升沿检测并行连接	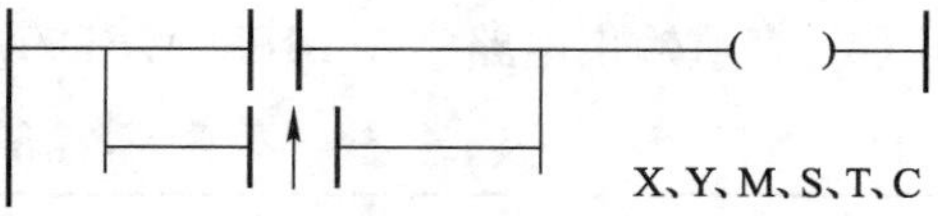 X、Y、M、S、T、C
ORF 或脉冲（下）	下降沿检测并行连接	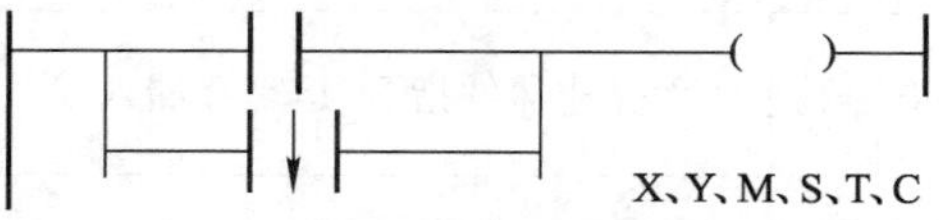 X、Y、M、S、T、C

（8）主控触点指令 MC/MCR。主控触点指令见表 9-9。

表 9-9　主控触点指令表

符号名称	功　　能	电路表示和目标文件
MC 主控	把多个并联支路与母线连接的动合触点连接，是控制一组电路的总开关	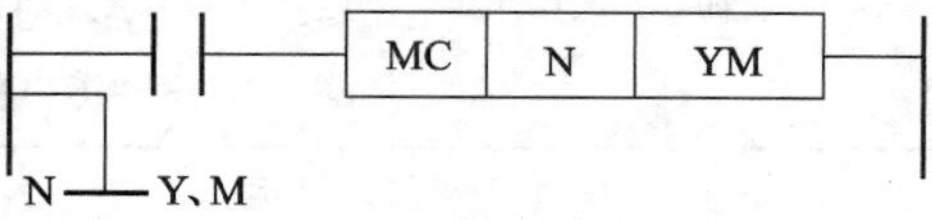 ⊣├─┤├─[MC｜N｜YM]─ N─Y、M
MCR 主控复位	使主控指令复位，主控结束时返回母线	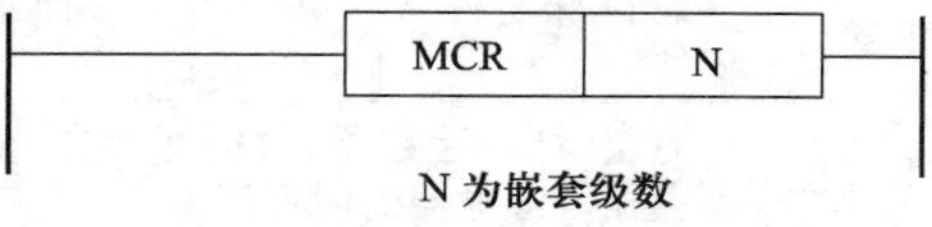 ─[MCR｜N]─ N 为嵌套级数

（9）逻辑运算结果取反指令 INV。逻辑运算结果取反指令见表 9-10。

表 9-10　逻辑运算结果取反指令表

符号名称	功　　能	电路表示和目标文件	程序步长
INV 反向	运算结果的反向	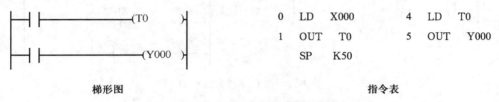	1 步

（10）定时器指令。

① 定时器 T 的应用电路实例如图 9-9 所示。

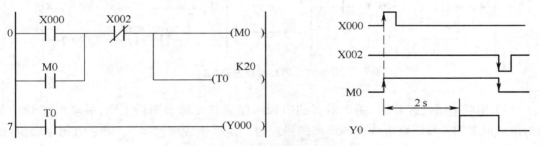

图 9-9　定时器 T 的应用电路实例

② 定时器 T 得电延时应用电路如图 9-10 所示。

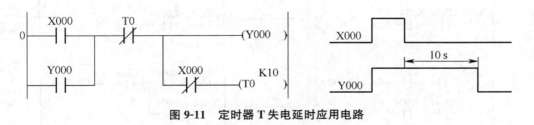

图 9-10　定时器 T 得电延时应用电路

③ 失电延时断电路如图 9-11 所示。

图 9-11　定时器 T 失电延时应用电路

课题三　FX2N PLC 的编程方法与实用程序介绍

PLC 梯形图是由继电器控制电路图转变而来的，而且在编制一些较简单的程序时，也往往直接由继电器控制电路图转换成 PLC 梯形图。但应注意两者在表达方式特别是本质内涵上的区别,同时注意 PLC 梯形图的结构特点和构成规则。

一、编程方法及特点

(1)画梯形图时,要以左母线为起点,右母线为终点,从左至右、从上到下,按每行绘出。每一行的开始是起始条件,最右边的是线圈输出,一行写完,再依次写下一行。

(2)梯形图的接点应画在水平线上,不能画在垂直分支上,如图 9-12 所示。

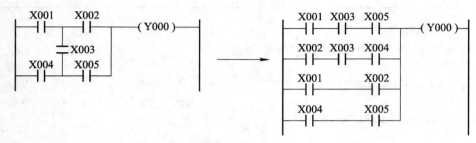

图 9-12 PLC 编程方法(一)

(3)不能将接点画在线圈右边,如图 9-13 所示。

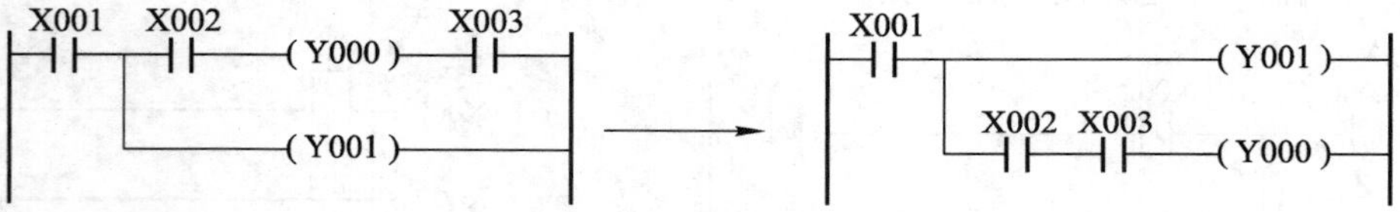

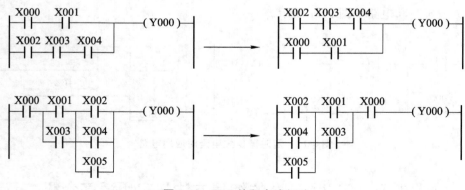

图 9-13 PLC 编程方法(二)

(4)串联电路相并联时,接点最多的串联回路应放在梯形图最上面;并联电路相串联时,接点最多的并联回路应放在梯形图的最左边。这样使程序简明了,指令语句也较少,如图 9-14 所示。

图 9-14 PLC 编程方法(三)

(5)同一编号线圈输出两次或多次不可取,称为双线输出,则前面的输出无效,而后面的输出是有效的,如图 9-15 所示。

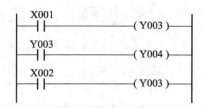

图 9-15　PLC 编程方法(四)

图中输出 Y003 的结果仅取决于 X002,而和 X001 无关。当 X001＝ON, X002＝OFF 时,Y003 因 X001 接通而接通,因此其映像寄存器变为 ON,输出 Y004 接通,但是第二次 的 Y003,因其输入 X002 为 OFF,则其映像寄存器也为 OFF。所以,实际的外部输出为 Y003＝OFF, Y004＝ON。

二、PLC 的实际应用实例

单台电动机的两地控制电路。

(1)控制要求:按下地点 1 的启动按钮 SB1 或地点 2 的启动按钮 SB2 均可启动电动机; 按下地点 1 的停止按钮 SB3 或地点 2 的停止按钮 SB4 均可停止电动机运行。

(2)输入/输出分配:

X0:SB1;X1:SB2;X2:SB3(动断);X3:SB4(动断);Y0:电动机(接触器)。

(3)梯形图方案设计如图 9-16 所示。

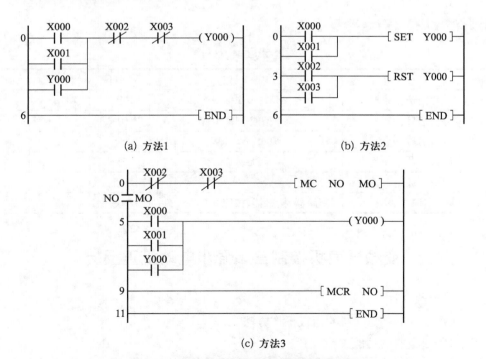

图 9-16　单台电动机的两地控制电路梯形图

项目 19 三相异步电动机的变频调速控制

项目描述

电力拖动系统分为直流调速系统和交流调速系统两类。直流调速系统具有较优良的静、动态性能指标，因此，过去很长一段时间内，调速传动领域大多为直流电动机调速系统。20 世纪 70 年代后，由于全控型电力电子器件的发展、SWPM 专用集成芯片的开发、交流电动机矢量变换控制技术以及计算机的应用，使得交流变频调速逐步取代直流调速系统，成为电气传动中的主流。

通过本项目的训练与学习，学生在掌握变频器理论知识的基础上，认识与掌握由变频器控制的电动机的正反转控制及调速电路，培养学生具有变频器应用方面的基本技能。

学习目标

1. 掌握三相异步电动机变频调速的工作原理及调速的方式。
2. 了解西门子 MM440 变频器主电路的基本结构及变频原理。
3. 熟练掌握三菱变频器的基本使用方法；熟悉变频器的运行方式与参数预置方法。
4. 能根据实际要求设计三相异步电动机变频调速控制电路。

实训操作 19

器材、工具、材料

序 号	名 称	规 格	单 位	数 量	备 注
1	西门子变频器	MM440-2.2 kW	台	1	
2	万用表	500 型或 MF-30 型	块	1	
3	三相异步电动机	Y90S-4/1 kW	台	1	
4	手持式数字转速表	SZG-441	个	1	
5	电工通用工具		套	1	
6	实训电路板	断路器、接触器、按钮开关等元件	块	1	

变频器面板控制三相异步电动机正反转

1. 技能训练目标

（1）熟悉 MM440 变频器的面板操作方法。

（2）掌握变频器的功能参数设置。

（3）掌握变频器通过面板操作实现三相异步电动机正反转、点动及频率调节方法。

2. 相关知识

利用变频器的操作面板和相关参数设置,即可实现对变频器的某些基本操作如电动机的正反转、点动等运行。

MM440 在缺省设置时,用 BOP 控制电动机的功能是被禁止的。若要用 BOP 进行控制,参数 P0700 应设置为 1,参数 P1000 也应设置为 1。用基本操作面板(BOP)可以修改任何一个参数。修改参数的数值时,BOP 有时会显示"busy",表明变频器正忙于处理优先级更高的任务。下面就以设置 P1000=1 的过程为例,来介绍通过基本操作面板(BOP)修改设置参数的流程,见表 9-11。

表 9-11　基本操作面板(BOP)设置参数流程

	操 作 步 骤	BOP 显示结果
1	按 P 键,访问参数	r0000
2	按 ▲ 键,直到显示 P1000	P1000
3	按 P 键,直到显示 in000,即 P1000 的第 0 组值	in000
4	按 P 键,显示当前值 2	2
5	按 ▼ 键,达到所要求的值 1	1
6	按 P 键,存储当前设置	P1000
7	按 Fn 键,显示 r0000	r0000
8	按 P 键,显示频率	50.00

3. 训练内容和步骤

通过变频器操作面板按键启动电动机,实现正反转、点动,并通过面板实现调速控制。

(1) 按要求接线

系统接线如图 9-17 所示,检查电路正确无误后,合上主电源开关 QS。

(2) 参数设置

① 设定 P0010=30 和 P0970=1,按下 P 键,开始复位,将变频器的参数回复到工厂默认值。

② 设置电动机参数,为了使电动机与变频器相匹配,需要设置电动机参数。电动机参数设置见表 9-12。电动机参数设定完

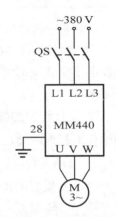

图 9-17　三相异步电动机变频调速主电路

成后,设 P0010 = 0,变频器当前处于准备状态,可正常运行。

表 9-12　电动机参数设置

参数号	设置值	说　　明
P0003	1	设定用户访问级为标准级
P0010	1	快速调试
P0100	0	功率以 kW 表示,频率为 50 Hz
P0304	380	电动机额定电压/V
P0305	1	电动机额定电流/A
P0307	0.37	电动机额定功率/kW
P0310	50	电动机额定频率/Hz
P0311	1 400	电动机额定转速/(r/min)

③ 设置面板操作控制参数,见表 9-13。

表 9-13　面板基本操作控制参数

参数号	出厂值	设置值	说　　明
P0003	1	1	设用户访问级为标准级
P0010	0	0	正确地进行运行命令的初始化
P0700	2	1	由键盘输入设定值(选择命令源)
P1000	2	1	由键盘(电动电位计)输入设定值
P1040	5	20	设定键盘控制的频率值/Hz
P1058	5	10	正向点动频率/Hz
P1059	5	10	反向点动频率/Hz
P1060	10	5	点动斜坡上升时间/s
P1061	10	5	点动斜坡下降时间/s
P1080	0	0	电动机运行的最低频率/Hz
P1082	50	50	电动机运行的最高频率/Hz

(3) 变频器运行操作

① 变频器启动:在变频器的前操作面板上按运行键,变频器输出频率将由起始频率上升至设定频率值,驱动电动机升速,并运行在由 P1040 所设定的 20 Hz 频率对应的 560 r/min 的转速上。

② 正反转及加减速运行:电动机的旋转方向可通过 🔄 来改变。转速(运行频率)可转动操作面板上的增加键/减少键(▲/▼)来改变。

③ 点动运行:按变频器操作面板上的点动键 🔘 ,则变频器驱动电动机升速,并运行在由 P1058 所设置的正向点动 10 Hz 频率值上。当松开变频器面板上的点动键时,变频器的输出频率将降至零。

④ 电动机停车:按操作面板按停止键 🔘 ,则变频器将驱动电动机降速至零。

变频器外端子控制三相异步电动机正反转调速

1. 技能训练目标

(1) 掌握 MM440 变频器的模拟信号改变输出频率的方法。

(2) 掌握 MM440 变频器基本参数的输入方法。

(3) 掌握 MM440 变频器外端子控制操作方法。

2. 相关知识

MM440 变频器可以通过 6 个数字输入端口对电动机进行正反转运行、正反转点动运行方向控制,可通过基本操作面板,按频率调节按键可增加和减少输出频率,从而设置正反向转速的大小。也可以由模拟输入端控制电动机转速的大小。本任务的目的就是通过模拟输入端的模拟量控制电动机转速的大小。

MM440 变频器的"1"、"2"输出端为用户的给定单元提供一个高精度的+10 V 直流稳压电源。可利用转速调节电位器串联在电路中,调节电位器,改变输入端口 AIN1+给定的模拟输入电压,变频器的输入量将紧紧跟踪给定量的变化,从而平滑无级地调节电动机转速的大小。

MM440 变频器为用户提供了两对模拟输入端口,即端口"3"、"4"和端口"10"、"11",通过设置 P0701 的参数值,使数字输入"5"端口具有正转控制功能;通过设置 P0702 的参数值,使数字输入"6"端口具有反转控制功能;模拟输入"3"、"4"端口外接电位器,通过"3"端口输入大小可调的模拟电压信号,控制电动机转速的大小。即由数字输入端控制电动机转速的方向,由模拟输入端控制转速的大小。

3. 训练内容和步骤

由外部端子控制实现电动机启动与停止功能,由模拟输入端输入可调模拟电压信号实现电动机转速的控制。

(1) 接线

变频器模拟信号控制接线图如图 9-18 所示。检查电路正确无误后,合上主电源开关 QS。

(2) 参数设置

① 恢复变频器工厂默认值,设定 P0010 = 30 和 P0970 = 1,按下 P 键,开始复位。

② 根据电动机铭牌设置电动机参数,电动机参数设置完成后,设 P0010 = 0,变频器当前处于准备状态,可正常运行。

③ 预置模拟信号控制参数,见表 9-14。

(3) 变频器运行操作

① 电动机正转与调速。闭合开关 X1,数字输入端口 DINI 为"ON",电动机正转运行,转速由外接电位器 RP1 来控制,模拟电压信号在 0～10 V 之间变化,对应变频器的频率在 0～50 Hz 之间变化,对应电动机的转速在 0～1500 r/min 之间变化。当断开 X1 时,电动机停止运转。

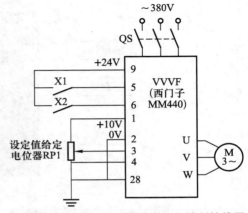

图 9-18 MM440 变频器模拟信号控制接线图

表 9-14 模拟信号控制参数设置

参数号	出厂值	设置值	说　明
P0003	1	1	设用户访问级为扩展级
P0004	0	7	命令和数字 I/O
P0700	2	2	命令源选择由外端子输入
P0701	1	1	ON 接通正转，OFF 停止
P0702	1	2	ON 接通反转，OFF 停止
P0004	0	10	设定值通道和斜坡函数发生器
P1000	2	2	频率设定值选择为模拟输入
P1080	0	0	电动机运行的最低频率/Hz
P1082	50	50	电动机运行的最高频率/Hz

② 电动机反转与调速。闭合开关 X2 时，数字输入端口 DIN2 为"ON"，电动机反转运行，反转转速的大小由外接电位器来调节。当断开 X2 时，电动机停止运转。

相关知识

课题四　西门子 MM440 变频器的基本应用与操作

变频器 MM440 系列（MicroMaster440）是德国西门子公司广泛应用于工业场合的多功能标准变频器。它采用高性能的矢量控制技术，提供低速高转矩输出和良好的动态特性，同时具备超强的过载能力，广泛用于三相异步电动机变频调速。

一、西门子 MM440 变频器的基本应用

1. 西门子 MM440 变频器的面板介绍

图 9-19 所示为 MM440 变频器面板，变频器面板按键功能见表 9-15。

显示区域　反转键　启动键　停止键　点动键　确认键　功能键　增加键　减少键

图 9-19　MM440 变频器面板

表 9-15　变频器面板按键功能

显示按键	功　能	功　能　说　明
(I)	启动变频器	按此键启动变频器。缺省值运行时此键是被封锁的。为了使此键的操作有效，应按照下面的数值修改 P0700 或 P0719 的设定值： BOP：P0700 = 1 或 P0719 = 10…16 AOP：P0700 = 4 或 P0719 = 40…46 按 BOP 链接 P0700 = 5 或 P0719 = 50…56 按 COM 链接
(0)	停止变频器	OFF1 按此键，变频器将按选定的斜坡下降速率减速停车。缺省值运行时此键被封锁。 为了使此键的操作有效，参看"启动变频器"按钮的说明。 OFF2 按此键两次(或一次，但时间较长)电动机将在惯性作用下自由停车。 BOP：此功能总是"使能"的(与 P0700 或 P0719 的设置无关)
(旋转)	改变电动机转向	按此键可以改变电动机的转动方向。电动机的反向用负号(一)表示或用闪烁的小数点表示。 缺省值运行时此键是被封锁的。 为了使此键的操作有效，参看"启动电动机"按钮的说明
(jog)	电动机点动	在变频器"运行准备就绪"的状态下，按下此键，将使电动机启动，并按预设定的点动频率运行。释放此键时，变频器停车。如果变频器/电动机正在运行，按此键将不起作用
(Fn)	功能键	此键用于浏览辅助信息。变频器运行过程中，在显示任何一个参数时按下此键并保持不动 2 s，将显示以下参数的数值： 1. 直流回路电压(用 d 表示，单位：V)。 2. 输出电流(A)。 3. 输出频率(Hz)。 4. 输出电压(用 o 表示，单位：V)。 5. 由 P0005 选定的数值(如果 P0005 选择显示上述参数中的任何一个(1～4)，这里将不再显示)。 连续多次按下此键，将轮流显示以上参数。 跳转功能：在显示任何一个参数(r×××× 或 P××××)时短时间按下此键，将立即跳转到 r0000，也可继续修改其他的参数。跳转到 r0000 后，按此键将返回原来的显示点确认
(P)	访问参数	按此键即可访问参数
(▲)	增加数值	按此键即可增加面板上显示的参数数值
(▼)	减少数值	按此键即可减少面板上显示的参数数值
r0000	状态显示	LCD 显示变频器当前所用的设定值

2. 西门子 MM440 变频器的外端子功能

图 9-20 所示为西门子 MM440 变频器外端子功能图。Ain 表示模拟量输入端子，Din 表示数字量输入端子。数字量输入端子可以通过改变参数定义为不同的功能。

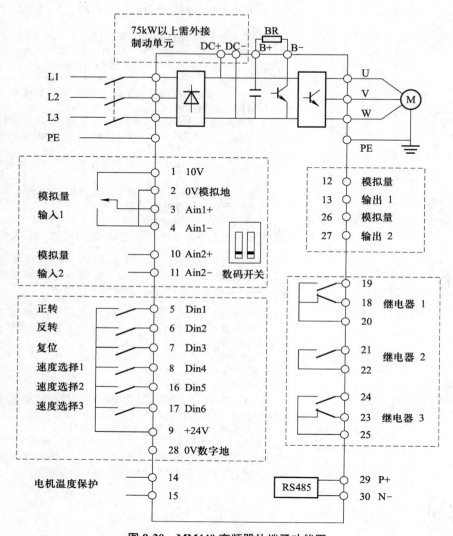

图 9-20　MM440 变频器外端子功能图

二、西门子 MM440 变频器的操作

1. MM440 的主要参数设置与快速调试

MM440 有几百个参数，其中绝大多数参数是不需要用户来设定与改变的，对普通调速来说，只需要按表 9-16 的步骤来进行快速调试，然后便可以使用。

2. MM440 的四种控制模式

表 9-17 变频器的四种控制模式是变频器的四种运行模式，用户可以根据控制要求设置参数来改变运行模式。

表 9-16　变频器快速调试步骤

参数号	参　数　描　述	推荐设置
P0003	设置用户访问等级 1 标准级：可以访问使用最基本的参数。 2 扩展级：可以进行扩展级的参数访问，例如变频器的 I/O 功能。 3 专家级（仅供专家使用）	1
P0010	＝1 快速调试，只有在参数 P0010 设定为 1 的情况下，电动机的主要参数才能被修改 ＝0 结束快速调试后，将 P001 设置为 0，电动机才能运行	1
P0100	选择电动机的功率单位和电网频率 ＝0 单位 kW，频率 50 Hz ＝1 单位 HP，频率 60 Hz ＝2 单位 kW，频率 60 Hz	0
P0205	变频器应用对象 ＝0 恒转矩（压缩机，传送带等） ＝1 变转矩（风机，泵类等）	0
P0300	选择电动机类型 ＝1 异步电动机 ＝2 同步电动机	1
P0304[0]	电动机额定电压： 注意电动机实际接线（Y/△）	根据电动机铭牌
P0305	电动机额定电流： 注意：电动机实际接线（Y/△） 如果驱动多台电动机，P0305 的值要大于电流总和	根据电动机铭牌
P0307	电动机额定功率 如果 P0100 = 0 或 2，单位是 kW 如果 P0100 = 1，单位是 HP	根据电动机铭牌
P0309	电动机额定效率 注意：如果 P0309 设置为 0，则变频器自动计算电动机效率 如果 P0100 设置为 0，看不到此参数	根据电动机铭牌
P0310	电动机额定频率 通常为 50/60 Hz 非标准电动机，可以根据电动机铭牌修改	根据电动机铭牌
P0311	电动机额定速度 矢量控制方式下，必须准确设置此参数	根据电动机铭牌
P0640	电动机过载因子 以电动机额定电流的百分比来限制电动机的过载电流 150	150

续　表

参数号	参　数　描　述	推荐设置
P0700	选择命令给定源(启动/停止) =1 BOP(操作面板) =2 I/O 端子控制 =4 经过 BOP 链路(RS232)的 USS 控制 =5 通过 COM 链路(端子 29, 30) =6 Profibus(CB 通信板) 注意:改变 P0700 设置,将复位所有的数字输入输出至出厂设定	2
P1000	设置频率给定源 =1 BOP 电动电位计给定(面板) =2 模拟输入 1 通道(端子 3, 4) =3 固定频率 =4 BOP 链路的 USS 控制 =5 COM 链路的 USS(端子 29, 30) =6 Profibus(CB 通信板) =7 模拟输入 2 通道(端子 10, 11)	2
P1080[0]	限制电动机运行的最小频率	0
P1082[0]	限制电动机运行的最大频率	50
P1120[0]	电动机从静止状态加速到最大频率所需时间	10
P1121[0]	电动机从最大频率降速到静止状态所需时间	10
P1300[0]	控制方式选择 =0 线性 V/F,要求电动机的压频比准确 =2 平方曲线的 V/F 控制 =20 无传感器矢量控制 =21 带传感器的矢量控制	0
P3900	结束快速调试 =1 电动机数据计算,并将除快速调试以外的参数恢复到工厂设定 =2 电动机数据计算,并将 I/O 设定恢复到工厂设定 =3 电动机数据计算,其他参数不进行工厂复位	3
P1910 = 1	使能电动机识别,出现 A0541 报警,马上启动变频器	1

表 9-17　变频器的四种控制模式

模　式	参　数　设　置	控　制　方　式
面板控制	P0700 = 1, P1000 = 1	命令给定与频率给定来自面板
外端子控制	P0700 = 2, P1000 = 2; 3; 7	命令给定与频率给定来自外端子
组合模式 1	P0700 = 2, P1000 = 1	命令给定来自外端子,频率给定来自面板
组合模式 2	P0700 = 1, P1000 = 2; 3; 7	命令给定来自面板,频率给定来自外端子

课题五 变频器的工作原理

一、变频调速的优点

三相异步电动机的转速公式为

$$n = \frac{60f}{p}(1-s)$$

式中，p 为磁极对数，s 为转差率，f 为三相交流电的频率。变频调速就是改变输入到三相异步电动机交流电的频率来进行调速。目前已成为三相异步电动机调速领域的主流。变频调速的优点如下：

(1) 调速平滑性好，易于实现无级调速，效率高。低速时，特性静差率较高，相对稳定性好。

(2) 调速范围较大，精度高。变频调速系统可实现电动机转速的连续变化，故电动机的调速范围宽，运行效率也明显提高。一般来说，通用变频器的调速范围可达 1：10 以上，而高性能矢量控制变频器调速范围可达 1：10 000。

(3) 启动电流较小，对系统及电网无冲击，可用于频繁启动和制动场合。采用变频器对异步电动机进行驱动时，可以将变频器的输出频率降至很低时启动，电动机的启动电流很小，因而变频器输入端要求电源配置的配电容量也可以相应减小。

(4) 对风机、水泵类负载进行调速时，节电效果十分明显。

(5) 变频器具有标准的计算机通信接口，可以与其他设备一起构成自动控制系统，易于实现控制过程的自动化。

二、通用变频器的结构与工作原理

通用变频器的主电路如图 9-21 所示。VD1～VD6 构成三相不控整流。整流后变成脉动直流，波形如图 9-22 所示。图 9-22(a)为对称三相电压波形，图 9-22(b)为整流后的直流脉动波形。

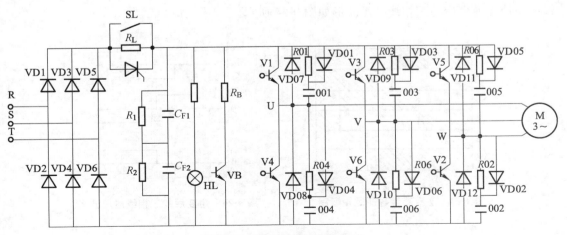

图 9-21 通用变频器的主电路

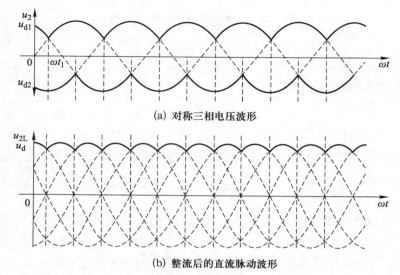

(a) 对称三相电压波形

(b) 整流后的直流脉动波形

图 9-22　三相不控整流后的电压波形

　　三相交流电源经过 VD1～VD6 整流后成为脉动的直流,通过滤波电容可以把脉动直流转变成平缓的直流电源。逆变器 V1～V6 把直流电转变成频率可调的三相交流电,供三相异步电机使用。

　　控制 V1、V2、V3、V4、V5、V6 的逻辑导通顺序,使其以某个频率导通,如图 9-23 所示,则会输出一个三相交流电源,使电动机工作。为了对 V1～V6 进行保护,给每个逆变器件分别并联了一个续流二极管,当电动机进入制动运行状态后,产生的电流可以经过续流二极管将电能消耗在能耗电阻 R_B 上。每个逆变器件两端还并联了 R-C-VD 缓冲保护回路,可以对器件开通与关断过程中产生的过电压进行缓冲与吸收。

　　如图 9-23 所示,每桥臂导电 180°,同一相上下两臂交替导电,各相开始导电的角度相差120°。任一瞬间有三个桥臂同时导通。每次换流都是在同一相上下两臂之间进行,也称为纵向换流。逆变后的三相线电压波形如图 9-24 所示。

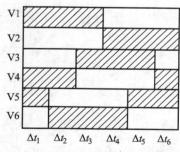

图 9-23　逆变器件导通逻辑顺序

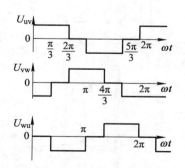

图 9-24　逆变后的三相线电压波形

项目 20　基于 PLC 控制的变频调速系统

项目描述

　　随着电力电子技术与自动控制技术的发展,电动机的调速与控制已经从传统的继电器控制时代发展由变频调速,且在各个领域中得到了广泛的应用,在工业自动化控制系统中,普遍使用 PLC 控制变频器对电动机实现调速控制,通过在 PLC 中编写程序实现对电动机转速与转向的自动控制。

　　通过本项目的训练与学习,认识与掌握由 PLC 与变频器的联机对电动机进行控制,实现对电动机的正反转控制及调速。

学习目标

　　1. 掌握 PLC 与变频器的通信。

　　2. 熟练掌握 PLC 与变频器的联机控制。

　　3. 能根据实际要求设计由 PLC 控制的三相异步电动机调速电路。

　　4. 掌握三菱 PLC A/D 转换模块的使用。

　　5. 掌握变频器的多挡速控制方式、多功能端子的参数设置方法以及变频器的多段速运行操作。

实训操作 20

器材、工具、材料

序　号	名　　称	规　格	单　位	数　量	备　注
1	西门子变频器	MM440-2.2 kW	台	1	
2	万用表	500 型或 MF-30 型	块	1	
3	三相异步电动机	Y90S-4/1 kW	台	1	
4	手持式数字转速表	SZG-441	个	1	
5	电工通用工具		套	1	
6	实训电路板	断路器、接触器、按钮开关等	块	1	
7	三菱 PLC	FX2N-32MR	台	1	

电动机正反转变频调速的 PLC 控制

1. PLC 与变频器的连接

利用三菱 PLC 模拟量模块与 MM440 变频器联机,实现电动机正反转控制,要求运行频率由模拟量模块输出电压信号给定,并能平滑调节电动机转速。

PLC 有两种输出方式,继电器触点输出与晶体管输出,如图 9-25 所示。

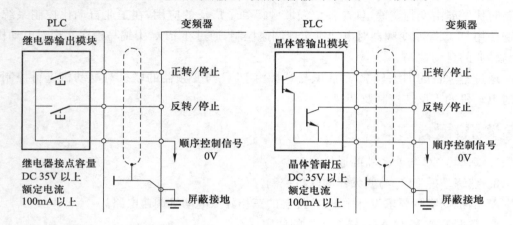

(a) PLC的继电器触点与变频器的连接   (b) PLC的晶体管与变频器的连接

图 9-25　PLC 与变频器的连接方式

按图 9-26 进行变频器与 PLC 及电动机的接线。

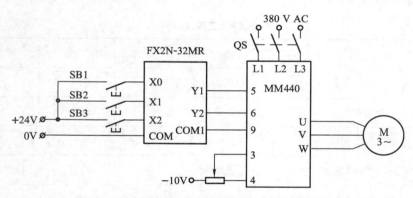

图 9-26　电动机正反转变频调速的 PLC 控制接线图

2. PLC 程序与变频器参数预置

PLC 程序梯形图参见图 9-1,变频器参数的预置见表 9-14。

3. 电动机正反转及调速操作

按下 SB2,Y1 输出为 ON,电动机正转运行,按下 SB3,Y2 输出为 ON,电动机反转运行。按下 SB1,电动机按预置的减速时间与减速方式停车。如需要改变电动机的运行频率,可以调节外接电位器。若需通过变频器面板改变运行频率,则只需将 P0701 设置为 2。

4. 注意事项

使用 PLC 的模拟量控制变频器时,考虑到变频器本身产生强干扰信号,而模拟量抗干扰能力较差、数字量抗干扰能力强的特性,为了最大程度的消除变频器对模拟量的干扰,在布线和接地等方面就需要采取更加严密的措施:

（1）信号线与动力线必须分开走线。

（2）模拟量控制信号线应使用双股绞合屏蔽线。

（3）变频器的接地应该与 PLC 控制回路单独接地。

变频器自动往返二挡速运行的 PLC 控制

使用三菱 PLC 和 MM440 变频器联机,实现电动机自动往返正反转并实现二段速频率运转控制。要求按下按钮 SB1,电动机启动并正转运行在第一段,频率为 25 Hz,延时 100 s 后电动机反转运行在第二段,频率为 30 Hz,再延时 100 s 后电动机继续正向运行,并进行循环。当按下停止按钮 SB2,电动机停止运行。

1. PLC 与变频器的连接电路（图 9-27）

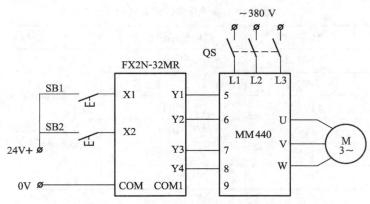

图 9-27　变频器二挡速正反转 PLC 控制

2. PLC 输入/输出地址分配（表 9-18）

表 9-18　I/O 地址分配

输　　　　入		输　　　　出		
输入电器	输入点	功　　　能		输出点
启动按钮 SB1	X1	正转频率	Din1	Y1
停止按钮 SB2	X2	反转频率	Din2	Y2
		正转启动与停止	Din3	Y3
		反转启动与停止	Din4	Y4

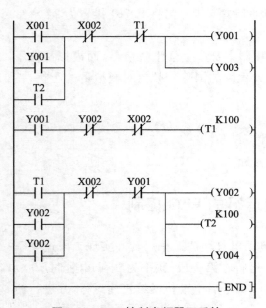

**图 9-28　PLC 控制变频器正反转
二挡速程序梯形图**

3. PLC 程序设计

程序设计如图 9-28 所示。

4. 变频器参数预置

（1）变频器的多挡速功能

由于现场工艺上的要求,很多生产机械需在不同的转速下运行。为方便这种负载,大多数变频器提供了多挡频率控制功能。用户可以通过几个开关的通、断组合来选择不同的运行频率,实现不同转速下运行的目的。

多挡速功能指用开关量端子选择固定频率的组合,实现电动机多挡速度运行。可通过如下三种方法实现:

① 直接选择（P0701－P0706 ＝ 15）。在这种操作方式下,一个数字输入选择一个固定频率,端子与参数设置对应表见表 9-19。这时数字量端子的输入不具备启动功能。

表 9-19　端子与参数设置对应表

端子编号	对应参数	对应频率设置值	说　明
5	P0701	P1001	
6	P0702	P1002	1. 频率给定源 P1000 必须设置为 3
7	P0703	P1003	
8	P0704	P1004	2. 当多个选择同时激活时,选定的频率是它们的总和
16	P0705	P1005	
17	P0706	P1006	

② 直接选择＋ON 命令（P0701－P0706 ＝ 16）。在这种操作方式下,数字量输入既选择固定频率,又具备启动功能。

③ 二进制编码选择＋ON 命令（P0701－P0704 ＝ 17）。MM440 变频器的 6 个数字输入端口（Din1～Din6）,通过 P0701～P0706 设置实现多频段控制。这时数字量输入既选择二进制编码固定频率,又具备启动功能,当有任何一个数字输入端口为高电平 1 时,电动机启动,当所有数字量端口全都为 0 时,电动机停止运行。每一频段的频率分别由 P1001～P1015 参数设置,最多可实现 15 频段控制,各个固定频率的数值选择见表 9-20。在多频段控制中,电动机的转速方向是由 P1001～P1015 参数所设置的频率正负决定的。6 个数字输入端口,哪一个作为电动机运行、停止控制,哪些作为多段频率控制,是可以由用户任意确定的,一旦确定了某一数字输入端口的控制功能,其内部的参数设置必须与端口的控制功能相对应。

表 9-20　固定频率的数值选择

频率设定	Din4(端子 8)	Din3(端子 7)	Din2(端子 6)	Din1(端子 5)
P1001	0	0	0	1
P1002	0	0	1	0
P1003	0	0	1	1
P1004	0	1	0	0
P1005	0	1	0	1
P1006	0	1	1	0
P1007	0	1	1	1
P1008	1	0	0	0
P1009	1	0	0	1
P1010	1	0	1	0
P1011	1	0	1	1
P1012	1	1	0	0
P1013	1	1	0	1
P1014	1	1	1	0
P1015	1	1	1	1

(2) 变频器的参数预置

本项目中,变频器 MM440 数字输入 Din1、Din2 端口通过 P0701、P0702 参数设为二段固定频率控制端,每一段的频率可分别由 P1001、P1002 参数设置。变频器数字输入 Din3 端口设为电动机正转运行、停止控制端,可由 P0703 参数设置,Din4 端口设为电动机反转运行、停止控制端,可由 P0704 参数设置。变频器的参数设置见表 9-21。

表 9-21　变频器的参数设置

参数号	出厂值	设置值	说　明
P0003	1	1	设用户访问级为扩展级
P0004	0	7	命令和数字 I/O
P0700	2	2	命令源选择由外端子输入
P0701	1	15	固定频率控制
P0702	1	15	固定频率控制
P0703	1	1	ON 接通正转,OFF 停止
P0704	1	2	ON 接通反转,OFF 停止
P0004	0	10	设定值通道和斜坡函数发生器
P1000	2	2	频率设定值选择为模拟输入
P1001	0	25	设置固定频率 1(正转频率)
P1002	5	30	设置固定频率 2(反转频率)
P1080	0	0	电动机运行的最低频率/Hz
P1082	50	50	电动机运行的最高频率/Hz

知识考核

一、判断题

1. 变频器的接地必须与动力设备的接地点分开,不能共地。(　　)

2. 在变频器输入信号的控制端中,可以任选两个端子,经过功能预置作为升速与降速用。(　　)

3. 转矩补偿设定太大会引起低频时空载电流过大。(　　)

4. 变频调速系统过载保护具有反时限特性。(　　)

5. 间接变频装置的中间直流环节采用大电感滤波的属于电压源变频装置。(　　)

6. 用电抗器将输出电流强制成矩形波的交-交变频器属电流型变频装置。(　　)

7. 基频以下调速若采用恒压频比控制则影响低频时系统的带负载能力。(　　)

8. 加速时间是指工作频率从 0 Hz 上升至最大频率所需要的时间。(　　)

9. 基本参数是变频器根据选用的功能而需要预置的参数。(　　)

10. 多台变频器安装在同一控制柜内,每台变频器必须分别和接地线相连。(　　)

11. 在采用外控方式时,应接通变频器电源后,再接通控制电路来控制电动机的启、停。(　　)

12. 输入继电器只能有由外部信号驱动,而不能由内部指令来驱动。(　　)

13. 输出继电器可以由外部输入信号或 PLC 内部控制指令来驱动。(　　)

14. PLC 内部的"软继电器"(包括定时器、计数器)均可提供无数对动合,动断触点供编程使用。(　　)

二、选择题

1. 对电动机从基本频率向上的变频调速属于(　　)调速。
   A. 恒功率　　　　　　B. 恒转矩　　　　　　C. 恒磁通　　　　　　D. 恒转差率

2. 下列制动方式不适用于变频调速系统的是(　　)。
   A. 直流制动　　　　　B. 回馈制动　　　　　C. 反接制动　　　　　D. 能耗制动

3. MM440 变频器频率控制方式由功能码(　　)设定。
   A. P0003　　　　　　B. P0010　　　　　　C. P0700　　　　　　D. P1000

4. MM440 变频器要使操作面板有效,应设参数(　　)。
   A. P0010＝1　　　　　B. P0010＝0　　　　　C. P0700＝1　　　　　D. P0700＝2

5. 在 U/f 控制方式下,当输出频率比较低时,会出现输出转矩不足的情况,要求变频器具有(　　)功能。
   A. 频率偏置　　　　　B. 转差补偿　　　　　C. 转矩补偿　　　　　D. 段速控制

6. MM440 变频器要使频率给定信号由外部端子输入决定,应设参数(　　)。
   A. P1000＝2　　　　　B. P1000＝1　　　　　C. P0700＝1　　　　　D. P0700＝2

7. 三相异步电动机的转速除了与电源频率、转差率有关,还与(　　)有关系。
   A. 磁极数　　　　　　B. 磁极对数　　　　　C. 磁感应强度　　　　D. 磁场强度

8. 目前,在中小型变频器中普遍采用的电力电子器件是(　　)。

    A. SCR　　　　　　B. GTO　　　　　　C. MOSFET　　　　　D. IGBT

9. 置位、复位指令的助记符分别是(　　)。

    A. SET,KP　　　　B. SET,RST　　　　C. KP,RST　　　　D. KP,NOP

10. SET 置位指令,当触发信号接通时,触点接通(　　)。

    A. 一个扫描周期　　B. 两个扫描周期　　C. 多个扫描周期　　D. 并保持

11. 用 SET/RST 置位、复位指令触发同一编号的线圈在程序中(　　)。

    A. 只能使用一次　　B. 可以多次使用　　C. 可以使用两次　　D. 可以使用四次

12. PLC 程序中的 END 指令的用途(　　)。

    A. 程序结束,停止运行　　　　　　　B. 指令扫描到端点有故障

    C. 程序扫描到终点将重新扫描　　　　D. A 和 B

文本:模块九
知识考核
参考答案

考核评分

各部分的考核成绩记入表 9-22 中。

表 9-22　模块九考核评分表　　　　　　　　　　评分_____

考 核 项 目	考 核 内 容	配分	每次考核得分	实得分
模块九知识考核	1. PLC 的基本原理与组成部分 2. PLC 基本指令的意义 3. 通用变频器的结构与工作原理 4. 西门子变频器的四种控制方式	40 分		
项目 18 技能考核	1. 会利用 PLC 基本指令进行编程,实现控制要求 2. 会设计简单的 PLC 控制系统	15 分		
项目 19 技能考核	1. 会根据控制要求对变频器参数进行预置 2. 会设计简单的变频调速控制系统	15 分		
项目 20 技能考核	1. 会对 PLC 与变频器进行联机控制 2. 会根据控制要求设计简单的由 PLC 与变频器组成的调速系统	20 分		
安全文明、团队合作	1. 严格遵守安全规程,操作规范,遵守纪律 2. 团队协作好,工作场地清洁、整理规范	10 分		

模块十　机床电气控制电路安装与维修

情境导入

　　机床的电气控制电路比单台三相异步电动机的电气控制电路要复杂得多,因此要学习机床的电气控制电路的安装与维修首先必须学会机床的电气控制原理电路(简称电气原理图)的读图方法,其基本要点如下:

　　(1)首先应了解设备的基本结构、运动情况、工艺要求、操作方法,以及设备对电力拖动的要求,电气控制和保护的具体要求,以期对设备有一个总体的了解,为阅读电气图做好准备。

　　(2)阅读电气原理图中的主电路,了解电力拖动系统由几台拖动电动机所组成,并结合工艺了解电动机的运行状况(如启动、制动方式,是否正反转,有无调速要求等),用何种电气元件实行控制和保护。

　　(3)看电气原理图的控制电路。在熟悉电动机控制电路基本环节的基础上,按照设备的工艺要求和动作顺序,分析各个控制环节的工作原理和工作过程。

　　(4)根据设备对电气的控制和保护要求,结合设备机械、电气、液压系统的配合情况,分析各环节之间的联系、工作程序和联锁关系。

　　(5)统观整个电路,看有哪些保护环节。有些电器的工作情况可结合电气安装图来进行分析。

　　(6)再看电气原理图的其他辅助电路(如检测、信号指示、照明电路等)。

　　上述只是一般的步骤和方法。在这方面没有一个固定的模式或程序,重要的是在实践中不断总结、积累经验。每阅读完一个电路,都应注意分析,总结其特点,才能不断提高读图的能力。

　　本模块重点学习 CA6140 型普通车床、Z3040 型摇臂钻床、M7130 型平面磨床、X62W型万能铣床电气控制电路安装与维修方面的知识与技能。

项目 21　CA6140 型普通车床电气控制电路安装与维修

项目描述

　　CA6140 是一种最常见的普通车床,主要用于加工各种回转表面(内外圆柱面、端面、圆锥面、成型回转面等),还可用于车削螺纹和进行孔加工。CA6140 型普通车床电气原理电路由三台电动机构成:M1 为主轴电动机,拖动车床的主轴旋转,并通过进给机构实现车床的进给运动。M2 为冷却泵电动机,拖动冷却泵在切削过程中为刀具和工件提供冷却液。M3 为刀架快速移动电动机。整个电路由主电路、控制电路和辅助电路组成。应会识读 CA6140 型普通车床电路图,能进行电路安装接线与试车。

学习目标

1. 熟悉 CA6140 型普通车床电气原理电路的组成及动作原理。
2. 会安装 CA6140 型普通车床电气控制电路。
3. 学习处理排除 CA6140 型普通车床电气控制电路的常见故障。

相关知识

课题一 CA6140 型普通车床的电气控制原理电路

一、普通车床的主要结构及控制要求

1. 普通车床的主要结构和运动形式

车床是一种应用极为广泛的金属切削机床,主要用于加工各种回转表面,还可用于车削螺纹,并可用钻头、铰刀等进行加工。CA6140 车床是普通车床的一种,适用于加工各种轴类、套筒类和盘类零件上的回转表面。它的加工范围较广,但自动化程度低,适于小批量生产及修配车间使用。

车床主要由床身、主轴变速箱、进给箱、溜板箱、刀架、丝杠和尾架等组成。图 10-1 所示为 CA6140 型普通车床的结构示意图。

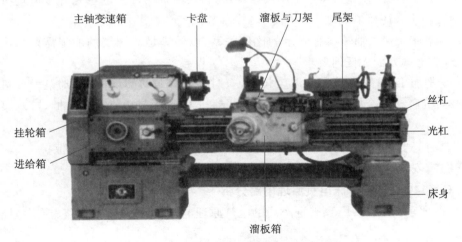

图 10-1 CA6140 普通车床的结构示意图

CA6140 型普通车床型号的含义如下：

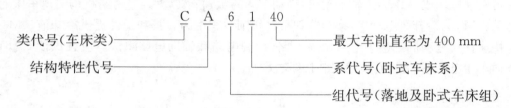

普通车床主要由三个运动部分所组成，一是卡盘带着工件的旋转运动，也就是车床主轴的运动。车床根据工件的材料性质、车刀材料及几何形式、工件直径、加工方式及冷却条件的不同，要求主轴有不同的切削速度。主轴运动是由主轴电动机经皮带传递到主轴变速箱来带动主轴旋转，而主轴变速箱则用于调节主轴的转速。二是溜板箱带着刀架的直线运动，称为进给运动。溜板箱把丝杠或光杠的转动传递给刀架部分，变换溜板箱外的手柄位置，经刀架部分使车刀做纵向或横向进给。三是刀架的快速移动和工件的夹紧和放松，称为车床的辅助运动。尾座的移动和工件的装卸都是由人力操作，车床工作时，大部分功率消耗在主轴运动上。

2. 车床的电力拖动形式及控制要求

车床的主轴一般只需要单向运转，只有在加工螺纹时要退刀，需要主轴反转。根据加工工艺的要求，主轴应能够在相当宽的范围内进行调速。CA6140 型普通车床对电力拖动控制的要求如下：

（1）主轴电动机从经济性、可靠性考虑，一般选用笼型三相异步电动机，不进行电气调速。而采用齿轮箱进行机械有级调速。

（2）为车削螺纹，主轴要求有正反转。其正反转的实现，可由拖动电动机正反转或采用机械方法来实现，CA6140 型普通车床用机械方法正反转。

（3）主轴电动机的启动、停止采用按钮操作，一般普通车床上的三相异步电动机均采用直接启动。停止采用机械制动。

（4）刀架移动和主轴转动有固定的比例关系，以便满足对螺纹的加工需要。这由机械传动保证，对电气方面无任何要求。

（5）车削加工时，刀具及工件温度较高，有时需要冷却，通常配有冷却泵电动机。且要求主轴电动机启动后冷却泵电动机才能选择开动与否，而主轴电动机停止时，冷却泵应该立即停止。

（6）具有必要的电气保护环节，如各电路的短路保护和电动机的过载保护。

（7）具有安全的局部照明装置。

二、CA6140 型普通车床电气原理电路分析

图 10-2 所示为 CA6140 型普通车床的电气原理电路，它可分为主电路、控制电路和照明电路等。

1. 主电路分析

主电路中共有三台电动机，M1 为主轴电动机，带动主轴旋转和刀架作进给运动；M2 为冷却泵电动机；M3 为刀架快速移动电动机。

三相交流电源通过漏电保护断路器 QF 引入，总熔断器 FU 由用户提供。三台电动机均直接启动，单向运转，分别由交流接触器 KM1、KM2、KM3 控制运行。M1 的短路保护由 QF 的电磁脱扣器来实现，而 M2 和 M3 电动机分别由熔断器 FU1、FU2 来实现短路保护；热继电器 FR1、FR2 分别作为 M1、M2 的过载保护，由于 M3 是短期工作，故未设过载保护，KM1、KM2、KM3 分别对电动机 M1、M2、M3 进行欠压和失压保护。

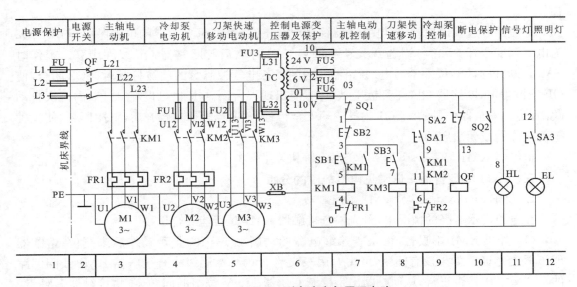

图 10-2　CA6140 型车床电气原理电路

2. 控制电路分析

控制电路的电源由变压器 TC 二次绕组输出 110 V 电压提供，由 FU6 作短路保护。该车床的电气控制盘装在床身左下部后方的壁龛内，在开动机床时，应先用钥匙向右旋转 SA2，使 SA2 断开，再合上断路器 QF，接通电源，然后就可以开启照明灯及按动电动机控制按钮。

（1）主轴电动机的控制

按下绿色的启动按钮 SB1，接触器 KM1 的线圈得电动作，其主触点闭合，主轴电动机启动运行。同时，KM1 动合触点（3-5）闭合，起自锁作用。另一组动合触点 KM1（9-11）闭合，为冷却泵电动机启动作准备。停车时，按下红色蘑菇形按钮 SB2，KM1 线圈失电，M1 停车；SB2 在按下后可自行锁住，要复位需要向右旋转。

（2）冷却泵电动机控制

若车削时需要冷却，则先合上旋钮开关 SA1，在 M1 运转情况下，KM2 线圈得电吸合，其 KM2 主触点闭合，冷却泵电动机运行。当 M1 停止时，M2 也自动停止。

（3）刀架快速移动电动机的控制

M3 的启动是由安装在进给操纵手柄顶端的按钮 SB3 来控制，与 KM3 组成点动控制环节。将操纵手柄扳到所需方向，压下 SB3，KM3 得电，M3 启动，刀架就向指定方向快速移动。

3. 照明与信号指示电路分析

控制变压器 TC 的二次绕组分别输出 24 V 和 6 V 电压,作为机床低压照明灯和信号灯电源,EL 为机床低压照明灯,由开关 SA3 控制,HL 为电源信号灯,以 FU5、FU4 作短路保护。

4. 电气保护环节

KM1 动合辅助触点(9-11)实现了主轴电动机 M1 和冷却泵电动机 M2 的顺序启动和联锁保护。

除短路和过载保护外,该电路还设有由行程开关 SQ1、SQ2 组成的位置保护环节。SQ2 为电气箱安全开关,它与钥匙开关动断触点 SA2 并联后与断路器 QF 线圈串联。工作时 SA2 是断开的,QF 线圈不通电,断路器能合闸。若电气控制盘的门被打开时,SQ2 闭合,使 QF 线圈得电,断路器 QF 自动断开,此时即使出现误合闸,QF 也可以在 0.1 s 内再次自动跳闸,达到安全保护目的。SQ1 为挂轮箱安全行程开关,当箱罩被打开后,SQ1 断开,使主轴电动机停转或无法启动。

接触器 KM1、KM2、KM3 可实现失压和欠压保护。

三、CA6140 型普通车床常见电气故障的分析

1. 按下 SB1,主轴电动机 M1 不能启动

在电源指示灯亮的情况下,首先检查接触器 KM1 是否吸合。

(1) 如果 KM1 不吸合,可检查热继电器的动断触点 FR1 是否动作后未复位;熔断器 FU6 是否熔断。如果没有问题,可用万用表交流 250 V 挡逐级检查接触器 KM1 线圈回路的 110 V 电压是否正常,从而判断出是控制变压器 110 V 绕组的问题,还是接触器 KM1 线圈烧坏,或是熔断器 FU6 的问题,或是回路中的连线有问题。

(2) 如果 KM1 吸合,电动机 M1 还不转,则应用万用表交流 500 V 挡检查接触器 KM1 主触点的输出端有无电压。如果无电压,可再测量 KM1 主触点的输入端,如果还没有电压,则只能是电源开关到接触器 KM1 输入端的连线有问题;如果 KM1 输入端有电压,则是由于 KM1 的主触点接触不好;如果接触器 KM1 的输出端有电压,则应检查电动机 M1 有无进线电压,如果无电压,说明接触器 KM1 输出端到电动机 M1 进线端之间有问题(包括热继电器 FR1 和相应的连线);如果电动机 M1 进线电压正常,则可能是电动机本身的问题。

另外,如果电动机 M1 断相,或者因为负载过重,也可引起电动机不转,应进一步检查判断。

2. 主轴电动机 M1 启动后不能自锁

检查接触器 KM1 的自锁触点 KM1(3-5)接触是否良好,自锁回路连线是否接好。

另外,当接触器 KM1 控制回路(启动按钮 SB1 除外)的任何地方有接触不良的现象时,都可能出现主轴电动机工作中突然停转的现象。

3. 按下停止按钮 SB2,主轴电动机 M1 不能停止

断开电源开关 QF,看接触器 KM1 是否能释放。如果能释放,说明 KM1 的控制回路有短路现象,应进一步排查;如果 KM1 仍然不释放,说明接触器内部有机械卡死现象,或接触器主触点因"熔焊"而粘死,需拆开修理。

这类故障的原因多数是因接触器 KM1 主触点发生熔焊或停止按钮 SB2 损坏所致。

4. 主轴电动机 M1 断相运行

若在按下 SB1 时 M1 不能启动并发出"嗡嗡"声,或是在运行过程中突然发出"嗡嗡"声,这是电动机发生断相故障的现象。发现电动机断相,应立即切断电源,避免损坏电动机。断相就是三相电源缺少了一相,造成的原因可能是三相熔断器 FU 的一相熔断,或是接触器的三相主触点其中有一相接触不良,也可能是接线脱落,或是热继电器三相热元件中有一相接触不良。

5. 冷却泵电动机 M2 不能启动

因为 M2 是与 M1 联锁的,所以必须在 M1 启动后 M2 才能启动,即先看主轴电动机 M1是否已经启动,还要确定冷却泵开关 SA1 是否闭合;如果只是 M2 不能启动,则可按上述检查 M1 不能启动的方法进行检查,若把 SA1 合上,接触器 KM2 不吸合,则故障出在控制电路中,这时应依次检查 KM1 的辅助动合触点(9-11)是否接触不良,接触器 KM2 的线圈是否有断路现象,热继电器 FR2 的动断触点是否正常。

6. 刀架快速移动电动机 M3 不能启动

首先检查熔断器 FU2 熔体是否熔断,然后检查接触器 KM3 主触点的接触是否良好;若无异常或按下点动按钮 SB3 时,接触器 KM3 不吸合,则故障必定在控制电路中。这时应依次检查点动按钮 SB3 及接触器 KM3 的线圈是否有断路现象。

7. 控制变压器的故障

该车床采用控制变压器 TC 给控制和照明、信号指示电路供电,机床的控制变压器常常会出现烧毁等故障,其主要原因是:

(1) 过载。控制变压器的容量一般都比较小,在使用中一定要注意其负荷与变压器的容量相适应,如随意增大照明灯的功率或加接照明灯,都容易使变压器因过载而烧毁。

(2) 短路。产生短路的原因较多,包括灯头接触不良造成局部过热、螺口灯泡本身产生短路;此外,控制电路的故障也会造成变压器二次侧短路。因此平时应注意检查,并选用合适的熔体。

8. 合上开关 QF,电源信号灯 HL 不亮

(1) 合上照明灯开关,看照明灯是否亮,如果照明灯能亮,说明控制变压器 TC 之前的电源电路没有问题。可检查熔断器 FU4 是否熔断,信号灯泡是否烧坏,灯泡与灯座之间接触是否良好。如果都没有问题,则用万用表交流电压挡检查控制变压器有无 6 V 电压输出。通过测量可确定是连线问题,还是控制变压器的 6 V 绕组问题,或是某处有接触不良的问题。

(2) 如果照明不亮,则故障很可能发生在控制变压器之前,或电源信号和照明灯电路同时出问题的可能性。但发生这种情况的概率毕竟很小,一般应先从控制变压器前查起。

首先检查熔断器 FU 是否熔断,如果没有问题,可用万用表的交流 500 V 挡测量电源开关 QF 输出端 L1、L2 间电压是否正常。如果不正常,再检查电源开关输入电源进线端,从而可判断出故障是电源进线无电压,还是电源开关接触不良或损坏;如果 L1、L2 间电压正常,可再检查控制变压器 TC 输入接线端电压是否正常。如果不正常,应检查电源开关输出到控制变压器输入之间的电路,例如,连线是否有问题、熔断器 FU3 是否良好等。如果变压器输入电压正常,可再测量变压器 6 V 绕组输出端的电压是否正常。如果不正常,则说明控制变压器有问题;如果正常,则说明电源信号灯和照明灯电路同时出现问题,可按前面的步骤进行检查,直到查出故障点。

9. 合上电源开关 QF,电源信号灯 HL 亮,合上照明灯开关 SA3,照明灯不亮

首先检查照明灯泡是否烧坏;熔断器 FU5 对公共端有无电压。

（1）如果熔断器上端有电压,下端无电压,则说明熔断器熔体与熔断器座之间接触不良,或熔体熔断,断电后,用万用表的电阻挡再进一步的确认。

（2）如果熔断器输入端都无电压,应检查控制变压器 TC 的 24 V 绕组输出端。如果有电压,则是变压器输出到熔断器之间的连线有问题;如果无电压,则是控制变压器 24 V 绕组有问题。

（3）如果熔断器两端有电压,再检查照明灯两端有无电压。如果有电压,说明照明灯泡与灯座之间接触不好;如果无电压,可继续检查照明灯开关两端的电压,以确定故障点。

实训操作 21

器材、工具、材料

序　号	名　　称	规　　格	单　位	数　量	备　注
1	主轴电动机	Y132M-4 7.5 kW	台	1	
2	冷却泵电动机	AO2-5612 90 W	台	1	
3	刀架移动电动机	AO2-7114 250 W	台	1	
4	交流接触器	CJ10-40 110 V	个	1	
5	交流接触器	CJ10-10 110 V	个	2	
6	热继电器	JR16-20/3D	个	2	
7	熔断器	RL1-15	个	11	
8	旋钮开关	LAY3	个	3	
9	接线端子板	JX2-1015, 500 V、10 A	个	1	
10	行程开关	JWM6-11	个	2	
11	断路器	AM1-25	个	1	
12	控制变压器	BK2-100 V	个	1	
13	万用表		块	1	
14	按钮开关	LA19	个	3	
15	照明灯	JC11 40 W、24 V	个	1	
16	信号灯	ZSD-0 6 V	个	1	
17	验电笔	低压	支	1	
18	导线	2.5 mm²、1 mm²、0.75 mm²	m	若干	
19	兆欧表	500 V	块	1	
20	电工工具		套	1	

CA6140 型普通车床电气控制电路的安装

1. CA6140 型普通车床电气原理电路

CA6140 型普通车床电气原理电路如图 10-2 所示。

2. CA6140 型普通车床电气控制配电盘接线图

CA6140 型普通车床电气控制配电盘接线图如图 10-3 所示。

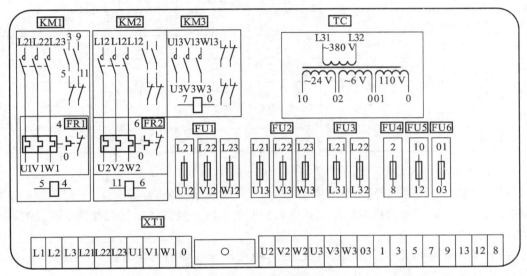

图 10-3 配电盘接线图

3. 安装接线步骤

(1) 按图 10-3 中电气布置位置参看图 10-2 进行接线。

(2) 按照项目 15 的要求进行接线,先完成配电盘上的接线。

(3) 3 台电动机、控制按钮、开关、照明灯等外接设备应通过接线端子板与配电盘上的电气元件相连接。

(4) 注意 CA6140 型普通车床全电路的短路保护由电源的三相熔断器(图 10-2 中的 FU)提供,因此还应检查电源的熔断器熔体是否符合规格。

4. 通电试运行

(1) 接线完毕,应经过检查确认无误后,方可合上 QF 通电试运行。

(2) 合上电源开关 QF,接通电源,电源指示灯 HL 应亮。用万用表测量各部分电路的电压是否正常,并检查照明灯 EL。

(3) 按下 SB1、SB2,控制 M1 的启动与停机。

(4) 在 M1 运行时旋动 SA1,控制 M2 的启动与停机。

(5) 用 SB3 点动控制 M3 的启动与停机。

(6) 检查由 SQ1、SQ2 组成的保护环节是否正常。

（7）将通电试运行的情况与分析记录于表 10-1。

表 10-1 记录与分析

操作步骤	操作内容	按电路原理应出现的情况					实 际 情 况					情况分析
		M1	M2	M3	HL	EL	M1	M2	M3	HL	EL	
1	合上 QF											
2	按下 SB1											
3	按下 SB3											
4	松开 SB3											
5	合上 SA1											
6	断开 SA1											
7	按下 SB2											
8	合上 SA3											
9	断开 QF											

5．注意事项

（1）在实训前，最好能到现场观察 CA6140 型（或其他型号）普通车床，了解车床的基本结构、运行方式，以及电力拖动的特点和电气控制的要求。观察各电气元件的安装位置和操作方法。

（2）如果是用车床实物作电路的试运行，应在指导教师的指导下进行，注意安全，注意不要让车床的运动部件在运行时发生碰撞。

（3）若试车失败，应停电让学生排除故障（指导教师可作提示指导）。如果需要带电检查，必须有指导教师在旁监护。

CA6140 型普通车床电气控制电路的常见故障处理

1．机床电气控制电路检修步骤

（1）学生在指导教师指导下了解机床的整体结构、操作顺序及操作方法。

（2）学生在指导教师指导下了解机床各电器元件的分布位置，作用及走线情况。

（3）观察机床的故障现象，了解故障发生的原因或故障情况。重点观察电动机、接触器、熔断器等的状态，如发现异常，首先查找。

（4）根据故障现象，用逻辑分析法缩小故障范围。

（5）用测量法查找故障点。

（6）根据故障点的不同情况，采取不同的修复方法，迅速排除故障。

（7）通电试车，注意正确操作安全。

2．排除 CA6140 型普通车床电气控制电路故障

（1）在电气控制电路上人为设置 1～2 个故障点，指导教师示范查找，判断故障范围、查找故障点、排除故障、通电试车。边讲解边操作。

（2）人为设置以下故障，由学生排除：

① 接触器 KM1 主触点一相接触不良（未接触）；接触器 KM1 线圈断线。

② 接触器 KM2 主触点一相接触不良（未接触）；接触器 KM2 线圈断线。

③ 热继电器 FR1 热元件一相接触不良（未接触）；热继电器 FR1 动断触点断开。

④ 熔断器熔断。

⑤ 旋钮开关接触不良。

⑥ 信号灯或照明灯损坏。

⑦ 电源变压器损坏。

⑧ 电动机一相接触不良（未接触）。

项目 22　Z3040 型摇臂钻床的电气控制电路的故障处理

项目描述

Z3040 型摇臂钻床的摇臂松开→升降→夹紧功能，是由电气—液压—机械装置来实现的，因此，其电气控制电路结构较为复杂，排除处理故障的难度也较大。应会识读 Z3040 型摇臂钻床电路图，并能排除电路的常见故障。

学习目标

1. 了解 Z3040 型摇臂钻床的主要结构和工作过程。
2. 熟悉 Z3040 型摇臂钻床电气原理电路的组成及动作原理。
3. 学习处理排除 Z3040 型摇臂钻床电气控制电路的常见故障。

相关知识

课题二　Z3040 型摇臂钻床的电气控制电路

一、摇臂钻床的主要结构及控制要求

1. 摇臂钻床的主要结构和运动形式

钻床是一种专门进行孔加工的机床，主要用于钻孔，还可以进行扩孔、铰孔和攻丝等。钻床有台式钻床、立式钻床、卧式钻床、深孔钻床和多轴钻床等多种类型，摇臂钻床是立式钻床中的一种，可用于加工大中型工件。Z3040 型摇臂钻床的摇臂松开→升降→夹紧功能，是由电气—液压—机械装置来实现的，因此其电气控制电路有一定的特点。

摇臂钻床的结构示意图如图 10-4 所示，其主要结构包括底座、内外立柱、摇臂、主轴箱和工作台。加工时，工件可装在工作台上，如工件体积较大，也可直接装在底座上；钻头装在主轴上并由主轴驱动旋转,要求主轴有较宽的调速范围。主轴箱装在摇臂上,可沿摇臂的水平导轨做径向移动;摇臂的一端为套筒,套在外立柱上,由摇臂升降电动机驱动沿外立柱上下移动;而外立柱则套在内立柱上,可绕内立柱作360°回转。因此,摇臂钻床钻头的位置很容易在三维空间的各个方向上进行调整,以方便加工各种大中型工件。由此可见,摇臂钻床的主运动是主轴的旋转运动;进给运动为主轴的纵向(垂直)进给运动;而辅助运动包括:主轴箱沿摇臂导轨的径向移动;摇臂沿外立柱的垂直移动;摇臂和外立柱一起绕内立柱的回转运动。

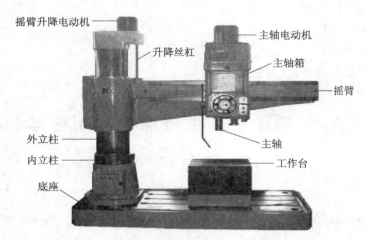

图 10-4 Z3040 型摇臂钻床的结构示意图

2. 摇臂钻床的电力拖动形式和控制要求

(1)摇臂钻床的主运动和进给运动均为主轴的运动,所以由一台主轴电动机拖动,由机械传动机构实现主轴的旋转和进给。主轴的变速和反转均由机械方法实现,所以主轴电动机不需要反转和调速,也没有降压启动的要求。

(2)摇臂(包括装在摇臂上的主轴箱)沿外立柱上下移动,是由一台摇臂升降电动机驱动丝杆正反转来实现的,摇臂升降电动机直接启动但要求能够正反转。

(3)当加工位置调整好后,在进行钻孔加工时,需要把主轴箱夹紧在摇臂上,摇臂夹紧在外立柱上。主轴、摇臂和立柱的松紧,是由液压系统实现的,因此还需要一台液压泵电动机拖动液压泵。与摇臂升降电动机一样,液压泵电动机直接启动也要求能够正反转。

(4)由一台冷却泵电动机提供冷却液。

(5)各部分电路及电路之间需要有常规的电气保护和联锁环节。

二、Z3040 型摇臂钻床电气控制电路分析(图 10-5)

1. 主电路

三相电源由 QS1 引入,由 FU1 作全电路的短路保护。M1 为主轴电动机,由 KM1 控制,根据前述的电力拖动要求,M1 直接启动,单向旋转。M2 和 M3 分别为摇臂升降电动机和液压泵电动机,分别由 KM2 和 KM3、KM4 和 KM5 控制正反转。M4 为冷却泵电动机,直接由转换开关 QS2 控制。M1 和 M3 分别由热继电器 FR1、FR2 作过载保护,M2 是短时工作制,M4 则由于容量较小,所以均不需要过载保护。

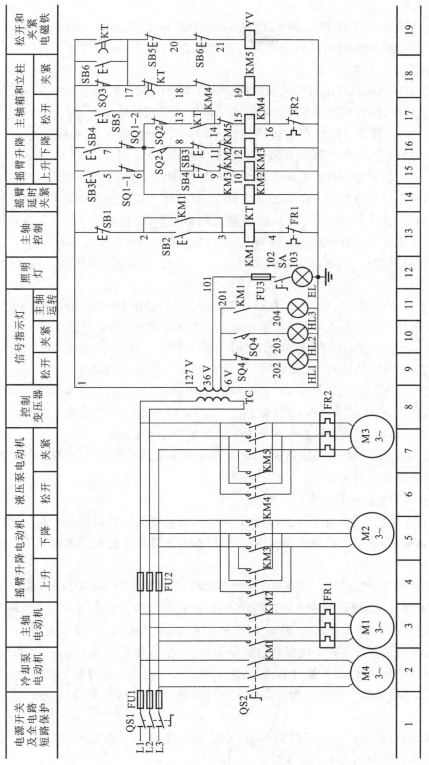

图 10-5　Z3040 型摇臂钻床电气控制电路

2. 控制电路

Z3040 型摇臂钻床电路 M1、M4 的控制比较简单,读者完全可以自行分析,下面主要介绍 M2、M3 和电磁铁线圈(电磁阀)YV 的控制原理。

(1) 摇臂升降的控制

Z3040 型摇臂钻床摇臂的升降不仅需摇臂升降电动机 M2 作动力,而且还需液压泵电动机 M3 拖动液压泵,使液压夹紧系统协调配合才能实现。现分析如下:

① 摇臂上升。按下并压住点动按钮 SB3(1-5),时间继电器 KT 线圈得电,其动合瞬动触点 KT(13-14)闭合,接触器线圈 KM4 得电,其主触点 KM4 闭合,液压泵电动机 M3 正转,供给压力油,随后时间继电器延时闭合触点 KT(1-17)闭合,电磁阀 YV 得电,压力油进入摇臂的"松开油腔",摇臂开始松开。当摇臂松开后,自动压下位置开关 SQ2,其动断触点 SQ2(6-13)断开,动合触点 SQ2(6-8)闭合,前者使接触器线圈 KM4 失电,液压泵电动机 M3 停转,液压泵停止供油。后者使接触器线圈 KM2 得电,摇臂升降电动机 M2 正转,带动摇臂上升。若此时摇臂没有松开,则动合触点 SQ2(6-8)不闭合,接触器线圈 KM2 不能得电,摇臂不能上升。

当摇臂上升到所需位置时,松开点动按钮 SB3(1-5),接触器 KM2 和时间继电器 KT 线圈失电,其主触点和动合触点断开,摇臂升降电动机 M2 停转,摇臂停止上升。时间继电器 KT 线圈失电后,断电延时闭合触点 KT(17-18)延时 1~3 s 后闭合,接触器线圈 KM5 得电,液压泵电动机 M3 反转,此时,触点 KT(1-17)虽已断开,但由于 SQ3(1-17)已闭合,所以电磁阀 YV 仍得电,压力油进入摇臂的"夹紧油腔",摇臂开始夹紧,当摇臂夹紧后,位置开关 SQ2 复位,而位置开关 SQ3 动作,其动断触点 SQ3(1-17)断开,使接触器线圈 KM5 失电,液压泵电动机 M3 停转,完成摇臂松开—上升—夹紧整个动作过程。

② 摇臂下降。按下降点动按钮 SB4,时间继电器 KT 线圈得电,其动作原理与摇臂上升基本相同,读者可自行分析。

(2) 主轴箱和立柱松开和夹紧的控制

主轴箱和立柱的松、紧是同时进行的,其控制电路是正反转点动控制电路。利用主轴箱和立柱松开和夹紧,还可以检查电源相序的正确与否,以确保摇臂升降电动机 M2 的正反转接线正确。

① 主轴箱和立柱的松开。按下松开按钮 SB5,接触器线圈 KM4 得电,液压泵电动机 M3 正转,拖动液压泵,液压油进入主轴箱和立柱的"松开油腔",推动活塞使主轴箱和立柱松开。此时位置开关 SQ4 不受压,动断触点 SQ4 闭合,指示灯 HL1 亮,表示松开。

② 主轴箱和立柱的夹紧。摇臂到达需要位置后,按下夹紧按钮 SB6,接触器线圈 KM5 得电,液压泵电动机 M3 反转,拖动液压泵,液压油进入主轴箱和立柱的"夹紧油腔",推动活塞使主轴箱和立柱夹紧。同时位置开关 SQ4 受压,动合触点 SQ4 闭合,指示灯 HL2 亮,表示夹紧。

摇臂升降的限位保护由位置开关 SQ1 实现,SQ1 有两对动断触点:SQ1-1(5-6)实现上限位保护,SQ1-2(7-6)实现下限位保护。

3．辅助电路

包括照明和信号指示电路。照明电路的工作电压为安全电压 36 V，信号指示灯的工作为 6 V，均由控制变压器 TC 提供。

4．电路保护环节

（1）两台正反转电动机（M2 和 M3）防止电源短路的接触器触点互锁保护。

（2）摇臂松开—升降—夹紧整个动作过程的限位联锁保护，由位置开关 SQ2、SQ3 完成。

（3）摇臂升降的限位保护由位置开关 SQ1 完成。

（4）电动机 M1 和 M3 的过载保护，由热继电器 FR1、FR2 完成。

（5）失压（欠压）保护，由接触器完成。

三、Z3040 型摇臂钻床电气控制电路常见故障分析

1．主轴电动机无法启动

（1）电源总开关 QS1 接触不良或熔断器 FU1 熔断。

（2）启动按钮 SB1 或停止按钮 SB2 接触不良。

（3）接触器 KM1 线圈断线或触点接触不良。

（4）热继电器 FR1 的发热元件烧断或动断触点断开。

（5）主轴电动机本身损坏。

2．摇臂不能升降

（1）位置开关 SQ2 的位置移动，使摇臂松开后没有压下 SQ2。

（2）电动机的电源相序接反，导致开关 SQ2 无法压下。

（3）控制按钮 SB3 或 SB4 接触不良。

（4）液压系统出现故障，使摇臂不能完全松开。

（5）接触器 KM2 或 KM3 的线圈断线或触点接触不良。

3．摇臂升降后不能夹紧

（1）位置开关 SQ3 的安装位置不当，需进行调整。

（2）位置开关 SQ3 发生松动而过早地动作，液压泵电动机 M3 在摇臂还未充分夹紧时就停止了旋转。

4．液压系统的故障

有时电气控制系统工作正常，而电磁阀芯卡住或油路堵塞，造成液压系统控制失灵，也会造成摇臂无法移动，因此往往需机电相互配合共同排除故障。

实训操作 22

器材、工具、材料

Z3040 型摇臂钻床的电气控制电路实物或 Z3040 型摇臂钻床实训柜一台。

Z3040 型摇臂钻床电气控制电路常见故障分析及排除

1．训练步骤

（1）参观 Z3040 型摇臂钻床，了解电器设备布置，钻床操作情况。

（2）学生观摩指导教师在 Z3040 型摇臂钻床电气控制电路中人为设置一个故障点，指导教师示范查找，判断故障范围、查找故障点、排除故障、通电试车。边讲解边操作。

（3）学生预先知道 1 个故障点，学习如何从观察现象着手，分析电路，查找故障点。

（4）在学生熟悉 1 个故障点检修的基础上，设置 2 个故障点。

（5）查找故障、排除故障，通电试车。

2. 学生实训操作

人为设置以下故障，由学生排除：

（1）接触器 KM1 主触点一相接触不良（未接触）；接触器 KM1 线圈断线。

（2）接触器 KM2 或 KM3 主触点一相接触不良（未接触）；接触器 KM2 或 KM3 线圈断线。

（3）接触器 KM4 或 KM5 主触点一相接触不良（未接触）；接触器 KM4 或 KM5 线圈断线。

（4）热继电器 FR1 或 FR2 热元件一相接触不良（未接触）；FR1 或 FR2 动断触点断开。

（5）时间继电器 KT 线圈故障，时间继电器 KT 的辅助触点接错。

（6）熔断器熔断。

（7）旋钮开关接触不良。

（8）信号灯或照明灯损坏。

（9）电源变压器损坏。

（10）电动机一相接触不良（未接触）。

项目 23 M7130 型平面磨床电气控制电路的故障处理

项目描述

磨床是用磨具和磨料（如砂轮、砂带、油石、研磨剂等）对工件的表面进行磨削加工的一种机床，它可以加工各种表面，如平面、内外圆柱面、圆锥面和螺旋面等。磨床可以分为平面磨床、外圆磨床、内圆磨床、工具磨床和各种专用磨床等，其中以平面磨床使用最多。M7130 型平面磨床是最为常用的平面磨床之一。应会识读 M7130 型平面磨床电路图，并能排除电路的常见路障。

学习目标

1. 了解 M7130 型平面磨床的主要结构和工作过程。

2. 熟悉 M7130 型平面磨床电气原理电路的组成及电磁吸盘的工作原理。

3. 学习处理排除 M7130 型平面磨床电气控制电路的常见故障。

> **相关知识**

课题三 M7130型平面磨床的电气控制原理电路

一、平面磨床的主要结构及控制要求

1. 平面磨床的主要结构和运动形式

M7130型平面磨床的主要结构为床身、立柱、滑座、砂轮箱、工作台和电磁吸盘,如图10-6所示。磨床的工作台表面有 T 形槽,可以用螺钉和压板将工件直接固定在工作台上,也可以在工作台上装上电磁吸盘,用来吸持铁磁性的工件。磨床的主运动是砂轮的旋转运动,而进给运动则分为工作台(带动电磁吸盘和工件)做纵向往复运动;砂轮箱沿滑座上的燕尾槽做横向进给运动;砂轮箱和滑座一起沿立柱上的导轨做垂直进给运动。

2. 平面磨床的电力拖动形式和控制要求

M7130型平面磨床采用多台电动机拖动,其电力拖动和电气控制、保护的要求如下:

(1)砂轮由一台笼型异步电动

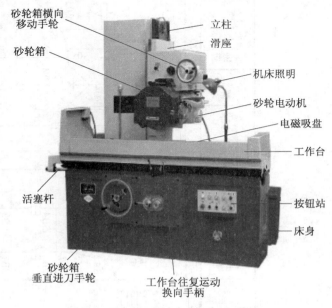

图10-6 M7130型平面磨床结构示意图

机拖动,因为砂轮的转速一般不需要调节,所以对砂轮电动机没有电气调速的要求,也不需要反转,可直接启动。

(2)平面磨床的纵向和横向进给运动一般采用液压传动,所以需要由一台液压泵电动机驱动液压泵,对液压泵电动机也没有电气调速、反转和降压启动的要求。

(3)同车床一样,也需要一台冷却泵电动机提供冷却液,冷却泵电动机与砂轮电动机也具有联锁关系,即要求砂轮电动机启动后才能开动冷却泵电动机。

(4)平面磨床往往采用电磁吸盘来吸持工件。电磁吸盘要有退磁电路,同时,为防止在磨削加工时因电磁吸盘吸力不足而造成工件飞出,还要求有弱磁保护环节。

(5)具有各种常规的电气保护环节;具有安全的局部照明装置。

二、M7130型平面磨床电气控制电路分析(图10-7)

1. 主电路

三相交流电源由电源引入开关 QS 引入,由 FU1 作全电路的短路保护。砂轮电动机 M1 和液压泵电动机 M3 分别由接触器 KM1、KM2 控制,热继电器 FR1、FR2 作过载保护。

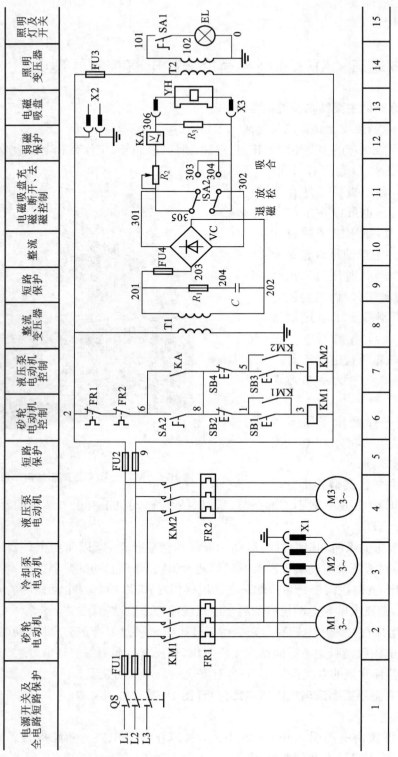

图 10-7 M7130 型平面磨床电气控制电路

由于磨床的冷却泵箱是与床身分开安装的,所以冷却泵电动机 M2 由插头插座 X1 接通电源,在需要提供冷却液时才插上。从电路可见 M2 与 M1 是并联的,受 M1 启动和停机的控制。由于 M2 的容量较小,因此不需要作过载保护。三台电动机均直接启动,单向旋转。

2. 控制电路

控制电路电压 380 V,由 FU2 作短路保护。SB1、SB2 和 SB3、SB4 分别为 M1 和 M3 的启动和停机按钮,由 KM1、KM2 控制 M1 和 M3 启停。

3. 电磁吸盘电路

电磁吸盘就是一个电磁铁,其线圈通电后产生电磁吸力,以吸持铁磁性材料工件进行磨削加工,如图 10-8 所示。与机械夹具相比较,电磁吸盘具有操作简便、不损伤工件的优点,特别适合于同时加工多个小工件;采用电磁吸盘还有一个好处,就是工件在磨削时发热能够自由伸缩,不至于变形。但是电磁吸盘不能吸持非铁磁性材料的工件,而且其线圈还必须使用直流电。

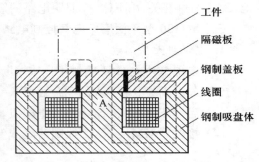

图 10-8　电磁吸盘结构与原理示意图

由图 10-7 可见,变压器 T1 将 220 V 交流电降压至 127 V 后,经桥式整流器 VC 变成 110 V 直流电压供给电磁吸盘线圈 YH。SA2 是电磁吸盘的控制开关,加工工件时,将 SA2 扳至右边的“吸合”位置,触点(301-303)、(302-304)接通,电磁吸盘 YH 线圈通电,产生电磁吸力将工件牢牢吸持。加工结束后,将 SA2 扳至中间的“放松”位置,电磁吸盘线圈断电,可将工件取下。如果工件有剩磁难以取下,可将 SA2 扳至左边的“退磁”位置,触点(301-305)、(302-303)接通,可见此时线圈通以反向电流产生反向磁场,对工件进行退磁,注意这时要控制退磁的时间,否则工件会因反向充磁而更难取下。R_2 用于调节退磁的电流。采用电磁吸盘的磨床还配有专用的交流退磁器,如果退磁不够彻底,可以使用退磁器退去剩磁,X2 是退磁器的电源插座。

4. 电气保护环节

除常规的短路保护和电动机的过载保护外,电磁吸盘电路还专门设有一些保护环节。

(1) 电磁吸盘的弱磁保护

采用电磁吸盘来吸持工件有许多好处,但在进行磨削加工时一旦电磁吸力不足,就会造成工件飞出,因此在电磁吸盘线圈电路中串入欠电流继电器 KA 的线圈,KA 的动合触点 KA(6-8)与 SA2 的动合触点 SA2(6-8)并联,串接在控制主电动机 M1 的接触器 KM1 线圈支路中,SA2 的动合触点(6-8)只有在“退磁”挡才接通,而在“吸合”挡是断开的,这就保证了电磁吸盘在吸持工件时必须保证有足够的充磁电流时动合触点 KA(6-8)闭合后,才能够启动砂轮电动机 M1。在加工过程中一旦电流不足,欠电流继电器 KA 动作,使触点 KA(6-8)断开,能够及时地切断 KM1 线圈电路,使主电动机 M1 停转,避免事故发生。如果不用电磁吸盘时,可以将其插头从插座 X3 上拔出,将 SA2 扳至“退磁”挡,此时 SA2 的触点(6-8)接通,不影响各台电动机的操作。

（2）电磁吸盘线圈的过电压保护

电磁吸盘线圈的电感量较大，当 SA2 在各挡间转换时，线圈将产生很大的自感电动势，会损坏线圈绝缘和电器的触点。因此在电磁吸盘线圈两端并联电阻 R_3，提供放电回路。

（3）整流器的过电压保护

在整流变压器 T1 的二次侧并联由 R_1、C 组成的阻容吸收电路，用以吸收交流电路产生的过电压和在直流侧电路通断时产生的浪涌电压，对整流器进行过电压保护。

5. 照明电路

照明变压器 T2 将 380 V 交流电压降至 36 V 安全电压供给照明灯 EL，EL 的一端接地，SA1 为灯开关，由 FU3 作照明电路的短路保护。

三、M7130 型平面磨床电气控制电路常见故障分析

1. 电动机无法启动

（1）电源总开关 QS1 接触不良或熔断器 FU1 或 FU2 熔断。

（2）欠电流继电器 KA 的动合触点 KA(6-8) 或转换开关的动合触点 SA2(6-8) 接触不良。

（3）启动按钮 SB1、SB3 或停止按钮 SB2、SB4 接触不良。

（4）接触器 KM1、KM2 线圈断线或触点接触不良。热继电器 FR1、FR2 热元件或触点损坏。

（5）电动机本身烧坏。

2. 电磁吸盘无吸力或吸力不足

（1）整流变压器 T1 或桥式整流器 VC 损坏，直流输出电压不正常。

（2）熔断器 FU4 熔断或插座 X3 接触不良。

（3）欠电流继电器 KA 的线圈或电磁吸盘线圈断开。

（4）转换开关 SA2 故障。

3. 电磁吸盘退磁效果差

这一故障将会造成被加工工件难以从电磁吸盘上取下，其原因为：

（1）去磁电压过高或去磁回路断路造成无法去磁，需调整电路。

（2）去磁时间过长或过短，应调整去磁时间。

实训操作 23

器材、工具、材料

M7130 型平面磨床上的电气控制电路实物或 M7130 型平面磨床实训柜一台。

M7130 型平面磨床电气控制电路常见故障分析及排除

1. 训练步骤

（1）学生观摩指导教师在 M7130 型平面磨床电气控制电路中人为设置一个故障点，指导教师示范查找，判断故障范围、查找故障点、排除故障、通电试车。边讲解边操作。

（2）学生预先知道 1 个故障点，学习如何从观察现象着手，分析电路，查找故障点。

（3）在学生熟悉 1 个故障点检修的基础上，设置 2 个故障点。

（4）查找故障、排除故障，通电试车。

2. 学生实训操作

人为设置以下故障，由学生排除：

（1）接触器 KM1 或 KM2 主触点一相接触不良（未接触）；接触器 KM1 或 KM2 线圈断线。

（2）欠电流继电器 KA 触点接触不良（未接触）。

（3）热继电器 FR1 或 FR2 热元件一相接触不良（未接触）；FR1 或 FR2 动断触点断开。

（4）电磁吸盘故障，无直流电压输出。

（5）熔断器熔断。

（6）整流变压器损坏，无电压输出。

（7）旋钮开关接触不良。

（8）照明灯损坏。

（9）照明变压器损坏。

（10）电动机一相接触不良（未接触）。

项目 24　X62W 型万能铣床的电气控制电路读图训练

项目描述

　　铣床可用于加工平面、斜面和沟槽；如果装上分度头，可以铣切直齿齿轮和螺旋面；如果装上圆工作台，还可以加工凸轮和弧形槽等。铣床的种类很多，常用的万能铣床有 X62W 型卧式万能铣床和 X53K 型立式万能铣床，其电气控制电路经改进后两者通用。X62W 型卧式万能铣床电力拖动形式比较复杂，识图难度较大，这里进行读图训练。

学习目标

1. 了解 X62W 型卧式万能铣床的主要结构和工作过程。

2. 了解 X62W 型卧式万能铣床电气原理电路的组成及各部分的工作原理。

3. 会阅读 X62W 型卧式万能铣床电气原理电路图。

相关知识

课题四　X62W 型万能铣床的电气控制原理电路

一、X62W 型万能铣床的主要结构及控制要求

1. X62W 型万能铣床的主要结构和运动形式

X62W 型万能铣床结构主要由床身、主轴、刀杆支架、悬梁、工作台、回转盘、升降台、底座等组成,如图 10-9 所示。

(1)床身。固定于底座上,用于安装和支承铣床的各部件,在床身内还装有主轴部件、主传动装置及其变速操纵机构等。床身前部有垂直导轨,升降台可以沿导轨上下移动。床身顶部有水平导轨,悬梁可沿导轨水平移动。

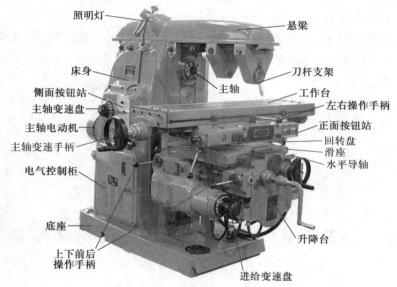

照明灯
悬梁
床身
刀杆支架
主轴
工作台
侧面按钮站
左右操作手柄
主轴变速盘
正面按钮站
主轴电动机
回转盘
主轴变速手柄
滑座
水平导轴
电气控制柜
底座
升降台
上下前后操作手柄
进给变速盘

图 10-9　X62W 型万能铣床主要结构

(2)悬梁及刀杆支架。刀杆支架装在悬梁上。铣刀则装在刀杆上,刀杆的一端装在主轴上,另一端装在刀杆支架上。刀杆支架可以在悬梁上水平移动,悬梁又可以在床身顶部的水平导轨上水平移动,因此可以适应各种不同长度的刀杆。

(3)升降台。依靠丝杆可以沿床身的导轨上下移动,升降台内装有进给运动和快速移动的电动机、传动装置及其操纵机构等。

(4)滑座(横向溜板)。在升降台的水平导轨上装有滑座,可以沿水平导轨作平行于主轴轴线方向的横向(前后)移动。

(5)工作台。在台上紧固加工工件。工作台位于滑座的导轨上,可沿导轨垂直于主轴轴线方向做纵向(左右)移动。工作台和滑座之间还有回转盘,可以使工作台左右转动 45°,因此工作台在水平面上除了可以做横向和纵向进给外,还可以实现倾斜方向的进给,用以铣削螺旋槽。

由此可见,铣床的主运动是主轴带动刀杆和铣刀的旋转运动,进给运动包括工作台带动工件在水平的纵、横方向及垂直 3 个方向上的运动,辅助运动则是工作台在 3 个方向上的快速移动。

2. 铣床的电力拖动形式和控制要求

铣床的主运动和进给运动各由一台电动机拖动,这样铣床的电力拖动系统一般由 3 台电动机组成:主轴电动机、进给电动机和冷却泵电动机。主轴电动机通过主轴变速箱驱动主轴旋转,并由齿轮变速箱变速,以适应铣削工艺要求,电动机不需要调速。由于铣削分为顺铣和逆铣,用顺铣刀和逆铣刀加工,所以要求主轴电动机能够正反转,但只要求预先选定主轴电动机的转向,在加工过程中则不需要主轴反转。又由于铣削是多刃不连续的切削,负载不稳定,所以主轴上装有飞轮,以提高主轴旋转的均匀性,消除铣削加工时产生的振动,这样主轴传动系统的惯性较大,因此还要求主轴电动机在停机时能进行电磁制动,即用电磁离合器,靠摩擦片进行制动。进给电动机作为工作台进给运动及快速移动的动力,也要求能够正反转,以实现 3 个方向的正反向进给运动;通过进给变速箱,可获得不同的进给速度。为了使主轴和进给传动系统在变速时齿轮能够顺利地啮合,要求主轴电动机和进给电动机在变速时能够点动一下(称为变速冲动)。3 台电动机之间还要求有联锁控制,即在主轴电动机启动之后另两台电动机才能启动运行。

由此,铣床对电力拖动及其控制有以下要求:

(1)铣床的主运动由一台笼型异步电动机拖动,直接启动,能够正反转,并设有电气制动环节,能进行变速冲动。

(2)工作台的进给运动和快速移动均由同一台笼型异步电动机拖动,直接启动,能够正反转,也要求有变速冲动环节。

(3)冷却泵电动机只要求单向旋转。

(4)三台电动机之间有联锁控制。

二、X62W 型万能铣床电气控制电路分析

X62W 型万能铣床的电气控制电路有多种,图 10-10 所示为经过改进的电路,为 X62W 型卧式和 X53K 型立式两种万能铣床所通用。

1. 主电路

三相电源由电源引入开关 QS1 引入,FU1 作全电路的短路保护。主轴电动机 M1 的运行由接触器 KM1 控制,由换相开关 SA3 预选其转向。冷却泵电动机 M3 由 QS2 控制作单向旋转,但必须在 M1 启动运行之后才能运行。进给电动机 M2 由 KM3、KM4 实现正反转控制。三台电动机分别由热继电器 FR1、FR2、FR3 作过载保护。

2. 控制电路

由控制变压器 TC1 提供 110 V 电压,FU4 作变压器二次侧短路保护。该电路的主轴制动、工作台常速进给和快速进给分别由电磁离合器 YC1、YC2、YC3 实现,电磁离合器需要的直流工作电压由整流变压器 TC2 降压后经桥式整流器 VC 提供,FU2、FU3 分别作交、直流侧的短路保护。

(1)主轴电动机 M1 的控制

M1 由交流接触器 KM1 控制,为操作方便,在机床的不同位置各安装了一套启动和停机按钮:SB2 和 SB6 装在床身上,SB1 和 SB5 装在升降台上。对 M1 的控制包括有主轴的启动、停机制动、换刀制动和变速冲动。

① 启动。

在启动前先按照顺铣或逆铣的工艺要求,用组合开关 SA3 预先确定 M1 的转向。

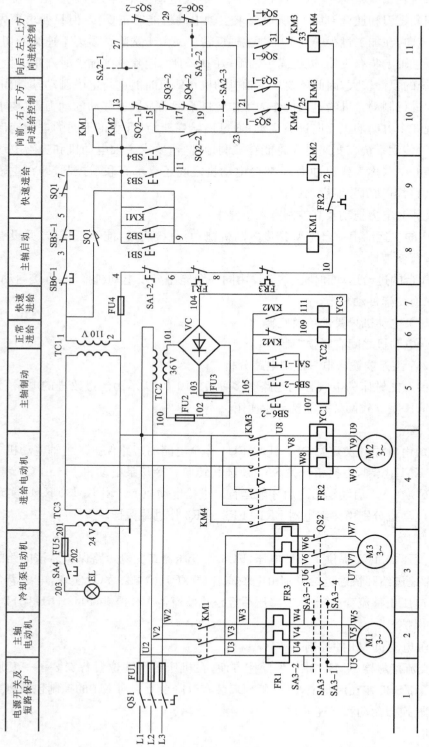

图 10-10　X62W 型万能铣床电气控制电路

按下 SB1 或 SB2→KM1 线圈通电→M1 启动运行

　　　　　　　　└→KM1 辅助动合触点(7-13)闭合→接通 KM3、KM4 线圈支路

　　　　　　　(确保在 M1 启动后 M2 才能启动运行)

② 停机与制动。

按 SB5　┌→SB6-1(1-3) 或 SB5-1(3-5) 断开→KM1 线圈断电→M1 停机

或 SB6　└→SB5-2 或 SB6-2(105-107) 闭合→制动电磁离合器 YC1 线圈通电→M1 制动

制动电磁离合器 YC1 装在主轴传动系统与 M1 转轴相连的第一根传动轴上,当 YC1 通电吸合时,将摩擦片压紧,对 M1 进行制动。停机时,应按住 SB5 或 SB6 直至主轴停转才能松开,一般主轴的制动时间不超过 0.5 s。

③ 主轴的变速冲动控制。

主轴的变速是通过改变齿轮的传动比实现的。在需要变速时,将变速手柄(图10-9)拉出,转动变速盘调节所需的转速,然后再将变速手柄复位。在手柄复位时,其联动装置瞬间压动行程开关 SQ1,则 SQ1(5-7)先断开全部控制电路,随即 SQ1(1-9)动合触点闭合,点动 KM1→使 M1 转动一下,带动齿轮抖动以利于啮合;如果点动一次齿轮还不能啮合,可重复进行上述动作。手柄复位后,SQ1 也随之复位。

④ 主轴换刀控制。

在上刀或换刀时,主轴应处于制动状态,以避免发生事故。只要将换刀制动开关 SA1 拨至"接通"位置,其动断触点 SA1-2(4-6)断开控制电路,保证在换刀时机床没有任何动作;其动合触点 SA1-1(105-107)接通 YC1,使主轴处于制动状态。换刀结束后,要记住将 SA1 扳回"断开"位置。

(2) 进给运动控制

工作台的进给运动分为常速(工作)进给和快速进给,常速进给必须在 M1 启动运行后才能进行,而快速进给属于辅助运动,可以在 M1 不启动的情况下进行。工作台在 6 个方向上的进给运动都由进给电动机 M2 驱动。用接触器 KM3、KM4 控制进给电动机 M2 的正反转,用以改变进给运动的方向。它的控制电路采用了与左右操作手柄联动的行程开关 SQ5、SQ6 和上下前后操作手柄联动的行程开关 SQ3、SQ4,相互组成复合联锁控制,即在选择三种运动形式的 6 个方向移动时,只能进行其中一个方向的移动,以确保操作安全。当这两个操作手柄都在中间位置时,各行程开关都处于未受压的原始状态。

在机床接通电源后,将控制圆工作台的控制开关 SA2 扳到"断开"位置,其三组触点状态为:SA2-1、SA2-3 接通,SA2-2 断开。然后启动主轴电动机 M1,此时 KM1(7-13)闭合,就可进行工作台的进给运动控制。

进给运动使用的两个电磁离合器 YC2 和 YC3 都安装在进给传动链中的第四根传动轴上。当 YC2 动作而 YC3 断开时,为常速进给;当 YC3 动作而 YC2 断开时,为快速进给。

① 工作台左、右(纵向)进给运动。

将左右操作手柄扳向右边→压动行程开关 SQ5 动作→其动断触点 SQ5-2(27-29)先断开,动合触点 SQ5-1(21-23)后闭合→KM3 通过(13-15-17-19-21-23-25)路径通电动作→M2

正转→工作台向右运动。

若将操作手柄扳向左边,则 SQ6 动作→KM4 通电→M2 反转→工作台向左运动。

② 工作台的上、下(垂直)与前、后(横向)进给运动。

工作台垂直与横向进给运动由一个十字形手柄操纵,此手柄是复式的,有两个完全相同的手柄分别装在工作台左侧的前、后方(图 10-9)。十字形手柄有上、下、前、后和中间共 5 个位置:将手柄扳至"向下"或"向上"位置时,分别压动行程开关 SQ3 和 SQ4,控制 M2 正转和反转,并通过机械传动机构使工作台分别向下和向上运动。而当手柄扳至"向前"或"向后"位置时,虽然同样是压动行程开关 SQ3 和 SQ4,但此时机械传动机构则使工作台分别向前和向后运动。当手柄在中间位置时,SQ3 和 SQ4 均不动作。下面就以向上运动的操作为例分析电路的工作情况,其余的可自行分析:

将十字形手柄扳至"向上"位置→SQ4 动作→其动断触点 SQ4-2 先断开,动合触点 SQ4-1 后闭合→KM4 线圈经(13-27-29-19-21-31-33)路径通电→M2 反转→工作台向上运动。

③ 进给变速冲动控制。

与主轴变速时一样,进给变速时也需要使 M2 瞬间点动一下,使齿轮易于啮合。进给变速冲动由行程开关 SQ2 控制,在操纵进给变速手柄和变速盘(图 10-9)时,瞬间压动了行程开关 SQ2,在 SQ2 动作的瞬间,其动断触点 SQ2-1(13-15)先断开而动合触点 SQ2-2(15-23)后闭合,使 KM3 经(13-27-29-19-17-15-23-25)路径通电,点动 M2 正转。由 KM3 的通电路径可见:只有在进给操作手柄均处于零位(即 SQ3~SQ6 均不动作)时,才能进行进给变速冲动。

④ 工作台快速进给的操作。

要使工作台在 6 个方向上快速进给,在按常速进给的操作方法操纵进给控制手柄的同时,还要按下快速进给按钮开关 SB3 或 SB4(两地控制),使 KM2 通电动作,其动断触点(105-109)切断 YC2,动合触点(105-111)接通 YC3,使机械传动机构改变传动比,实现快速进给。由于与 KM1 的动合触点(7-13)并联了 KM2 的一个动合触点,所以在 M1 不启动情况下,也可以进行快速进给。

(3) 圆工作台的控制

在需要加工弧形槽、弧形面和螺旋槽时,可以在工作台上加装圆工作台。圆工作台的回转运动也是由进给电动机 M2 拖动的。在使用圆工作台时,将控制开关 SA2 扳至"接通"的位置,此时 SA2-2 接通而 SA2-1、SA2-3 断开。在主轴电动机 M1 启动的同时,KM3 经(13-15-17-19-29-27-23-25)的路径通电,使 M2 正转,带动圆工作台旋转运动(圆工作台只需要单向旋转)。由 KM3 的通电路径可见,只要扳动工作台进给操作的任何一个手柄,SQ3~SQ6 其中一个行程开关的动断触点断开,都会切断 KM3,使圆工作台停止运动,从而保证了工作台的进给运动和圆工作台的旋转运动不会同时进行。

(4) 照明电路

照明灯 EL 由照明变压器 TC3 提供 24 V 的工作电压,SA4 为灯开关,FU5 作短路保护。

实训操作 24

X62W 型万能铣床的电气控制电路读图训练

在学生理解 X62W 型万能铣床的电气控制电路的基础上,指导教师指定某一部分电路或电路的某一环节,由学生识读、讲述。

知识拓展

CA6150 型卧式车床电气控制电路简介

1. CA6150 型卧式车床的电力拖动及控制要求

(1) CA6150 型卧式车床属于中型车床,车床中心高度为 500 mm,可用来加工各种回转表面、罗纹和端面。

(2) 正常加工时一般不需反转,但加工螺纹时需反转退刀,且工件旋转速度与刀具的进给速度要保持严格的比例关系,为此主轴的转动和溜板箱的移动由同一台电动机拖动。主电动机 M1(功率为 20 kW),电动机采用直接启动的方式,可正反两个方向旋转,为加工调整方便,还具有点动功能。由于加工的工件比较大,加工时其转动惯量也比较大,需停车时不易立即停止转动,必须有停车制动的功能,CA6150 型车床的正反向停车采用速度继电器控制的电源反接制动。

(3) 电动机 M2 拖动冷却泵。车削加工时,刀具与工件的温度较高,需设一冷却泵电动机实现刀具与工件的冷却。冷却泵电动机 M2 单向旋转,采用直接启动、停止方式,且与主电动机有必要的联锁保护。

(4) 快速移动电动机 M3。为减轻人工的劳动强度和节省辅助工作时间,利用 M3 带动刀架和溜板箱快速移动。电动机可根据使用需要,随时手动控制起停。

(5) 采用电流表检测电动机负载情况。

(6) 车削加工时,因被加工的工件材料、性质、形状、大小及工艺要求不同,且刀具种类也不同,所以要求切削速度也不同,这就要求主轴有较大的调速范围。车床大多采用机械方法调速,变换主轴箱外的手柄位置,可以改变主轴的转速。

2. CA6150 型卧式车床电气控制原理电路分析

CA6150 卧式车床的电气控制原理电路如图 10-11 所示。

(1) 主电路分析

图 10-11 所示的主电路中有 3 台电动机,隔离开关 QS 将三相电源引入,主电动机 M1 电路接线分为三部分,第一部分由正转控制交流接触器 KM1 和反转控制交流接触器 KM2 的两组主触点构成电动机的正反转接线;第二部分为一电流表 A 经电流互感器 TA 接在主电动机 M1 的动力回路上,以监视电动机绕组工作时的电流变化,为防止电流表被启动电流冲击损坏,利用一时间继电器的延时动断触点,在启动的短时间内将电流表暂时短接;第三

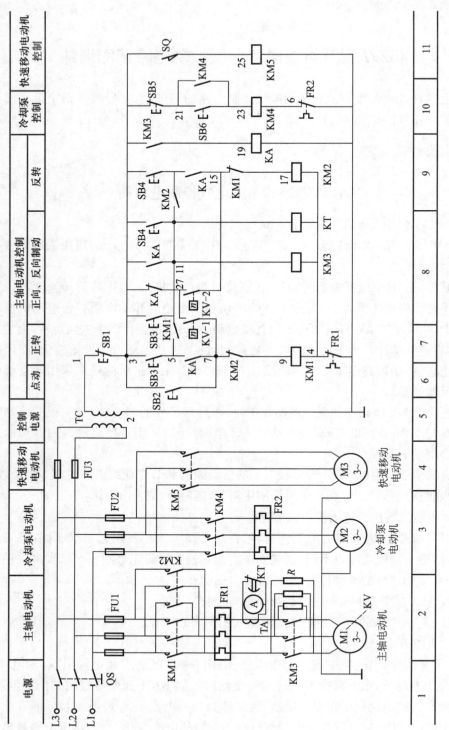

图 10-11　CA6150 型卧式车床电气控制原理电路

部分为一串联电阻限流控制部分,交流接触器 KM3 的主触点控制限流电阻 R 的接入和切除,在进行点动调整时,为防止连续的启动电流造成电动机过载,串入限流电阻 R,保证电路设备正常工作。速度继电器 KV 的速度检测部分与电动机的主轴同轴相连,在停车制动过程中,当主电动机转速接近零时,其动合触点可将控制电路中反接制动相应电路切断,完成停车制动。

冷却泵电动机 M2 由交流接触器 KM4 的主触点控制其电源的接通与断开;快速移动电动机 M3 由交流接触器 KM5 控制。为保证主电路的正常运行,主电路采用熔断器实现短路保护、采用热继电器对电动机进行过载保护。

(2) 控制电路分析

① 主电动机 M1 的点动调整控制。

调整车床时,要求主电动机点动控制。电路中 KM1 为 M1 电动机的正转接触器;KM2 为反转接触器;KA 为中间继电器。工作过程如下:

按下 SB2→KM1 线圈通电→主触点闭合,电动机经限流电阻接通电源,在低速下点动→松开 SB2→KM1 断电,电动机断开电源,停车。

② 主电动机 M1 的正、反转控制。

正转:按下正转按钮 SB3→SB3(3-11)闭合→KM3 和 KT 线圈通电→KM3 主触点动作使电阻被短接→KM3(3-19)闭合,使 KA 线圈通电→KA(5-7)闭合,使接触器 KM1 通电,电动机在全压下启动。KM1(5-11)闭合、KA(3-11、5-7)闭合使 KM1 自锁。

反转:反转按钮为 SB4,控制过程与正转类似。KM1 和 KM2 的动断辅助触点分别串在对方的接触器线圈的回路中,起正反转的互锁作用。

③ 主电动机 M1 的反接制动控制。

CA6150 型卧式车床采用速度继电器实现主电动机停车的反接制动。下面以正转为例分析反接制动的过程。

设主电动机原为正转运行,停车时按下停止按钮 SB1→接触器 KM3 断电→KM3 主触点断开,限流电阻 R 串入主电路→KA 断电(3-11、5-7)断开→KM1 断电,电动机断开正相序电源→KA 动断触点(3-27)闭合,当松开停止按钮 SB1 后,由于此时电动机转速较高,KV-2 仍为闭合状态,故 KM2 线圈由(1-3-27-15-17)通电,实现对电动机的电源反接制动→当电动机转速接近零时,KV-2 动合触点断开,KM2 断电,电动机断开电源,制动结束。

电动机反转时的制动与正转相似。

④ 刀架的快速移动与冷却泵控制。

转动刀架快速移动手柄→压动限位开关 SQ→接触器 KM5 通电,KM5 主触点闭合,M3 接通电源启动。

M2 为冷却泵电动机,启动和停止通过按钮 SB5 和 SB6 来控制。

⑤ 其他辅助环节。

监视主电路负载的电流表通过电流互感器接入。为防止电动机启动、点动和制动电流对电流表的冲击,电流表与时间继电器的延时动断触点并联。如启动时,KT 线圈通电,KT 的延时动断触点未动作,电流表被短接。启动后,KT 延时断开的动断触点打开,此时电流表接入互感器的二次回路对主电路的电流进行监视。

控制电路的电源通过控制变压器 TC 供电,使之更安全。此外,为便于工作,设置了工作照明灯。照明灯的电压为安全电压 36 V(图中未画出)。

知识考核

一、判断题

1. CA6140 型车床中的行程开关 SQ1 和 SQ2 主要用作刀架左右移动时的限位保护。(　　)

2. CA6140 型车床主轴电动机 M1 的转动与否和冷却泵电动机 M2 是否提供冷却液无关。
(　　)

3. 从原理电路图上看,CA6140 型车床主轴电动机 M1 只能正转,无法实现反转。(　　)

4. Z3040 型摇臂钻上的液压泵电动机 M3 由于有松开与夹紧两种功能,因此需正反转。
(　　)

5. Z3040 型摇臂钻上的主轴电动机 M1 因钻头有进刀运动和退刀运动,因此需正反转。(　　)

6. Z3040 型摇臂钻在摇臂升降之前,必须先把摇臂松开,在升降到位后,又必须把摇臂夹紧,才能进行切削加工。(　　)

7. Z3040 型摇臂钻床上的电磁阀 YV 是用来控制冷却泵电动机冷却液的供出的。(　　)

8. 为了安全起见,Z3040 型摇臂钻摇臂升降到位时,必须用行程开关进行位置保护。(　　)

9. Z3040 型摇臂钻电路中的时间继电器 KT 是用来控制摇臂升降所需的时间。(　　)

10. M7130 型平面磨床的电磁吸盘可以使用直流电,也可以使用交流电。(　　)

11. M7130 型平面磨床上的桥式整流电源是用来给电磁吸盘的线圈供电用的。(　　)

12. X62W 型万能铣床在铣削加工过程中不需要主轴反转。(　　)

13. X62W 型万能铣床工作台垂直进给和横向进给的区分是由电气控制实现的。(　　)

14. X62W 型万能铣床在主轴变速时均设有主轴变速冲动电路。(　　)

15. X62W 型万能铣床由于主轴电动机 M1 功率较大,因此,M1 的正反转采用接触器控制串电阻降压正反转电路。(　　)

16. X62W 型万能铣床工作台的进给和圆工作台的进给都由进给电动机 M2 来实现,且可以同时进行。(　　)

17. X62W 型万能铣床工作台分为上、下、左、右、前、后 6 个方向运动都由两个机械手柄进行操纵,且保证在移动时工作台只能按一个方向移动。(　　)

二、选择题

1. CA6140 型车床的刀架快速移动电动机 M3,以及 Z3040 型摇臂钻床的摇臂升降电动机 M2、冷却泵电动机 M4 都不需要用热继电器进行过载保护,分别是由于 M3(　　)、M2(　　)、M4(　　)。

A. 容量太小　　　　B. 不会过载　　　　C. 是短时工作制

2. CA6140 型车床中主轴电动机 M1 和冷却泵电动机 M2 的控制关系是(　　)。

A. M1、M2 可分别启停　　　　　　　　B. M1、M2 必须同时启停

C. M2 比 M1 先启动　　　　　　　　　D. M2 必须在 M1 启动后才能启动

3. CA6140 型车床中功率最大的电动机是（　　）。

　　A. 刀架快速移动电动机　　　　　　　　B. 主轴电动机

　　C. 冷却泵电动机　　　　　　　　　　　D. 不确定，视实际加工需要而定

4. CA6140 型车床中不需要进行过载保护的是（　　）。

　　A. 主轴电动机 M1　　　　　　　　　　B. 冷却泵电动机 M2

　　C. 刀架快速移动电动机 M3　　　　　　D. M1 和 M2

5. Z3040 型摇臂钻床的工作特点之一是主轴箱可以绕内立柱作（　　）的回转，因此便于加工大中型工件。

　　A. 90°　　　　　　B. 180°　　　　　　C. 270°　　　　　　D. 360°

6. 在切削加工中在电气原理图中需主轴电动机正反转的机床是（　　）。

　　A. CA6140 型车床　　　　　　　　　　B. X62W 型万能铣床

　　C. M7130 型平面磨床　　　　　　　　D. Z3040 型摇臂钻床

7. Z3040 型摇臂钻床上的摇臂升降电动机 M2 和冷却泵电动机 M4 不加过载保护的原因是（　　）。

　　A. 要正反转　　　　　　　　　　　　　B. 短时工作、容量小

　　C. 电动机不会过载　　　　　　　　　　D. 负载固定不变

8. Z3040 型摇臂钻床上摇臂的升降动作和摇臂的夹紧松开动作程序应该是（　　）。

　　A. 先松开，再升降　　　　　　　　　　B. 先升降，再松开

　　C. 升降和松开同时进行　　　　　　　　D. 先夹紧，再升降

9. M7130 型平面磨床控制电路中电阻 R_1、R_2、R_3 的作用分别是（　　）、（　　）、（　　）。

　　A. 限制退磁电流　　　　　　　　　　　B. 电磁吸盘线圈过电压保护

　　C. 整流器的过电压保护

10. X62W 型万能铣床主轴电动机的正反转靠（　　）来实现。

　　A. 正、反转接触器　　　　　　　　　　B. 组合开关

　　C. 机械装置　　　　　　　　　　　　　D. 正、反转按钮控制

11. 为了缩短 X62W 型万能铣床的停车时间，主轴电动机设有（　　）制动环节。

　　A. 制动电磁离合器　　　　　　　　　　B. 串电阻反接制动

　　C. 能耗制动　　　　　　　　　　　　　D. 再生发电制动

12. X62W 型万能铣床的 3 台电动机，即主轴电动机 M1、进给电动机 M2、冷却泵电动机 M3 中有过载保护的是（　　）。

　　A. M1 及 M3　　　　　　　　　　　　B. M1 及 M2

　　C. M1　　　　　　　　　　　　　　　D. 全部都有

13. X62W 型万能铣床电磁离合器 YC1、YC2、YC3 的电源由（　　）提供。

　　A. 控制变压器　　　　　　　　　　　　B. 整流变压器

　　C. 照明变压器　　　　　　　　　　　　D. 不经过变压器直接

14. X62W 型万能铣床的主轴未启动，则工作台进给（　　）。

　　A. 不能有任何进给　　　　　　　　　　B. 可以进给

　　C. 可以快速进给

15. 在下列机床中需要在两个地方对机床的启停进行控制的是（　　）。

    A. CA6140 型车床   B. X62W 型万能铣床

    C. Z3040 型摇臂钻床   D. M7130 型平面磨床

16. 在下列机床中冷却泵电动机的启停不受主轴电动机制约的是（　　）。

    A. CA6140 型车床   B. X62W 型万能铣床

    C. Z3040 型摇臂钻床   D. M7130 型平面磨床

17. 在切削加工时需要用电磁吸盘吸住工件的机床是（　　）。

    A. CA6140 型车床   B. X62W 型万能铣床

    C. Z3040 型摇臂钻床   D. M7130 型平面磨床

18. 在机床控制电路中需要专门的直流电源的机床是（　　）。

    A. CA6140 型车床   B. Z3040 型摇臂钻床

    C. M7130 型平面磨床

文本：模块十
知识考核
参考答案

考核评分

各部分的考核成绩记入表 10-2 中。

表 10-2　模块十考核评分表   评分_____

考 核 项 目	考 核 内 容	配分	每次考核得分	实得分
模块十知识考核	1. 掌握 CA6140 型普通车床电气控制原理电路 2. 掌握 Z3040 型摇臂钻床电气控制原理电路 3. 掌握 M7130 型平面磨床电气控制原理电路 4. 理解 X62W 型万能铣床电气控制原理电路	30 分		
项目 21 技能考核	1. 会安装 CA6140 型普通车床电气控制电路 2. 会排除 CA6140 型普通车床电气控制电路故障	20 分		
项目 22 技能考核	会排除 Z3040 型摇臂钻床电气控制电路故障	15 分		
项目 23 技能考核	会排除 M7130 型平面磨床电气控制电路故障	15 分		
项目 24 技能考核	会正确识读 X62W 型万能铣床电气控制电路	10 分		
安全文明、团队合作	1. 严格遵守安全规程，操作规范，遵守纪律 2. 团队协作好，工作场地清洁、整理规范	10 分		

模块十一 桥式起重机控制电路接线及维修

情境导入

起重机是用来提升和移动重物的机械,在工厂、仓库、码头等地使用十分广泛。起重机有桥式、门式、梁式和旋转式等多种,其中以桥式起重机的使用最为广泛。在工作场地它一般需作左右、前后、上下三个方位的运动,大多采用三相绕线转子异步电动机拖动,并能在一定范围内调节其转速。

项目25 凸轮控制器控制绕线转子 异步电动机电路接线

项目描述

凸轮控制器是一种大型手动控制电器,是起重机上重要的电气操作设备之一,用以直接操作与控制三相绕线转子异步电动机的正反转、调速、启动与停止。

应会识读凸轮控制器控制三相绕线转子异步电动机的电路图,并能按图接线与试车。

学习目标

1. 熟悉凸轮控制器的结构及动作原理。
2. 读懂用凸轮控制器控制三相绕线转子异步电动机的电路图。
3. 会安装用凸轮控制器控制三相绕线转子异步电动机的电气控制电路。

实训操作25

器材、工具、材料

序　号	名　　称	规　格	单　位	数　量	备　注
1	绕线转子异步电动机	YZR132M-62.2 kW	台	1	
2	凸轮控制器	KTJ1-12-6/1	台	1	
3	电阻器	ZK1-12-6/1	台	1	

续　表

序　号	名　　称	规　　格	单　位	数　量	备　注
4	交流接触器	CJ10-20　380 V	个	1	
5	过流继电器	JL12	个	2	
6	按钮开关	LA19	个	1	
7	熔断器	RL1-15	个	2	
8	组合开关	HZ5-20/3	个	1	
9	钳形电流表	MG-27 型,0~250 A	块	1	
10	转速表	0~1 800 r/min	块	1	
11	指针式万用表	500 型或 MF-30 型	块	1	
12	电工实训工具		套	1	

凸轮控制器控制三相绕线转子异步电动机
电气控制电路安装接线

凸轮控制器控制三相绕线转子异步电动机电路图如图 11-1 所示。

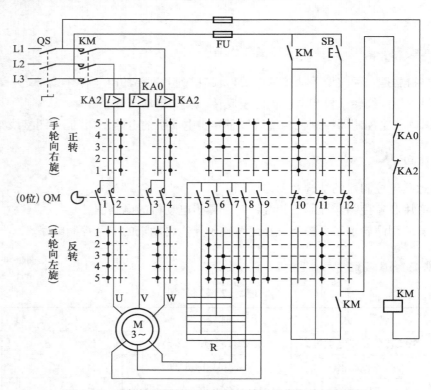

图 11-1　凸轮控制器控制三相绕线转子异步电动机电路图

在安装前先学习凸轮控制器控制绕线转子异步电动机电路的内容。再进行以下顺序。

（1）对照电路核对电气元件，并记录各电气元件的型号、规格及主要参数。

（2）熟悉凸轮控制器、电动机、电阻器等电器的结构、原理，了解其接线方法。

（3）在电路板上固定熔断器、交流接触器、过流继电器、组合开关及按钮开关等电器。按图 11-1 电路接线。接线完毕先自行检查后经指导教师检查确认接线无误后，方可通电试车。

（4）试运行。

① 先将凸轮控制器 QM 旋至零位，然后合上电源开关 QS，按下启动按钮 SB，使接触器 KM 通电接通电源，同时 KM 自锁。

② 将凸轮控制器依次向右、向左旋至各挡，观察电动机正、反转的启动过程。

③ 将凸轮控制器 QM 旋回零位；先用 QS 切断电源，并暂时将 QM 的零位保护触点 12 短接；分别将 QM 操作手轮旋至（右旋或左旋）1、2、3 挡；然后合上 QS，用按钮开关 SB 控制接触器直接启动电动机，观察启动过程；测量在 1、2、3 挡直接启动时电动机的启动电流和运行时的转速，记录于表 11-1 中，从而了解绕线转子异步电动机转子串电阻的限流和调速作用。

表 11-1　记录与分析

挡　位	I_{st}/A	$n/(r/min)$	启动情况记录
1			
2			
3			

（5）注意事项。

① 旋动凸轮控制器操作手轮时应动作干脆，但在由右（或左）旋第一挡经过零位向左（右）旋第一挡过渡时，为减小电动机反转时的电流冲击，应在零位稍作停顿（约 2 s）。

② 有灭弧罩的触点，必须装好灭弧罩后才能试车。

③ 为保证安全，凸轮控制器应可靠接地，通电运行应在指导教师指导下进行。

相关知识

课题一　凸轮控制器的结构及其控制电路

一、凸轮控制器的结构

凸轮控制器是一种大型手动控制电器，用以直接操作与控制电动机的正反转、调速、启动与停止。应用凸轮控制器控制电动机控制电路简单，维修方便，广泛用于中小型起重机中。

图 11-2 所示为常用的 KTJ1 系列凸轮控制器及其触点的结构。凸轮控制器从外部看，主要由机械、电气两部分组成。其中手轮、转轴、凸轮、杠杆、弹簧、滚子等为机械部分，触点、接线柱、灭弧罩等为电气部分。当转轴在手轮扳动下转动时，固定在轴上的凸轮同轴一起转

动,当凸轮的凸起部位顶住动触点杠杆上的滚子时,便将动触点与静触点分开;当转轴带动凸轮转动到凸轮凹处与滚子相对时,动触点在弹簧作用下,使动静触点紧密接触,从而实现触点接通与断开的目的。在方形转轴上叠装了许多组(图中为 12 组)不同形状的凸轮块,以使一系列触点按预先安排的顺序接通与断开。将这些触点接到电动机电路中,便可实现控制电动机的目的。

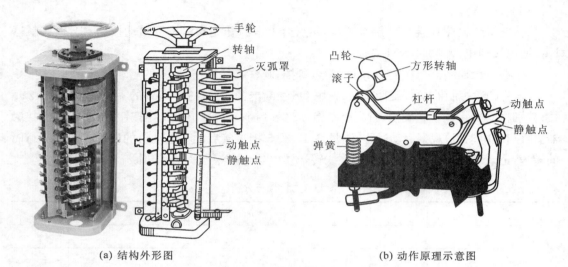

(a) 结构外形图　　　　　　　　　　　　　　(b) 动作原理示意图

图 11-2　KTJ1 系列凸轮控制器及其触点的结构

常用的国产凸轮控制器有 KTJ1-50/1、KTJ1-50/5、KTJ1-80/1 等系列,另外还有 KT10、KT12、KT14、KT16 等系列,如图 11-3 所示。凸轮控制器的型号及意义如下:

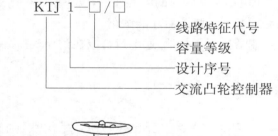

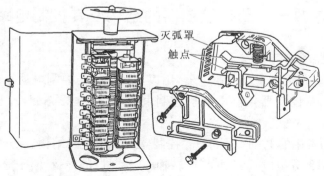

图 11-3　KT12-25J 系列凸轮控制器及其触点的结构

二、凸轮控制器控制绕线转子异步电动机电路

电路如图 11-1 所示。凸轮控制器控制电路的特点是：电路原理图以其圆柱表面的展开图来表示。由图 11-1 可见，凸轮控制器 QM 有编号为 1～12 的 12 对触点，以竖画的细实线表示；而凸轮控制器的操作手轮右旋（控制电动机正转）和左旋（控制电动机反转）各有 5 个挡位，加上一个中间位置（称为"零位"）共有 11 个挡位，用横画的细虚线表示；每对触点在各挡位是否接通，则在横竖线交点处的黑圆点表示：有黑点的表示接通，无黑点的则表示断开。

图中 M 为绕线转子三相异步电动机，在转子电路中串入三相不对称电阻 R，用作启动及调速控制。QS 为电源引入开关，KM 为控制电路电源接触器。KA0 和 KA2 为过流继电器，其线圈（KA0 为单线圈，KA2 为双线圈）串联在三相定子电路中，而其动断触点则串联在 KM 的线圈支路中。

1. 电动机定子电路

在每次操作之前，应先将 QM 置于零位，由图可见此时 QM 的触点 10、11、12 在零位接通；然后合上电源开关 QS，按下启动按钮 SB，接触器 KM 线圈通过 QM 的触点 12、过流继电器 KA0 和 KA2 动断触点得电，KM 的 3 对主动合触点闭合，电动机 M 加上三相电源，然后可以用 QM 操纵电动机 M 的运行。QM 的触点 10 或 11 与 KM 的动合触点一起构成正转或反转时的自锁电路。

凸轮控制器 QM 的触点 1～4 用以控制电动机 M 的正反转，由图可见 QM 右旋五挡触点 2、4 均接通，M 正转；而左旋五挡则是触点 1、3 接通，改变电源的相序，M 为反转；在零位时 4 对触点均断开，电动机不转。

2. 电动机转子电路

凸轮控制器 QM 的触点 5～9 用以控制电动机 M 的转子电阻 R，以实现对电动机 M 启动和转速的调节。由图 11-1 可知：这 5 对触点在中间零位均断开，而在左、右旋各 5 挡的通断情况是完全对称的：在（左、右旋）第一挡触点 5～9 均断开，三相不对称电阻 R 全部串入 M 的转子电路，此时电动机 M 的转速最低；置第二、三、四挡时触点 5、6、7 依次接通，将 R 逐级不对称地切除，即电动机转子中的电阻逐步减小，则电动机的转速逐渐升高；当置第五挡时触点 5～9 全部接通，R 全部被切除，电动机 M 转速最高。

由以上分析可见，凸轮控制器是用触点 1～9 控制电动机的正反转启动，在启动过程中逐段切除转子电阻，以调节电动机的启动转矩和转速：从第一挡到第五挡电阻逐渐减小至全部切除，转速逐渐升高。

3. 保护电路

图 11-1 所示电路具有欠压、零压、零位、过流保护功能。

（1）欠压保护

接触器 KM 本身具有欠电压保护的功能，当电源电压不足时（低于额定电压的 85%），KM 因电磁吸力不足而复位，其动合主触点和自锁触点都断开，从而切断电源。

（2）零压保护与零位保护

采用按钮开关 SB 启动、SB 动合触点与 KM 的自锁动合触点相并联的电路，都具有零压

(失压)保护功能,在操作中一旦断电,必须再次按下 SB 才能重新接通电源。在此基础上,由图 11-1 可见,采用凸轮控制器控制的电路在每次重新启动时,还必须将凸轮控制器手柄旋回中间的零位,使触点 12 接通,才能够按下 SB 接通电源,这就防止在控制器还置于左、右旋的某一挡位、电动机转子电路串入的电阻较小的情况下启动电动机,造成较大的启动转矩和电流冲击,甚至造成事故。这一保护作用称之为"零位保护"。触点 12 只有在零位才接通,称为零位保护触点。

(3) 过流保护

如上所述,起重机的控制电路往往采用过流继电器作过流(包括短路、过载)保护,过电流继电器 KA0、KA2 的动断触点串联在 KM 线圈支路中,一旦出现过电流便切断 KM,从而切断电源。此外,KM 的线圈电路采用熔断器 FU 作短路保护。

项目 26 5～10 t 桥式起重机的维护检修

▶ 项目描述

5～10 t 桥式起重机电气部分主要包括:电磁抱闸制动器、凸轮控制器、行程开关、滑触线、保护控制屏、磁力控制屏、调速电阻、三相绕线转子异步电动机等,应进行定期维护。应会识读桥式起重机电路图。

▶ 学习目标

1. 熟悉 5～10 t 桥式起重机的主要构造。
2. 熟悉 5～10 t 桥式起重机上各主要电气设备的结构及作用。
3. 熟悉 5～10 t 桥式起重机的电气控制原理电路。
4. 学习 5～10 t 桥式起重机的电气部分的维修。

▶ 相关知识

课题二 桥式起重机基本应用知识

一、桥式起重机简介

1. 桥式起重机的基本结构和运动形式

交流桥式起重机是在工厂、仓库、码头、货场等地方广泛使用的起重机械,如图 11-4 所示,它主要由桥架(又称大车)、大车移行机构、滑线、装有提升机构的起重小车、驾驶室等部分组成。桥式起重机的基本运动形式有三种:

(1) 起重机由大车电动机驱动沿车间两边的轨道作纵向前后运动。

(a) 外形图

(b) 结构图

图 11-4 桥式起重机

（2）小车及提升机构由小车电动机驱动沿桥架上的轨道作横向左右运动，如图 11-5 所示。

（3）在升降重物时由起重电动机驱动吊钩作垂直上下运动。

桥式起重机按照起重量分为三个等级：5 t 和 10 t 为小型起重机，15～50 t 为中型起重机，50 t 以上为重型起重机。其中，小型起重机只有一个吊钩，15 t 以上的中型和重型起重机有主、副 2 个吊钩。例如，起重量标注为"15/3 t"的起重机，数字的分子、分母分别为主钩和副钩的起重量。

图 11-5 桥式起重机上的小车

一般起重量比较小的起重机为简化结构、降低制造成本和节约人力，不采用专职司机驾驶的控制方式，而采用在地面用按钮开关控制的方式，参见本模块知识拓展。

2. **桥式起重机对电力拖动的要求**

桥式起重机的工作条件比较差，由于安装在车间的上部，有的还是露天安装，往往处在高温、高湿度、易受风雨侵蚀或多粉尘的环境；同时，还经常处于频繁的启动、制动、反转状态，要承受较大的过载和机械冲击。因此，对桥式起重机的电力拖动和电气控制有以下特殊的要求：

（1）对起重电动机的要求

① 起重电动机为重复短时工作制。电动机经常处于启动、制动和反转状态，而且负载不规律，时轻时重，因此要求电动机有较强的过载能力。

② 有较大的启动转矩。起重电动机往往是带负载启动，因此要求有较好的启动性能，即启动转矩大，启动电流小。

③ 能进行电气调速。由于起重机对重物停放的准确性要求较高，因此在起吊和下降重物时要进行调速。但是起重机的调速大多数是在运行过程中进行，而且变换次数较多，所以不宜采用机械调速，而应采用电气调速。因此，起重电动机多采用绕线转子异步电动机，采用在转子电路串电阻的方法启动和调速。

④ 为适应较恶劣的工作环境和机械冲击,电动机采用封闭式,要求有坚固的机械结构,采用较高的耐热绝缘等级。

为此专门设计了起重用的交流异步电动机,型号为 YZR(绕线转子)和 YZ(笼型)系列。

(2) 电力拖动系统的构成及电气控制要求

桥式起重机的电力拖动系统由 3～5 台电动机所组成:包括小车驱动电动机一台;大车驱动电动机一台或两台(大车如果采用集中驱动,则为一台大车电动机,如果采用分别驱动,则由两台相同的电动机分别驱动左、右两边的主动轮);起重电动机一台(单钩)或两台(双钩)。

桥式起重机电力拖动及其控制的主要要求如下:

① 空钩能够快速升降,以减少辅助工时;轻载时的提升速度应大于额定负载时的提升速度。

② 有一定的调速范围。普通的起重机调速范围(高低速之比)一般为 3∶1,要求较高的则要求达到(5～10)∶1。

③ 有适当的低速区。在刚开始提升重物或重物下降至接近预定位置时,应低速运行。同时要求由高速向低速过渡时应逐级减速以保持稳定运行。

④ 提升的第一挡为预备挡,用以消除传动系统中的齿轮间隙,并将钢丝绳张紧,以避免过大的机械冲击。

⑤ 起重电动机的负载的特点是位能性反抗力矩(即负载转矩的方向并不随电动机的转向而改变),因此要求在下放重物时起重电动机可工作在电动机状态、反接制动或再生发电制动状态,以满足对不同下降速度的要求。

⑥ 为确保安全,要求采用电气和机械双重制动,既可减轻机械抱闸的负担,又可防止因突然断电而使重物自由下落造成事故。

⑦ 要求有完备的电气保护与联锁环节。例如,要有短时过载的保护措施,由于热继电器的热惯性较大,因此起重机电路多采用过流继电器作过载保护;要有零压保护;在 6 个运行方向上,除向下运动以外,其余 5 个方向都要求有行程终端限位保护等等。

桥式起重机的拖动电动机多采用绕线转子异步电动机,采用凸轮控制器或主令控制器控制,其控制和保护设备已经系列化和标准化,有定型产品。

二、5～10 t 桥式起重机控制电路

1. 凸轮控制器控制的 5～10 t 桥式起重机小车(吊钩)控制电路

图 11-6 所示为采用凸轮控制器控制的 5～10 t 桥式起重机小车(吊钩)控制电路。它与图 11-1 大体相似,只是增加了以下环节:

(1) 由于吊钩升降电动机装在小车上,工作时小车经常要在大车上左右移动,因此三相供电电源采用滑触线与集电刷结构。

(2) 吊钩升降电动机在断电时需采用电磁抱闸装置,见图中的 YB2。

(3) 增加了限位保护及安全保护环节。

① 行程终端限位保护。行程开关 SQ1、SQ2 分别作 M2 正、反转(如 M2 驱动小车,则分别为小车的右行和左行)的行程终端限位保护,其动断触点分别串联在 KM 的自锁支路中。以小车右行为例分析保护过程:将 QM2 右旋→M2 正转→小车右行→若行至行程终

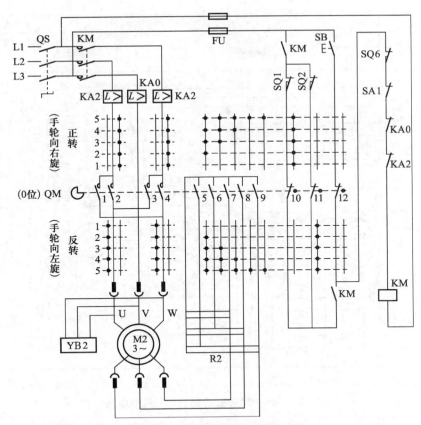

图 11-6　采用凸轮控制器控制的 5～10 t 桥式起重机小车(吊钩)控制电路

端还不停下→碰 SQ1→SQ1 动断触点断开→KM 断电→切断电源；此时只能将 QM2 旋回零位→重新按下 SB→KM 通电(并通过 QM2 的触点 11 及 SQ2 的动断触点自锁)→重新接通电源→将 QM2 左旋→M2 反转→小车左行，退出右行的行程终端位置。

②安全保护。在 KM 的线圈电路中，串入了舱口安全开关 SQ6 和事故紧急开关 SA1。在平时，应关好驾驶舱门，使 SQ6 被压下(保证桥架上无人)，才能操纵起重机运行；一旦发生事故或出现紧急情况，可断开 SA1 紧急停车。

2. 5～10 t 桥式起重机控制电路

(1) 电路构成

5～10 t 桥式起重机电气控制电路如图 11-7 所示。5～10 t 桥式起重机的大车现在也较多采用两台电动机分别驱动，所以图 11-7 电路中共有 4 台绕线转子异步电动机：起重电动机 M1、小车驱动电动机 M2、大车驱动电动机 M3 和 M4；分别由 3 只凸轮控制器控制：QM1 控制 M1、QM2 控制 M2、QM3 同步控制 M3 与 M4；R1～R4 分别为 4 台电动机转子电路串入的调速电阻；YB1～YB4 则分别为 4 台电动机的制动电磁铁。三相电源由 QS1 引入，并由接触器 KM 控制。过流继电器 KA0～KA4 作过电流保护，其中 KA1～KA4 为双线圈式，分别保护 M1、M2、M3 与 M4；KA0 为单线圈式，单独串联在主电路的一相电源线中，作总电路的过电流保护。

总电源	电源	吊钩	小车	大车	保护			
					限位	零位	安全	过流

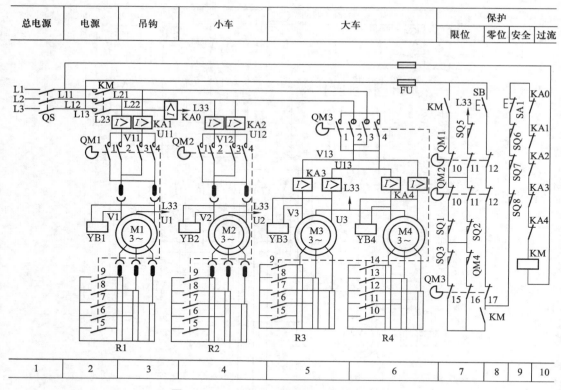

1	2	3	4	5	6	7	8	9	10

图 11-7   5～10 t 桥式起重机电气控制电路

该电路的控制原理已在图 11-1 中分析过,不同的是凸轮控制器 QM3 共有 17 对触点,比 QM1、QM2 多了 5 对触点,用于控制另一台电动机的转子电路,因此可以同步控制两台绕线转子异步电动机。下面主要介绍该电路的保护电路部分。

(2) 保护电路

采用凸轮控制器控制的桥式起重机广泛使用磁力控制屏(保护箱)。保护箱由刀开关、接触器、过电流继电器等组成,用于控制和保护起重机,实现电动机过流保护、失压保护以及零位、限位、安全保护。保护箱已有定型产品,起重机上用的标准保护箱为 XQB1 系列。保护电路见图 11-7 中的 7～10 区,主要是 KM 的线圈电路,与图 11-6 电路一样,该电路具有欠压、零压、零位、过流、行程终端限位保护和安全保护共 6 种保护功能。所不同的是图 11-7 电路需保护 4 台电动机,因此在 KM 的线圈支路中串联的触点较多一些:KA0～KA4 为 5 只过流继电器的动断触点;SA1 仍是事故紧急开关;SQ6 是舱口安全开关,SQ7 和 SQ8 是横梁栏杆门的安全开关,平时驾驶舱门和横梁栏杆门都应关好,将 SQ6、SQ7、SQ8 都压合;若有人进入桥架进行检修时,这些门开关就被打开,即使按下 SB 也不能使 KM 通电。与启动按钮 SB 相串联的是 3 只凸轮控制器的零位保护触点:QM1、QM2 的触点 12 和 QM3 触点 17。与图 11-6 电路有较大区别的是限位保护电路(位于图 11-7 中 7 区),因为 3 只凸轮控制器分别控制吊钩、小车和大车作垂直、横向和纵向共 6 个方向的运动,除吊钩下降不需要限位保护外,其余 5 个方向都需要行程终端限位保护,相应的行程开关和凸轮控制器的动断触点均串入 KM 的自锁触点支路之中,行程终端限位保护电器及触点见表 11-2。

表 11-2　行程终端限位保护电器及触点

运行方向		驱动电动机	凸轮控制器及保护触点		限位保护行程开关
吊钩	向上	M1	QM1	11	SQ5
小车	右行	M2	QM2	10	SQ1
	左行			11	SQ2
大车	前行	M3、M4	QM3	15	SQ3
	后行			16	SQ4

实训操作 26

器材、工具、材料

序　号	名　　称	规　　格	单　位	数　量	备　注
1	5～10 t 桥式起重机		台	1	
2	钳形电流表	MG-27 型,0～250 A	块	1	
3	兆欧表	500 V	块	1	
4	指针式万用表	500 型或 MF-30 型	块	1	
5	电工实训工具		套	1	

桥式起重机常见故障的处理

1. 桥式起重机常见故障分析

(1) 合上电源开关 QS 后,按下按钮 SB,接触器 KM 不吸合。

① 线路无电压。可用万用表交流电压挡测量 QS 进线端电压是否正常,并予以排除。

② 熔断器 FU 熔断。更换新熔断器。

③ SA1 事故紧急开关或 SQ6 舱口安全开关或 SQ7 和 SQ8 横梁栏杆门的安全开关断开,应将其全部闭合。

④ 接触器 KM 本身损坏。更换新的。

⑤ 凸轮控制器手柄不在零位,使零位保护触点断开。将凸轮控制器手柄全部放在零位。

(2) 合上电源开关 QS 后,按下按钮 SB,接触器 KM 吸合,但过流继电器动作。

主要原因是凸轮控制器有接地故障,应用万用表及兆欧表对每个凸轮控制器逐个检查,找出并排除接地故障。

(3) 电源接通,但凸轮控制器手柄离开零位以后,电动机不转动。

① 凸轮控制器的动、静触点未接触或接触不良。

② 电刷与滑触线未接触或接触不良。

③ 调速电阻器损坏或电动机转子绕组损坏。

（4）电源接通，凸轮控制器手柄离开零位以后，电动机转动，但转速低，输出功率小。

① 线路电压低。可用万用表交流电压挡测量，并查找原因。

② 电磁抱闸制动器未完全松开。检查并调整电磁抱闸制动器。

③ 调速电阻器故障。电阻值不正常。

（5）凸轮控制器的动、静触点火花大，烧损严重。

① 调整弹簧压力，清除触点烧损毛刺。

② 减轻负载，更换动、静触点。

2. 学生实训操作

（1）桥式起重机主要电气部分的维护。

停电后学生巡视桥式起重机主要电气部分，进行清扫、维护工作。

（2）桥式起重机常见故障的处理。

由老师主要在磁力控制屏（保护箱）上设置一些故障，学生进行排除。

（3）教师按学生实作情况进行考核。

知识拓展

地面控制的起重机控制电路

一般起重量比较小的起重机为简化结构、降低制造成本和节约人力（不用专职司机），采用在地面用按钮开关操作的方式控制。在此介绍一种在地面控制的起重机控制电路。

图 11-8 所示为 3 t 地面控制起重机的控制电路。该起重机的 3 台电动机均为笼型三相异步电动机，不需要调速，因此均采用点动控制，以确保搬运重物的安全。

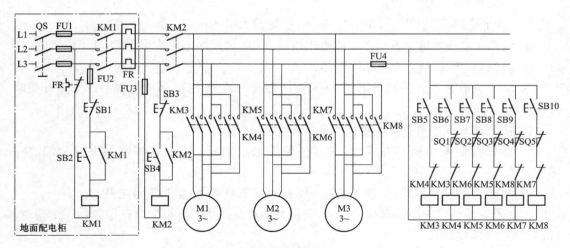

图 11-8 3 t 地面控制起重机的控制电路

　　该起重机的地面配电柜安装在车间一侧的墙壁上,当需要使用起重机时,应先打开配电柜盖子,合上总电源开关 QS,然后按下总按钮开关 SB2→接触器 KM1 通电→KM1 主触点闭合→三相交流电源给起重机的 3 根滑线供电。

　　在操纵起重机时,操作者应站在起重机下方,手握操纵按钮盒,先按下开机按钮 SB4→KM2 通电→KM2 主触点闭合→可操作 SB5～SB10→点动 M1、M2、M3 正、反转→分别控制起重机的大车、小车和吊钩。

　　行程开关 SQ1～SQ5 分别作吊钩上升、大车前后、小车左右运动的行程终端限位保护。热继电器 FR 作全电路的过载保护。熔断器 FU1 作全电路的短路保护,FU2 单独作地面控制盘的短路保护,FU3 和 FU4 分别作对应控制电路的短路保护。

知识考核

一、判断题

1. 凸轮控制器是用来控制三相绕线转子异步电动机启动、调速的手动电器。(　　　)

2. 凸轮控制器手柄 1 位时电动机转速最低,向 2、3、4、5 位旋动时转速逐步升高。(　　　)

3. 凸轮控制器手柄位于中间位置时的零位联锁触点是动合触点。(　　　)

4. 三相绕线转子异步电动机的启动转矩与转子电路串联的电阻关系是电阻大时启动转矩也增大。(　　　)

5. 桥式起重机需经常启动和停止,因此广泛采用三相笼型异步电动机拖动。(　　　)

6. 桥式起重机需在一定范围内调节电动机的转速,因此广泛采用变频调速。(　　　)

7. 桥式起重机在运行时,因为是断续运行,电动机用过电流继电器作过载保护。(　　　)

8. 桥式起重机上凸轮控制器的零位联锁保护的作用是使电动机转速从零开始升速。(　　　)

9. 桥式起重机上的欠电压保护作用也由凸轮控制器来实现,当电源电压太低时,凸轮控制器自动回复到零位起保护作用。(　　　)

10. 桥式起重机上的电磁抱闸制动电磁铁在电动机断电瞬间立即对电动机实行制动。(　　　)

二、选择题

1. 桥式起重机的三相异步电动机一般采用(　　　)进行短路保护。

    A. 热继电器　　　　　　　　　　　　B. 熔断器

    C. 阻尼式过电流继电器　　　　　　　D. 断路器

2. 桥式起重机工作时各部分的运行方式有(　　　)。

    A. 3 种　　　　　　B. 2 种　　　　　　C. 1 种　　　　　　D. 4 种

3. 为了满足桥式起重机能重载启动及调速的要求,一般采用(　　　)。

    A. 三相笼型异步电动机　　　　　　　B. 单相异步电动机

    C. 直流电动机　　　　　　　　　　　D. 三相绕线转子异步电动机

4. 绕线转子异步电动机采用转子串电阻调速时,串联的电阻越小,则转速(　　　)。

    A. 不随电阻变化　　　　　　　　　　B. 越低

    C. 越高　　　　　　　　　　　　　　D. 无法判断

5. 电动机转子绕组串电阻启动适用于(　　)。

    A. 笼型异步电动机 　　　　　　　　B. 绕线转子异步电动机

    C. 直流电动机 　　　　　　　　　　D. 所有交流电动机

6. 用于桥式起重机上的凸轮控制器是一种(　　)。

    A. 自动控制器件 　　　　　　　　　B. 自动保护器件

    C. 手动保护器件 　　　　　　　　　D. 手动控制器件

7. 当凸轮控制器手柄置于中间位置时,用作起重机的(　　)保护。

    A. 零位保护 　　　　　　　　　　　B. 零压保护

    C. 欠压保护 　　　　　　　　　　　D. 过载保护

8. 保护桥式起重机前后运动、小车左右运动、吊钩上升运动安全的保护电气元件是(　　)。

    A. 行程开关 　　　　　　　　　　　B. 凸轮控制器

    C. 刀开关 　　　　　　　　　　　　D. 按钮

9. 桥式起重机上作行程保护和安全位置保护的保护电气元件的触点应为(　　)在控制电路中。

    A. 动合触点,串联 　　　　　　　　B. 动合触点,并联

    C. 动合触点,串联 　　　　　　　　D. 动合触点,并联

10. 桥式起重机上提升重物的绕线转子异步电动机启动和调速方法用(　　)。

    A. 定子三相绕组用三相调压器调电压 　B. 定子绕组串三相电阻

    C. 转子绕组串三相电阻 　　　　　　D. 转子绕组串频敏变阻器

文本:模块十一
知识考核
参考答案

▶ 考核评分

各部分的考核成绩记入表 11-3 中。

表 11-3　模块十一考核评分表　　　　　　　　　　评分_____

考核项目	考核内容	配分	每次考核得分	实得分
模块十一知识考核	1. 掌握凸轮控制器的结构及动作原理 2. 掌握凸轮控制器控制三相绕线转子异步电动机的原理电路 3. 理解 5~10 t 桥式起重机的主要构造 4. 理解 5~10 t 桥式起重机电气控制原理电路 5. 理解 3 t 地面控制起重机的原理电路	40 分		
项目 25 技能考核	1. 会安装用凸轮控制器控制三相绕线转子异步电动机的电气控制电路 2. 能对上述电气控制电路进行试运行	30 分		
项目 26 技能考核	1. 会对桥式起重机主要电气部分进行维护 2. 会排除 5~10 t 桥式起重机常见故障	20 分		
安全文明、团队合作	1. 严格遵守安全规程,操作规范,遵守纪律 2. 团队协作好,工作场地清洁、整理规范	10 分		

参 考 文 献

［1］赵承荻,杨利军.电机与电气控制技术[M].3 版.北京:高等教育出版社,2011.

［2］赵承荻,王玺珍.电气控制线路安装与维修[M].3 版.北京:高等教育出版社,2017.

［3］赵承荻,罗伟.电机及应用[M].2 版.北京:高等教育出版社,2009.

［4］李乃夫.电气控制线路与技能训练:项目式教学[M].北京:高等教育出版社,2008.

［5］赵承荻,李乃夫.维修电工实训与考级[M].北京:高等教育出版社,2010.

［6］杜德昌.电工基本操作技能训练[M].2 版.北京:高等教育出版社,2008.

［7］谷俊婷.维修电工考级指南[M].北京:高等教育出版社,2006.

［8］赵承荻,叶军峰.电机及变压器应用[M].北京:高等教育出版社,2012.

［9］杜德昌.电机与拖动:项目式教学[M].北京:高等教育出版社,2012.

［10］杨国贤.农村电工[M].北京:高等教育出版社,2012.

［11］赵承荻,谢燕美.电气控制及 PLC 控制技术[M].北京:高等教育出版社,2012.

［12］王建,赵金周.电工基本技能实训教程[M].北京:机械工业出版社,2007.

［13］罗伟,陶艳.PLC 与电气控制[M].2 版.北京:中国电力出版社,2012.

［14］王建.维修电工知识与技能:初级[M].北京:中国劳动社会保障出版社,2006.

［15］刘小春,张蕾.电机与拖动:附微课视频[M].3 版.北京:人民邮电出版社,2018.

［16］刘光源.电工实用手册[M].2 版.北京:中国电力出版社,2011.